武器装备可靠性评定方法

刘春和 陆祖建 等　编著

中国宇航出版社

·北京·

图书在版编目（CIP）数据

武器装备可靠性评定方法/刘春和等编著．—北京：中国宇航出版社，2009.7

ISBN 978－7－80218－604－0

Ⅰ．武…　Ⅱ．刘…　Ⅲ．武器装备－可靠性－评价　Ⅳ．TJ01

中国版本图书馆 CIP 数据核字（2009）第 096235 号

策划编辑　易新　　**责任校对**　王妍
责任编辑　易新　　**封面设计**　姜旭　李嘉雄

出版发行　中国宇航出版社
社　址　北京市阜成路 8 号　　**邮　编**　100830
（010）68768548
网　址　www.caphbook.com/www.caphbook.com.cn
经　销　新华书店
发行部　（010）68371900　（010）88530478（传真）
（010）68768541　（010）68767294（传真）
零售店　读者服务部　北京宇航文苑
（010）68371105　（010）62529336
承　印　北京智力达印刷有限公司
版　次　2009 年 7 月第 1 版　2009 年 7 月第 1 次印刷
规　格　880×1230　　**开　本**　1/32
印　张　11　　**字　数**　380 千字
书　号　ISBN 978－7－80218－604－0
定　价　40.00 元

前　言

可靠性是武器装备的一项极其重要的指标，理所当然地受到世界各国和军队的高度关注。因此，不断地提高武器装备的可靠性，是世界各国和军队努力追求的目标。

可靠性是设计出来的，是生产工艺给予保证的，是在不断试验中增长的。而可靠性的实现必须依靠需求的强力牵引和科学的严格管理。因此各级领导和管理部门已经和正在制定各项可靠性管理的标准、条例、规范、规定等。可靠性评定管理是整个可靠性管理工作中的重要一环。为此，我们编写了《武器装备可靠性评定方法》一书。

本书是为需要了解和掌握武器装备可靠性评定方法的可靠性工程管理人员，有可靠性指标要求的新型号论证、定型、鉴定人员而编写的工具书，旨在规范和加强可靠性评定管理。本书对负责武器装备保障和火力计划制定的人员是不可缺少的案头书；对从事可靠性评定的专业人员和承担可靠性设计的研制人员也是很有价值的参考书。本书作者长期从事可靠性评定工作，对可靠性评定的历史和现状有较全面的了解，在编写本书时力求做到理论联系实际，在注重系统性的基础上突出实用性和可操作性，其具体特点如下：

第一，从使用部门的角度来研究可靠性，提出为使武器装备符合作战需要，使用部门必须根据作战需求，切实、全面地提出可靠性指标要求；并对可靠性指标体系的定义和指标体系选取的原则作了论述。

第二，根据武器装备的特点，强调任务可靠度的概念，指出在产品失效率随着寿命时间变动(非指数分布)的情况下，任务可靠度不仅与任务时间有关，还与该产品已经历的工作和贮存时间有关；并给出了具体的计算方法。

第三，书中汇集了以往的武器装备可靠性评定中的主要方法，对一些有争议的评定方法没有收录。有兴趣的读者可通过所列参考资料了解其一二。

第四，书中收入的评定方法不一定都是最好的，但可使读者对现有的评定方法有一个概貌的了解，通过所附的例题及答案对各个方法的优缺点有所了解，并能应用评定方法进行评定。

第五，随着可靠性工作的深入，产品的失效分布类型已不止二项分布、指数分布这一两种。不同失效分布类型产品的可靠性评定方法是不同的，即使是指数分布，同一组数据用单参数指数分布和双参数指数分布不同评定方法的结果也不同。这就要求对产品失效分布的类型必须有一个认定。第 7 章可靠性评定中的假设检验就是为此提供的。

第六，小子样是可靠性评定中经常遇到的问题。但随着可靠性评定工作深入持久地开展，许多产品都积累了许多相似甚至相同产品的信息。如何利用这些信息已成为一个十分重要又需慎重对待的问题。本书第 4 章数据类型与数据折合、第 7 章可靠性评定中的假设检验为解决此类问题提供了思路。

全书分7章。第1章为引言，阐明了本书编写的目的。第2章介绍可靠性概念和指标，第3章介绍各种失效概率分布类型，第4章介绍各种数据类型及环境因子，这三章是可靠性评定的基础理论部分。第5章和第6章是本书的重点。对于与可靠性评定相关但又可以单独处理的部分，如分布的假设检验、相容性检验、异常数据检验等，在第7章中介绍。书中介绍的所有评定方法，只给出了结果，未进行推导和证明。想进一步深入研究的读者，可参阅本书的参考文献。

本书第1章至第3章由刘春和和周巍编写，第4章至第6章由张仕念、李新俊、蔡军、宋亚男、孟涛等编写，第7章由陆祖建、刘雪峰、王首臻、王玉森等编写。在编写过程中徐福荣、王静等同志提出了许多宝贵意见，在此向他们表示衷心感谢。

由于作者水平有限，经验不足，错误和不当之处在所难免，欢迎读者和专家批评指正。

作　者

2009年1月

目　录

第1章 引 言

可靠性是评价产品质量好坏的一个重要指标，这个结论是从惨痛的教训中得到的。美国是开展可靠性研究最早的国家，其原因是在朝鲜战争中发现武器装备的电子产品大量失效，不但影响作战使用且维修费用超过了采购费用的10倍。1950年，美国国防部组建了研究电子设备可靠性的专门机构。该机构于1957年发表了研究报告，从而使可靠性工作逐渐开展起来。20世纪60年代，美国阿波罗计划成功实施的关键之一就是采用了可靠性技术。到70年代，先进的工业国家已将可靠性技术应用于很多民用产品，从制造厂到整个社会，产品的可靠性受到极大重视。武器装备的可靠性尤其重要，这是由于武器装备可能用于摧毁影响作战全局的敌方重要目标，一旦攻击失败，不仅不能打击敌人，而且还会毁伤自己，造成的直接、间接损失是十分巨大、难以估计的。这就要求武器装备具有很高的可靠性水平。

武器装备的下列特点给实现高可靠性带来了困难：

1）武器装备复杂。武器装备随着性能要求的提高而越来越复杂，由成千上万个元器件组成，其中任意一个元器件失效都能导致整个武器装备失效。以某武器系统由1万个元器件组成为例，每个元器件的可靠度为0.9999，这已称得上万无一失，而全系统的可靠度只有0.3679。这就对元器件的可靠性提出了非常高的要求。

2）使用条件恶劣。武器装备要在各种气候条件和环境条件下使用，采用各种运输工具运输，特别是在使用条件下要承受很大的冲击载荷和气动力。这就要求其结构有足够的强度，所有设备要经得起“折腾”，而且所有参数变化应在允许范围内。

3）战斗环境复杂。武器装备本身必然是敌方首选的袭击目标，这种袭击可能是巡航导弹、弹道导弹，也可能是航空兵；可能是携带巨大威力炸药的硬摧毁，也可能是进行电子干扰的软毁伤。为了提高战斗环境下的生存能力，对其可靠性提出了更高的要求。

由此可见，武器装备的可靠性是一个相当重要又涉及很广的问题，必须引起高度重视，并狠抓落实。

那么，作为使用方怎样来抓可靠性工作的落实呢？根据多年的实践来看，首先要抓好两条，一是根据作战需求切实、全面地提出可靠性指标要求，二是要切实抓好对可靠性指标的评定。第一条比较容易理解，如果没有根据作战需求，切实、全面地提出指标要求，研制出来的产品是不可能符合作战需求的。关于第二条，如果使用方不在可靠性指标评估上“较真”，研制方是很难认真对待的。因为要提高产品的可靠性并给出评定值，需要开展很多工作，增加很多投入。而武器装备通过验收后交付部队，通常经过长期贮存后才使用，这时即使出现问题，研制方的责任也相对较小，这就要求使用方必须在可靠性评定上“较真”，才能得到满足可靠性指标要求的产品。因此，可靠性评定是使用方在可靠性工作中必须抓紧的一环，有着十分重要的意义。可靠性评定的意义如下：

1）通过评定，检验产品是否达到了可靠性指标要求，为通过或拒绝产品定型、接收或拒绝批产品提供依据。

2）通过评定，指明产品的薄弱环节及其严重程度，为采取改进措施提供方向。

3）通过评定，明确产品的可靠性水平，为制定作战计划提供依据。

4）通过评定，明确产品上各个部件的可靠性水平，为制定维修计划、备件配备及维修力量的配置提供依据。

5）促进可靠性设计的正常开展，包括进行可靠性指标的分配、预计，针对环境因素进行设计，选用推荐的元器件、原材料及工艺措施等。

6）促进可靠性试验和试验信息收集工作正常有序地进行。

7）促进可靠性管理有效进行。

从以上几点可以看出，可靠性评定不仅是可靠性专业人员的事情，也是全体参加新型号论证、跟踪、定型、鉴定人员及负责装备保障和制定火力计划人员应该关心的事情。

多年来在军地两方面的共同努力下，在理论研究与型号评定的实践中，武器装备的可靠性评定均取得了长足的进步。虽然在理论研究中有些问题还没有完全解决，在型号评定中也出现过一些争论，但总的来说成绩很大，取得了不少成果。本书汇集了其中主要的可靠性评定方法，供有关管理人员和科研人员参考。

第2章 可靠性概念及指标

2.1 可靠性的基本概念

2.1.1 可靠性的定义

可靠性是指产品在规定的条件下和规定的时间内，完成规定功能的能力。

在将这个定义应用到具体产品时，要特别注意这3个规定和1个能力。

2.1.1.1 规定的时间

规定的时间是可靠性定义中的核心，因为不谈时间就无可靠性而言，而规定时间的长短又随着产品对象不同和使用目的不同而各异。例如，对发射卫星的运载火箭的要求是在几十秒或几分钟内可靠；对一般的电视机则要求在几千小时到几万小时内可靠。一般来说，产品的可靠性是随着产品使用时间的延长而逐渐降低的。因此，一定的可靠性是对一定时间而言的。

2.1.1.2 规定的条件

规定的条件一般是指使用条件、维护条件、环境条件和操作技术。对导弹来讲，由于其长期贮存、机动作战、定期检测及可维修的特点，还特别规定了贮存环境条件、运输条件、检测周期及维修条件、保障条件等。

这些条件对产品的可靠性都会有直接的影响，在不同的条件下，同一产品的可靠性也不一样。例如，实验室条件与现场使用条件就不一样，其可靠性有时可能相近，有时可能会相差几倍到几十倍。

因此，不在规定的条件下谈可靠性就失去了比较产品质量的前提。

2.1.1.3　规定的功能

规定的功能一般用产品的各种性能指标来刻画。通过试验，产品的各项规定的性能指标都已达到，则称产品完成了规定的功能，否则，则称该产品丧失规定的功能。今后我们把产品丧失规定功能的状态叫做产品发生“故障”或“失效”，相应的各项性能指标就叫做“故障判据”或“失效判据”。在具体进行可靠性工作中，合理、明确地给出“失效判据”是很重要的，否则对可靠性问题就会争论不休。

2.1.1.4　能力

只是定性地理解“能力”是不够的，必须对它有定量的刻画，以便说明产品可靠性的程度。这对提高产品可靠性、比较同类产品的可靠性都是重要的依据。由于产品在工作中发生故障具有偶然性，所以不能仅看一个产品的工作情况，而是应该在观察大量同类产品之后，确定其可靠性的高低。因此，在可靠性定义中的“能力”就具有统计意义。例如，产品在规定的时间内、规定的条件下，失效数与产品总数之比愈小，其可靠性就愈高；或者产品在规定的条件下，平均无故障工作时间愈长，其可靠性也愈高。由于可靠性所研究的产品是相当广泛的、各种各样的，因此用来度量产品可靠性的“能力”也是多种多样的。这里的“能力”通常是指各种可靠性指标，常用的可靠性指标有“可靠度”、“平均寿命”、“失效率”等，这些可靠性指标构成了可靠性的基本概念。

从以上对可靠性概念所作的解释可以看出，可靠性就是在上述 3 个规定下，研究产品发生失效的统计规律性，从而为评定产品的可靠性、确定薄弱环节、排除故障、提高可靠性提供依据。

2.1.2　失效分布函数与平均寿命

2.1.2.1　失效分布函数

产品丧失规定的能力称为失效，或称为故障。产品从开始工作到首次失效前的一段时间 T 称为寿命。由于产品发生失效是随机的，所以寿命 T 是一个随机变量。不同的产品、不同的工作条件，寿命 T 取值的统计规律是不同的。设寿命 T 的分布函数为 $F(t)$ ，记为

$$F(t) = P(T \leqslant t)$$

它表示在规定的条件下，产品的寿命不超过 t 的概率，或者说，产品在 t 时刻前发生失效的概率。可以看出，分布函数是取值在 [0，1] 内的点函数，并且有以下性质：

1）$0 \leqslant F(x) \leqslant 1$；

2）$\lim\limits_{x \to \infty} F(x) = 1$，$\lim\limits_{x \to -\infty} F(x) = 0$；

3）分布函数 $F(x)$ 是非降函数，即 $x_1 < x_2$ 时，有 $F(x_1) \leqslant F(x_2)$。

综上所述，任一分布函数 $F(x)$ 都是一个由 0 不断增加到 1 的非降函数。

对可靠性而言，寿命 T 的分布函数 $F(x)$ 常称为失效分布函数，或称为寿命分布函数。确定一种产品寿命的失效分布函数是一件非常重要和非常基础的工作，因为以后的统计推断大多以此为基础。

概率可以用频率来解释，失效概率也可以采用频率来解释。例如，$F(1\ 000) = 0.05$ 意味着在 0～1 000 h 内，平均 100 件产品中大约有 5 件失效，还有 95 件产品的寿命大于 1 000 h。反过来，也可以用频率去估计概率。假如在 $t=0$ 时刻有 N 件产品开始工作，而到 t_0 时刻有 $n(t_0)$ 件产品失效（见图 2.1），则可以用频率

$$\hat{F}(t_0) = \frac{n(t_0)}{N}$$

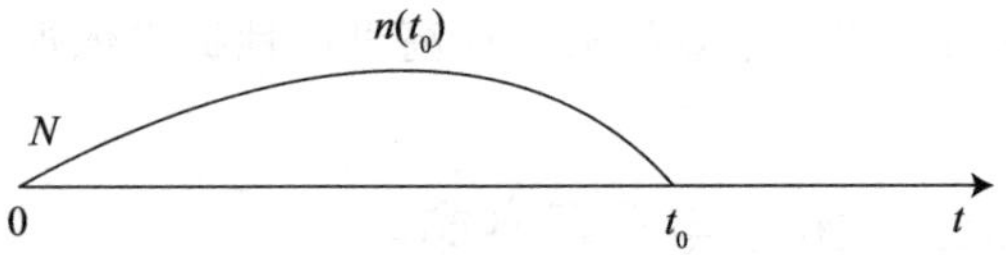

图 2.1

去估计时刻 t_0 的失效分布函数值 $F(t_0)$ 。

假如寿命 T 是一个连续型随机变量，那么其密度函数 $f(t)=F'(t)$ ，称为失效概率密度函数，简称失效密度。我们通常说的“失效分布”，常指失效分布函数；假如它有密度函数，也可指失效密度。因为这二者之一确定了，产品寿命的统计规律也就完全确定了。

由于寿命 T 的取值总是非负实数，故对 $t<0$，总有 $F(t)=0$（或 $f(t)=0$）。因此在以后给定失效分布时，只要对 $t\geqslant 0$ 给出即可。

2.1.2.2 平均寿命

设产品寿命 T 的失效概率密度函数为 $f(t)$ ，那么它的数学期望（均值）

$$E(T)=\int_0^{\infty} tf(t)\,\mathrm{d}t \tag{2.1}$$

称为产品的平均寿命。平均寿命是一个标志产品能工作多长时间的量，不少产品，如显像管、电视机、计算机等常用平均寿命作为可靠性指标。人们可以从这个指标直观地了解一种产品的可靠性水平，也容易比较两种产品在可靠性水平上的高低。例如，一种电视机的平均寿命是 40 000 h，而另一种电视机的平均寿命是 50 000 h，那么后者比前者的可靠性水平高；但这并不意味着后者每一台电视机的寿命都比前者高 10 000 h。可见，平均寿命这个可靠性指标不是针对单个产品而言的，而是针对整批产品而言的概念。而实际需要的正是对整批产品而言的可靠性指标。其他的可靠性指标也都如此。

产品大体可分为两类，一类是不可修复的产品，如灯泡、晶体管、轴承等；另一类是可以修复的产品，如电视机、计算机等。对不可修复的产品，平均寿命就是平均寿终时间，记为 MTTF。对可修复的产品，平均寿命是指平均无故障工作时间，记为 MTBF。假如我们仅考虑首次失效前的一段工作时间，那么两者就没有什么区别了。

产品的平均寿命（MTTF 或 MTBF）一般都是未知的，特别是在产品的失效分布未知的情况下，如何来估计产品平均寿命呢？一般是通过寿命试验，用获得的一些数据来估计的。由于可靠性寿命试验往往是破坏性的，故只能抽取部分产品进行寿命试验。这部分产品常称为子样，其中，每一个产品称为样品。

如果从样品中抽取 n 个产品，经过寿命试验获得各样品发生故障的时刻分别为 t_1，t_2，…，t_n，那么 n 个数的算术平均值

$$\bar{t}=\frac{1}{n}(t_1+t_2+\cdots+t_n)$$

$$=\frac{1}{n}\sum_{i=1}^{n}t_i \tag{2.2}$$

就可用来估计该批产品的平均寿命。

对于平均寿命的估计，要注意以下几点：

1）从整批产品中抽取样品要随机化，即整批产品中每一个产品都以同等的概率被抽到。只有这样才能使获得的子样代表整批产品，从而获得的算术平均值才能代表整批产品的平均寿命。假如只在优等品中抽取样品，那么获得的算术平均值是不能代表整批产品的平均寿命的。要做到这一点，在技术上没有什么难度，难处在于排除人为因素的干扰。

2）样品抽多少为宜，不宜划一。一般说来，子样愈大，估计结果愈精确，但也要考虑到经济问题和试验设备问题。对价格低、试验费用小的产品，子样可以抽得多一些；对价格高、试验费用多的产品，子样可抽得少一些；对元器件子样可抽得多一些，对整机子样可抽得少一些；对可修复产品子样可抽得多一些，对不可修复产品子样可抽得少一些。

3）对于某些产品，即使子样不太大，但要等全部试验都做完（称为完全样本试验）再估计平均寿命，那就需要等很长时间。有时不等试验全部做完，而只是部分样品失效（如 50%失效、60%失效等，这一类寿命试验称为截尾寿命试验），就要对平均寿命做出估计。这时就不能用子样的算术平均值去估计平均寿命，而要用另外的估计公式；这些公式的推导就要用到产品的寿命分布，这将在后

面章节介绍。

2.1.3　可靠度函数与可靠寿命

2.1.3.1　可靠度函数

“可靠性”这个词有广义的和狭义的两种解释。把“可靠性”看做一门学科，也即广义的解释，是指“产品在规定的条件下和规定的时间内，完成规定功能的能力”，这一点已在 2.1.1 节中说明；假如把“可靠性”看做一个质量指标，那么是指“产品在规定的条件下和规定的时间内，完成规定功能的概率”。两者间的差别仅在于后者把“能力”换成“概率”。为了区别这两种解释，通常把可靠性的狭义解释称为可靠度。

【定义 2.1】产品在规定的时间 t 内和规定的条件下，完成规定功能的概率称为产品的可靠度函数，简称可靠度 $R(t)$ 。

从这个定义不难导出可靠度函数的数学表达式。设 T 是产品在规定条件下的寿命，$F(t)$ 是它的失效分布函数，此时下列 3 个事件是等价的：

1）产品在时间 t 内完成规定的功能；

2）产品在时间 t 内无失效；

3）产品的寿命 T 大于 t 。

于是产品的可靠度函数 $R(t)$ 可以看做是事件 $T>t$ 的概率，即

$$R(t) = P(T > t) \tag{2.3}$$

这个概率也可以用频率来解释。例如 $R(1\,000)=0.95$ 意味着在 1 000 h 内，平均 100 件产品大约有 95 件产品能完成规定的功能，而大约有 5 件产品发生了故障。反过来，也可以用频率去估计概率。假如在 $t=0$ 时有 N 件产品开始工作，而到 t 时刻，有 $n(t)$ 件产品失效，$N-n(t)$ 件产品在继续工作（见图 2.2），则频率

$$R(t) = \frac{N-n(t)}{N} = 1 - \frac{n(t)}{N} \tag{2.4}$$

可作为时刻 t 的可靠度函数值的估计值。

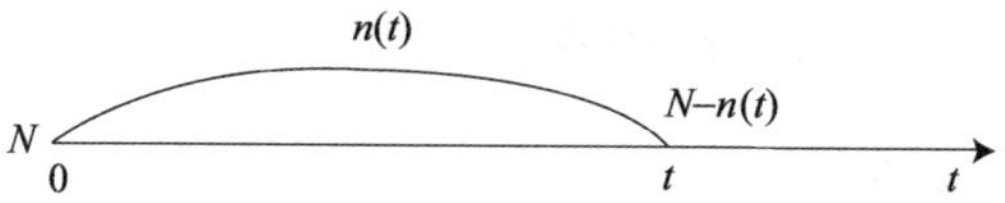

图 2.2

假如已知产品的失效分布函数为 $F(t)$，那么可靠度函数 $R(t)$ 可从 $F(t)$ 求出，这是因为

$$\begin{aligned} R(t) &= P(T > t) \\ &= 1 - P(T \leqslant t) \\ &= 1 - F(t) \end{aligned} \tag{2.5}$$

或

$$R(t) + F(t) = 1$$

图 2.3 显示了 $R(t)$ 与 $F(t)$ 之间的关系。再由分布函数的性质（见 2.1.2 节）可得到 $R(t)$ 的性质，即：

1) $R(0) = 1$；

2) $\lim\limits_{t \to \infty} R(t) = 0$；

3) $R(t)$ 是 t 的非增函数。

假如寿命 T 是连续型随机变量，其失效密度函数为 $f(t)$，则有

$$R'(t) = -f(t) \tag{2.6}$$

从上述讨论可以看出，可靠度函数 $R(t)$ 可以由失效分布函数 $F(t)$ 或失效密度函数 $f(t)$ 完全确定。反之，由 $R(t)$ 也可以唯一确定相应的 $F(t)$ 和 $f(t)$。因此，$R(t)$ 与 $F(t)$ 和 $f(t)$ 一样可以用来描述寿命 T 取值的统计规律。对可靠性而言，给出 $R(t)$ 就等价于给出了其失效分布。

平均寿命 $E(T)$ 也可直接从可靠度 $R(t)$ 求得，假如可靠度 $R(t)$ 满足 $\lim\limits_{t \to \infty}(tR(t)) = 0$，那么利用分部积分法可得

$$\int_0^{\infty} R(t)\,\mathrm{d}t = (tR(t))\Big|_0^{\infty} + \int_0^{\infty} tf(t)\,\mathrm{d}t = E(t) \tag{2.7}$$

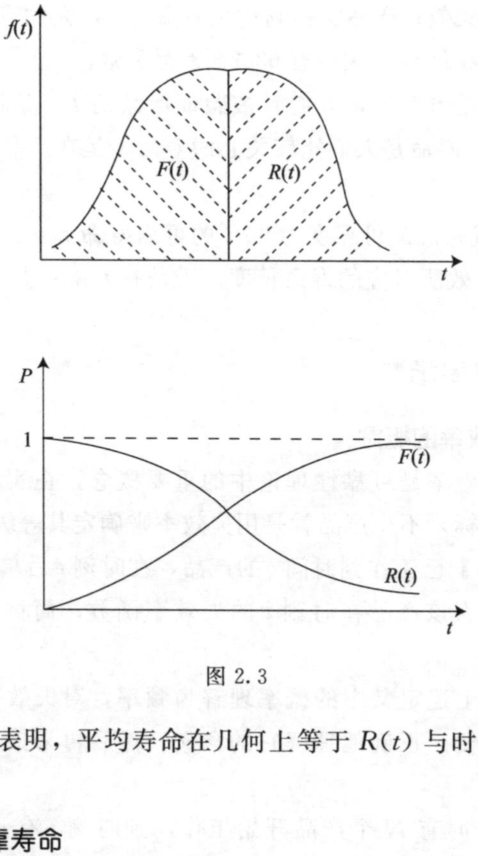

图 2.3

这个结果表明，平均寿命在几何上等于 $R(t)$ 与时间轴 t 所夹的面积。

2.1.3.2　可靠寿命

【定义 2.2】设产品的可靠度函数为 $R(t)$，使可靠度等于给定值 r 的时间 t 称为可靠寿命。

可靠度函数 $R(t)$ 是时间 t 的非增函数。在开始工作时 $t=0$，有 $R(0)=1$；随着工作时间的增加，$R(t)$ 逐渐下降。反之，若知道了可靠度函数，则对于给定的可靠度 r，可求得产品可靠度降到 r 的时间。这个时间称为可靠寿命，r 称为可靠水平，满足

$$R(t_r) = r$$

特别地，可靠水平 $r=0.50$ 的可靠寿命 $t_{0.50}$ 称为中位寿命，可靠水平 $r=e^{-1}$ 的可靠寿命 $t_{e^{-1}}$ 称为特征寿命。

从定义中可以看出，产品工作到可靠寿命 t_r，大约有 $100(1-r)\%$产品已经失效；产品工作到中位寿命 $t_{0.50}$，大约有一半失效；产品工作到特征寿命 $t_{e^{-1}}$，大约有 63.2%产品失效。

在讨论试验方案时，人们对被验证产品的 B_{10} 寿命比较感兴趣，因为产品的 B_{10} 寿命是人们比较关心的寿命，是在产品可靠性设计中经常使用的。

B_{10} 寿命就是产品可靠度为 90%的可靠寿命 $t_{0.90}$，也就是产品仅仅发生 10%失效所对应的寿命长度，于是有 $t_{0.90}=B_{10}$。

2.1.4 失效率函数

2.1.4.1 失效率的概念

产品的失效率是可靠性理论中的重要概念，在实践中它又是可靠性的重要指标，不少产品就是用失效率来确定其等级的。

【定义 2.3】已工作到时间 t 的产品，在时刻 t 后单位时间内发生失效的概率称为该产品在时刻 t 的失效率函数，简称失效率，记为 $\lambda(t)$。

我们先把上述定义中的概率理解为频率，对失效率概念作一些直观的解释，便于正确地理解它的含义，然后再来推导失效率的数学表达式。

设在 $t=0$ 时有 N 个产品开始工作，到时刻 t 有 $n(t)$ 个产品失效，还有 $N-n(t)$ 个产品在继续工作，为了考察时刻 t 后产品的失效情况，再观察 Δt 时间。假如在 t 到 $t+\Delta t$ 时间内又有 Δn 个产品失效（见图 2.4），那么在时刻 t 尚有 $N-n(t)$ 个产品继续工作的条件

图 2.4

下，在时间（t，$t+\Delta t$）内失效的频率为

$$\frac{\Delta n}{N-n(t)}=\frac{\text{在时间}(t,t+\Delta t)\text{内失效的产品数}}{\text{在时刻 }t\text{ 仍正常工作的产品数}} \tag{2.8}$$

于是产品工作到时刻 t 之后，每单位时间内发生的失效的频率为

$$\frac{\Delta n}{(N-n(t))\Delta t}=\frac{\Delta n}{\Delta t(N-n(t))}=\hat{\lambda}(t) \tag{2.9}$$

这个量可以用来估计在时刻 t 的失效率 $\lambda(t)$ 。由于频率有稳定性，所以当 N 愈大，Δt 愈小时，这个估计就愈精确。

从上述分析中看出，讲失效率是有条件的，"产品工作到时刻 t 后"就是条件。(2.9) 式分母中的 $N-n(t)$ 就是随着这种条件的变化而变化。因而失效率能非常敏感地反映出产品失效的变化速度。若无此条件，那么产品的失效频率不是 $\frac{\Delta n}{N-n(t)}$，而是$\frac{\Delta n}{N}$，这时

$$\frac{\frac{\Delta n}{N}}{\Delta t}=\frac{\Delta n}{\Delta t\cdot N} \tag{2.10}$$

可以用来估计在时刻 t 的失效概率密度函数 $f(t)$ 。虽然 $f(t)$ 也能反映产品失效的变化速度，但不够敏感。因为 (2.10) 式分母中的 N 是不变的，能引起 $f(t)$ 变化的只有 Δn，所以它不如失效率能敏感地反映产品失效的变化速度。

【例 2.1】在 $t=0$ 时，有 $N=100$ 件产品开始工作，在 $t=100$ h 有 2 个失效，而在 100～105 h 内有 1 个失效 (见图 2.5)，那么有

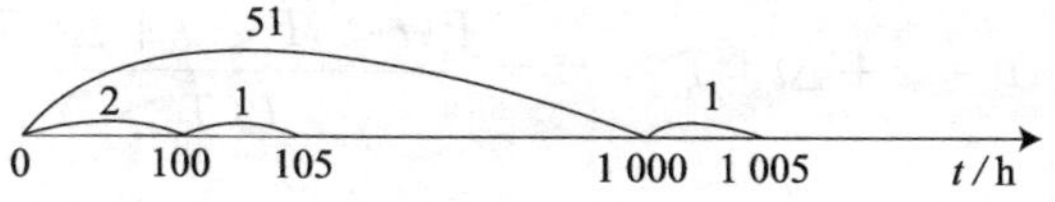

图 2.5

$$\hat{f}(100)=\frac{1}{5\times 100}=0.002$$

$$\hat{\lambda}(100)=\frac{1}{5\times 98}=0.002\,0$$

假如到 $t=1\,000$ h 前有 51 个失效，而在 1 000～1 005 h 内有 1 个失效，此时

$$\hat{f}(1\,000)=\frac{1}{5\times 100}=0.002$$

$$\hat{\lambda}(1\,000)=\frac{1}{5\times 49}=0.004\,1$$

例 2.1 中，从失效密度观点看，在 $t=100$ 和 $t=1\,000$ 处，单位时间内失效频率是相同的，而从失效率函数观点看，这两者是不同的。人们希望在时刻 t 后，未来的失效数与还在工作的产品数之比愈小愈好，而 $f(t)$ 反映不出这一点，$\lambda(t)$ 却能反映这一点。

下面将从失效率的定义推出失效率 $\lambda(t)$ 的数学表达式。

设 T 是在规定条件下产品的寿命，其失效分布函数为 $F(t)$，密度函数为 $f(t)$。此时，事件“产品工作时刻 t 后”可表示为 $T>t$，事件“产品在（t，$t+\Delta t$）内失效”可表示为 $t<T\leqslant t+\Delta t$；于是产品到时刻 t 后，在（t，$t+\Delta t$）内产品失效的概率可表示为条件概率 $P(t<T\leqslant t+\Delta t \mid T>t)$；把此条件概率除此时间间隔 Δt 以后，就得到 Δt 时间内的平均失效率；当 $\Delta t\to 0$ 时，就得到在时刻 t 的失效率

$$\lambda(t)=\lim_{\Delta t\to 0}\frac{P(t<T\leqslant t+\Delta t \mid T>t)}{\Delta t} \tag{2.11}$$

由条件概率性质和事件包含关系，可知

$$\begin{aligned}P(t<T\leqslant t+\Delta t \mid T>t)&=\frac{P(t<T\leqslant t+\Delta t, T>t)}{P(T>t)}\\&=\frac{P(t<T\leqslant t+\Delta t)}{P(T>t)}\\&=\frac{F(t+\Delta t)-F(t)}{1-F(t)}\end{aligned} \tag{2.12}$$

于是有

$$\lambda(t)=\lim_{\Delta t\to 0}\frac{F(t+\Delta t)-F(t)}{\Delta t}\cdot\frac{1}{1-F(t)}$$

$$=\frac{F'(t)}{1-F(t)} \tag{2.13}$$

进一步还可推得

$$\lambda(t)=\frac{F'(t)}{R(t)}=\frac{f(t)}{R(t)}=-\frac{R'(t)}{R(t)} \tag{2.14}$$

(2.13)式和(2.14)式都是失效率的数学表达式。从这些关系式中可以看出，假如已知失效分布函数 $F(t)$ 或 $f(t)$ 或可靠度函数 $R(t)$，都可以导出 $\lambda(t)$。总之，知道了产品的失效分布，就可以确定失效率函数 $\lambda(t)$。

反之，假如已知产品的失效率 $\lambda(t)$，那么也可以求出产品的失效分布，这是因为可靠度函数 $R(t)$ 满足下列微分方程

$$\frac{R'(t)}{R(t)}=-\lambda(t) \tag{2.15}$$

两边对 t 积分可得

$$\ln R(t)=-\int_0^t\lambda(t)\,\mathrm{d}t \tag{2.16}$$

$$R(t)=\exp(-\int_0^t\lambda(t)\,\mathrm{d}t) \tag{2.17}$$

于是有

$$F(t)=1-R(t)$$

$$=1-\exp(-\int_0^t\lambda(t)\,\mathrm{d}t) \tag{2.18}$$

$$f(t)=F'(t)$$

$$=\lambda(t)\exp(-\int_0^t\lambda(t)\,\mathrm{d}t) \tag{2.19}$$

这些结果是很重要的，它不仅给出了从失效率 $\lambda(t)$ 推出失效分布函数 $F(t)$ 和 $f(t)$ 的具体公式，而且还说明 $\lambda(t)$ 与 $F(t)$、$f(t)$、$R(t)$ 一样重要，都是全面地描述产品寿命 T 取值规律的；它们之间是相通的，只是各个概念着重说明的侧面不一样，从而用途也就不

一样。

2.1.4.2 失效率的单位

从失效率的估计公式可以给出失效率 $\hat{\lambda}(t)$ 的公式为

$$\hat{\lambda}(t) = \frac{\Delta n}{\Delta t(N - n(t))} \tag{2.20}$$

其单位为%/h。

例如，$\hat{\lambda}(1\ 000) = 2\times10^{-5}/\text{h} = 2\ \%/(10^3\ \text{h})$，它表示产品工作1 000 h后，每100个产品大约有2个失效。

失效率常用的单位有：1/h；%/(10^3h)；Fit（菲特），它们之间的换算公式为

$$1\ \text{Fit} = 10^{-9}\ /\text{h} = 10^{-4}\ \%/(10^3\ \text{h})$$

失效率的基本单位是Fit，其定义为

$$1\ \text{Fit} = 10^{-9}\ /\text{h}$$

它的意义是每1 000个产品工作1 000 000 h后，只有一个失效；或者每10 000个产品工作100 000 h后，只有一个失效。类似地，失效率为10 Fit的意义是每1 000个产品工作1 000 000 h后，只有10个失效。由此可见，产品的失效率越小，产品的可靠性就越高；反之，失效率越大，产品的可靠性就越差。当然，这主要是针对有常数失效率的产品而言的。指数分布不但在电子元器件方面得到普遍应用，在系统和整机方面也得到了广泛应用，而指数分布就具有常数失效率，因此我国电子元器件的可靠性等级就是按失效率的大小来制定的。

根据GB 1772—79《电子元器件失效率试验方法》的规定，产品的失效率分成7个等级，如表2.1所示。

表 2.1 失效率等级

失效率等级	Y	W	L	Q	B	J	S
该等级的最大失效率 (1 /h 或 1/10 次)	3×10^{-5}	1×10^{-5}	1×10^{-6}	1×10^{-7}	1×10^{-8}	1×10^{-9}	1×10^{-10}

例如，1×10^{-5}称为 5 级，符号为 W，也就是说，如果失效率满足 $0.1\times10^{-5}<\lambda\leqslant1\times10^{-5}$，则属于 5 级；如果失效率满足 $0.01\times10^{-5}<\lambda\leqslant0.1\times10^{-5}$，则属于 6 级，以此类推。

2.1.4.3 产品的失效规律

人们在各种产品的使用和试验中得到大量的数据，对它进行统计分析之后，发现一般产品的失效率 λ 和失效时间 t 的关系曲线有如图 2.6 所示的形式。这条曲线通常被称为浴盆曲线，它明显地分为 3 段，对应着产品的 3 个时期。

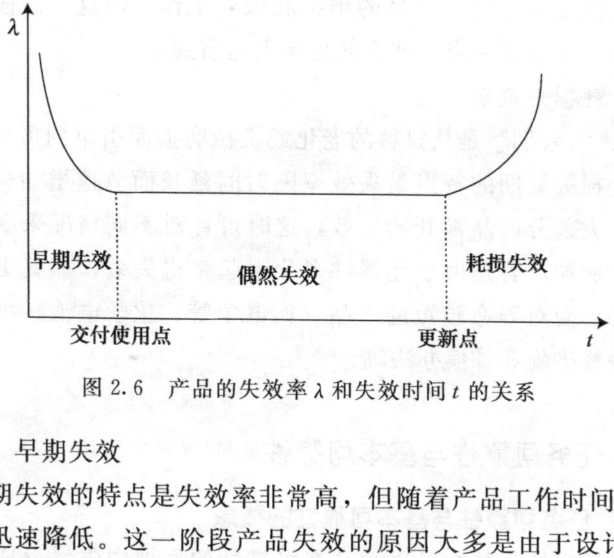

图 2.6　产品的失效率 λ 和失效时间 t 的关系

(1) 早期失效

早期失效的特点是失效率非常高，但随着产品工作时间的增加，失效率迅速降低。这一阶段产品失效的原因大多是由于设计和制造过程中的缺陷造成的。例如电阻器由于刻槽不均匀而失效、电容器由于介质渗入导电微粒引起电击穿、电子管的部件因点焊不牢而造成开路、电视机由于对元器件筛选不严而在开始使用时频繁出现故障等。通过精心设计或采用成熟工艺并在生产过程中加强对原材料的检验，加强质量管理，不断提高操作人员技术水平和责任心，就可以大大减少早期失效的产品。

使产品的失效率达到偶然失效期的失效率水平的时间称为交付

使用点。承制方为了尽快达到交付使用点，常常采用合理的筛选技术和负荷试验，或者用其他方法将这些有缺陷的不可靠的产品尽快暴露出来，使余下的产品具有较低的失效率；一旦达到交付使用点的失效率水平，产品就可以出厂，并交付使用。

（2）偶然失效

偶然失效期也称随机失效期或稳定工作阶段。这是产品（特别是整机）的最良好的工作时期。这一阶段的特点是失效率较低且比较稳定，往往可以看做是常数。在这一阶段内，产品失效常常是由于多种因素造成的；而每一种因素都不太严重，因此失效纯属偶然。在这一阶段要尽力做好产品的维护和保养工作，使这一阶段尽量延长。假如不注意这一点，就会使更新点提前到来。

（3）耗损失效期

“耗损失效期”是从材料的老化或机械磨损而引申到可靠性领域来的。耗损失效期的特点是失效率随时间延长而急速增加；到了这一阶段，大部分产品都开始失效，这时可针对不同情况采取一些补救措施。例如，若是由于元器件老化引起整机失效，那就更换这部分元器件，而对寿命较短的产品（如电子管、化学电池）可以采取预防性检修措施和替换办法等。

2.1.5 任务可靠性与基本可靠性

2.1.5.1 任务可靠性与基本可靠性的概念

任务可靠性与基本可靠性是在可靠性的发展中先后形成的两个概念，它们既有相同点也有不同点。

（1）任务可靠性

产品在规定的任务剖面中完成规定功能的能力称为任务可靠性。任务剖面是指产品在完成规定任务这段时间内所经历的事件和环境的时序描述，其中包括任务成功或失效的判断准则。例如，导弹的飞行可靠度是指起飞正常的导弹在规定的飞行任务剖面内按预定威力打击预定目标的概率。从导弹起飞到预定目标区域这段任务时间内所经历的事件有主动段飞行、被动段飞行、级间分离、头体分离、爆炸等；经历的环境有振动、冲击、噪声、温度、低气压等，其时序描述是指这些应力在任务时间轴上的分布情况。当然，在计算飞行可靠度时还应考虑导弹的部件中那些失效率不是常数的产品，在参加飞行前已经历的工作和贮存时间。“失效判据”主要是指实际爆炸点离预定爆炸点的偏差、威力等。

用任务可靠性来表征可靠性的优点是能直接说明产品完成任务的能力强弱，对作战使用的导弹来讲这是十分重要的，也是必须的，但不足之处是不能反映产品对维修人力的要求。例如有两种设计方案，它们的任务可靠性一样，第一种方案主要采用冗余技术达到要求的任务可靠性，第二种方案主要通过提高零部件的可靠性来达到要求的任务可靠性。显然，第一种方案比第二种方案所用的零部件总数多，因而故障率高且维修工作量大；但仅从任务可靠性来看，却反映不出两者的差别。为了反映产品对维修人力的要求，必须引入基本可靠性的概念。

（2）基本可靠性

基本可靠性是指产品在规定条件下无故障的持续时间或概率，反映了产品对维修人力的要求。在确定基本可靠性的特征量时，应统计产品的所有寿命单位和所有的故障，而不能局限于发生在任务期间的故障，也不能局限于只危及任务成功的故障。

2.1.5.2　任务可靠性与基本可靠性的区别

从任务可靠性和基本可靠性的定义可知，任务可靠性与基本可靠性主要有以下区别。

（1）寿命单位的统计不一样

在计算任务可靠性时，只统计完成任务的过程中所包含的寿命单位，而把该产品在执行该次任务前的经历作为条件；在计算基本可靠性时，必须统计整个寿命剖面内（或规定的时间内）所包含的寿命单位。

（2）故障的统计不一样

在计算任务可靠性时，只统计危及任务完成的故障。在计算基本可靠性时，凡是需要维修的故障，不管它是否危及任务成功，均要进行统计。

（3）计算模型不一样

在计算任务可靠性时，应根据产品真实的数学模型进行计算。因此，就可能有多个计算模型。例如计算导弹的飞行可靠度和战备完好率就是不同的模型，不但任务时间不一样，而且前者是不可修系统，后者是可修系统。在计算基本可靠性时，一律按串联模型计算，显然只有一个计算模型。

2.1.6 固有可靠性与使用可靠性

2.1.6.1 固有可靠性与使用可靠性的概念

（1）固有可靠性

由产品的设计、制造所决定的可靠性称为固有可靠性，它假设使用条件是理想的。显然，产品的固有可靠性也是产品的固有属性，一旦产品的设计定型，制造工艺定型，产品的固有可靠性就是确定的值。

（2）使用可靠性

由产品的设计、制造、安装、贮存、运输、使用等综合因素决定的可靠性称为使用可靠性。产品的使用可靠性应是使用方和研制方共同关心的焦点。

2.1.6.2 固有可靠性与使用可靠性的区别

由固有可靠性和使用可靠性的定义可知，产品的固有可靠性与使用可靠性是不相同的，主要是因为产品设计、制造所依据的条件不可能与实际使用条件完全相同，同时也可能在生产中偏离了设计定型、制造工艺定型所规定的要求，如某些原材料、元器件的代用及操作工人技术水平差别引起的制造工艺差异等，都会使产品的固有可靠性发生变化。以导弹的可靠度为例，处于临战状态的导弹只可能处于可发射、测试、维修 3 种状态，导弹的固有可用度 A_i 与导弹的保质期 T_0、测试时间 T_c 和维修时间 T_m 有关，即

$$A_i = \frac{T_0}{T_0 + T_c + T_m} \tag{2.21}$$

但是，在使用时测试与维修都会出现延误，导弹的使用可用度 A_0，还应与测试延迟时间 T_d 和维修延迟时间 T_{ml} 有关，即

$$A_0 = \frac{T_0}{T_0 + T_c + T_m + T_d + T_{ml}} \tag{2.22}$$

因此，要想提高产品的使用可靠性，必须在指标论证时把导弹的使用条件阐述得非常清楚，努力提高产品的固有可靠性，加强对出厂产品的质量监督，同时要设法改善包装、运输、贮存、使用等条件。

2.1.7　条件概率、全概率公式与贝叶斯公式

2.1.7.1　条件概率

对许多问题的研究，往往是在某些事件已发生之后才进行讨论的，那么在事件发生前和发生后来讨论同一问题时可能会由于条件的变化而得出不同的结果。例如考虑有两个孩子的家庭，假定男女出生率一样，则两个孩子（依大小排列）的性别为（男，男）、（男，女）、（女，男）、（女，女）的可能性是一样的。若以 A 记随机选取的这样一个家庭中有 1 个男孩和 1 个女孩的事件，则显然有 $P(A) = \frac{1}{2}$，但是如果预先知道这家庭至少有 1 个女孩，那么上述事件的概率便应是 $\frac{2}{3}$。

两种情况下算出的概率不同，也很容易理解。因为在第二种情况下，多知道了一个条件：事件 B（这一家庭至少有 1 个女孩）发生，因此算得的概率实际上是“在已知事件 B 发生的条件下，事件 A 发生的概率”，这个概率称为条件概率，记为 $P(A \mid B)$。

下面给出条件概率的定义。

【定义 2.4】设 A 和 B 为随机事件，$P(B) > 0$，则称

$$P(A \mid B) = \frac{P(AB)}{P(B)} \tag{2.23}$$

为在事件 B 发生的条件下，A 发生的条件概率。

由（2.23）式可得到

$$P(AB) = P(B)P(A \mid B) \tag{2.24}$$

若还有 $P(A) > 0$，则也可定义 $P(B \mid A)$ 这时有

$$P(AB) = P(A)P(B \mid A) = P(B)P(A \mid B) \tag{2.25}$$

在计算任务可靠度，如导弹的飞行可靠度时，通常都应按条件概率计算，因为导弹在飞行前通常都要进行检测，许多仪器都会有一段工作时间，飞行是在上述事件已发生后进行的。

2.1.7.2 全概率公式

在可靠性研究工作中常常要遇到一些复杂事件的概率计算，为了解决这些问题，经常先把一个复杂事件分解为若干个不相容的简单事件，再分别计算这些简单事件的概率，最后利用概率的可加性得到最终结果。这里，全概率公式起着很重要的作用。

【定义 2.5】设事件 A_1，A_2，…，A_i，…是样本空间 Ω 的一个分割，即 A_i 两两互不相容，$P(A_i) > 0$，$i=1$，2，…，而且

$$\sum_{i=1}^{\infty} A_i = \Omega \tag{2.26}$$

则对任一随机事件 B，有

$$B = \sum_{i=1}^{\infty} A_i B \tag{2.27}$$

这里 $A_i B$ 也两两互不相容。

由概率的完全可加性

$$P(B) = \sum_{i=1}^{\infty} P(A_i B) \tag{2.28}$$

再由（2.25）式得

$$P(B) = \sum_{i=1}^{\infty} P(A_i)P(B \mid A_i) \tag{2.29}$$

（2.29）式称为全概率公式。

【例 2.2】某批一等品的装备中混入 2%的二等品，1.5%的三等品，用一等、二等、三等品装备工作 10 000 h 的可靠度分别为 0.95、0.90、0.80。求这批装备工作到 10 000 h 的概率。

解：

设从这批装备中任选一台是一等、二等、三等品的事件分别记为 A_1，A_2，A_3，则构成样品空间的一个分割，用 B 表示在这批装备中任选一台，这台装备工作到 10 000 h 这一事件，则由全概率公式得

$$\begin{aligned} P(B) &= \sum_{i=1}^{3} P(A_i)P(B \mid A_i) \\ &= 0.965 \times 0.95 + 0.02 \times 0.90 + 0.015 \times 0.80 \\ &= 0.916\,75 + 0.018 + 0.012 \\ &= 0.946\,75 \end{aligned}$$

2.1.7.3 贝叶斯（Bayes）公式

全概率公式是借助于一组完备事件组 $\{A_k\}$ 来求某一事件 B 的概率，而贝叶斯公式则与之相反，是在已知某一事件 B 已发生的条件下，求完备事件组中某个 A_k 发生的条件概率，具体表述如下。

设 $\{A_k\}$ 为完备事件组，即满足以下条件：

1) $A_k \cap A_j = \Phi \qquad (k \neq j, k, j = 1, 2, \cdots, n)$；

2) $\bigcup_{k=1}^{n} A_k = \Omega$；

3) $P(A_k) > 0 \qquad (k = 1, 2, \cdots, n)$。

若 $P(B) > 0$，则对任意的 k（$1 \leqslant k \leqslant n$）有

$$P(A_k \mid B) = \frac{P(A_k)P(B \mid A_k)}{\sum_{j=1}^{n} P(A_j)P(B \mid A_j)} \tag{2.30}$$

【证明】由（2.25）式得

$$P(A_kB) = P(B)P(A_k \mid B) = P(A_k)P(B \mid A_k)$$

从而有

$$P(A_k \mid B) = \frac{P(A_k)P(B \mid A_k)}{P(B)}$$

对 P（B）再用全概率公式（2.29）代入，即得（2.30）式。

贝叶斯公式在可靠性分析中应用很广泛。

【例 2.3】有一系统，A 类器件占 10%，B 类占 40%，C 类占 50%，T h 后各类器件的损坏率为：A 类为 30%，B 类为 25%，C 类为 10%。T h 后该系统有 1 个器件发生损坏。问：查换器件应从哪类开始？

解：

设 A_1=(该器件属于 A 类)，A_2=(该器件属于 B 类)，A_3=(该器件属于 C 类)，D=(1 个器件损坏)，于是问题变为先逐个求出 $P(A_1 \mid D)$，$P(A_2 \mid D)$，$P(A_3 \mid D)$，比较哪个概率大就从哪类器件查起。

贝叶斯公式为

$$P(A_k \mid D) = \frac{P(A_k)P(D \mid A_k)}{\sum_{j=1}^{3} P(A_j)P(D \mid A_j)} \qquad (k = 1,2,3)$$

由题意可算出

$$\sum_{j=1}^{3} P(A_j)P(D \mid A_j) = 0.1 \times 0.3 + 0.4 \times 0.25 + 0.5 \times 0.1 = 0.18$$

而

$$P(A_1 \mid D) = \frac{0.1 \times 0.3}{0.18} = 0.16$$

$$P(A_2 \mid D) = \frac{0.4 \times 0.25}{0.18} = 0.56$$

$$P(A_3 \mid D) = \frac{0.5 \times 0.1}{0.18} = 0.28$$

从以上计算可看出，从 B 类器件查起最为合理。

2.2 可靠性指标体系

由于产品的多样性导致可靠性参数的多样性，对于那些复杂的多功能系统的产品需要建立一个可靠性指标体系，从不同的侧面全面地描述产品的可靠性。

2.2.1　指标体系的定义

在产品可靠性设计和管理过程中，为使产品在运行中能够完成或达到所规定的功能，并通过维修保持这种功能，要对产品提出可靠性和维修性要求，并将这些要求用一组能反映产品能力的可靠性与维修性指标定量描述，这组可靠性与维修性指标的组合为系统的可靠性与维修性指标体系。

2.2.2　指标体系选取的原则

2.2.2.1　指标体系的完备性

在可靠性与维修性指标体系中，所有选定的指标组合在一起能完整地描述产品可靠性与维修性要求的各个方面，对导弹武器系统来讲，即在战备完好、任务成功、维修人力费用和后勤保障费用等方面的要求。

2.2.2.2　指标体系的阶段性

当产品是一个复杂系统时，其任务剖面往往不止一个，应将产品的任务过程划分为不同的阶段，对每一个任务阶段应有相应的可靠性与维修性指标和指标值，不同阶段的指标和指标值可以不同。例如对导弹，在定型、批产品交付、定期检测及发射和飞行各阶段均可提出不同的可靠性指标和指标值的要求。

2.2.2.3　指标体系的层次性

一个复杂的系统，一般是由若干个不同功能的子系统构成的；而子系统又可以根据其功能、特性继续分解。对每一分解层次上的功能子系统，都需要给出相应的可靠性与维修性指标。由于各个子系统的功能不同，所选取的指标也就不同。导弹的可靠性指标通常都要分解、分配到各个子系统，直至整机，例如导弹的飞行可靠性分解到弹头，就提出了结构可靠性、防热可靠性和突防可靠性等指标。

2.2.2.4 指标体系的适应性

指标系统的指标应与系统所要完成的任务、规定的功能及可能发生的故障模式相对应。例如，对于一个不可修系统，只需要提出可靠度指标；而对于一个可修系统，则不仅要提出可靠度指标，还需提出维修性指标。

2.2.2.5 指标的可达性

指标应对系统可靠性起指导作用，在使用方向研制方提出的指标要求中应尽量排除一些研制方无法控制的因素。例如 2.1.6 节中所述的使用可靠度 A_0，不仅与产品的保质期 T_0、测试时间 T_c、维修时间 T_m 有关，还与测试延迟时间 T_d、维修延迟时间 T_{ml} 有关，而测试延迟时间 T_d 和维修延迟时间 T_{ml} 是产品使用中的管理工作造成的，研制方无法控制。因此，指标中不提使用可用度而提固有可用度。

2.2.2.6 指标的可检验性

指标体系中所提出的各项指标应该都是可检验的。如果仅是提出而不进行检验，这些指标就根本不会落实。有些指标需要较多的试验子样才能得到检验，这时可把达到指标要求划分为几个阶段；在定型时只需达到最低可接受值，并作出安排，保证其最终能验证达到所需指标要求。

2.2.2.7 指标参数间的相关性

有的可靠性参数相互间是相关的，在选择时要注意其内在关系，以免相互矛盾。

2.3 导弹武器的可靠性与维修性指标

根据作战使用要求，导弹的可靠性与维修性指标可分为 4 类。

2.3.1　与战备完好性有关的可靠性与维修性参数

有固有可用度、定期检测合格率、技术准备完好率、待机准备完好率、可发射率、平均故障间隔时间、平均计划维修间隔时间 7 项。

2.3.2　与任务成功性有关的可靠性与维修性参数

有发射可靠度、飞行可靠度、突防概率、末制导正常工作概率、战斗部引爆可靠度、战术可靠性 6 项。

2.3.3　与维修人力费用有关的可靠性与维修性参数

有平均修复时间、平均预防维修时间、故障检测率、故障隔离率、虚警率、发射后处理及再次发射时间 6 项。

2.3.4　与装备保障费用有关的可靠性与维修性参数

有贮存寿命（贮存期）、贮存可靠度、使用寿命、检测周期、第一次大修期 5 项。

第3章 失效概率分布

在可靠性研究中，处理寿命数据的统计方法可粗略地分为两类。第一类是基于特定参数分布族的参数化方法；尽管截尾现象产生了一些特殊的问题，但在这样的分布族内统计分析常常是按步就班的，效率也较高。第二类是不依赖于特定分布族假设的非参数方法。目前在可靠性研究工作中主要还是采用参数化方法，本书所介绍的几个可靠性评定模型都是基于参数化方法的。因此，首先要介绍各种失效概率分布族。

3.1 离散型失效概率分布

【定义 3.1】设 ξ 是一个随机变量，它可能的取值范围为 $\{x_1, x_2, \cdots, x_k, \cdots\}$，$\xi$ 取值 x_k 的概率为 P_k，即 $P(\xi = x_n) = p_k (k = 1, 2, \cdots)$，满足以下条件：

1) $P_k \geqslant 0 \qquad (k = 1, 2, \cdots)$；

2) $\sum_{k=1}^{\infty} P_n = 1$ 。

称 ξ 是一个离散型随机变量，并称

$$\begin{bmatrix} x_1 & x_2 & \cdots & x_k & \cdots \\ p_1 & p_2 & \cdots & p_k & \cdots \end{bmatrix} \tag{3.1}$$

为 ξ 概率分布，或用

$$\xi \sim \begin{bmatrix} x_1 & x_2 & \cdots & x_k & \cdots \\ p_1 & p_2 & \cdots & p_k & \cdots \end{bmatrix}$$

表示 ξ 的分布。

需要说明的是，如果随机变量 ξ 的取值只有有限种 $[x_1, x_2, \cdots, x_n]$，则可将（3.1）式理解为

$$\begin{aligned} P(\xi = x_{n+1}) &= P(\xi = x_{n+2}) \\ &= \cdots = P(\xi = x_{n+h}) \\ &\equiv 0 \quad (h \geqslant 1) \end{aligned} \tag{3.2}$$

则（3.1）式变为

$$\begin{bmatrix} x_1 & x_2 & \cdots & x_n \\ p_1 & p_2 & \cdots & p_n \end{bmatrix} \tag{3.3}$$

因此，定义 3.1 也涵盖了“有限种结果”的场合。

3.1.1　两点分布

考虑这样一类随机现象，其基本结果只有两个：成功与失败。例如检查一个产品的质量是否合格、导弹发射是否成功等都是这类随机现象。这类随机现象统称为伯努利试验。

在伯努利试验中，若设成功的概率为 p，则成功的次数 x 是一个仅可能取 0 与 1 两个值的随机变量。它的分布如下：

x	0	1
p	$1-p$	p

这样的分布称为两点分布。其均值和方差分别为

$$\left.\begin{aligned} E(x) &= p \\ D(x) &= p(1-p) \end{aligned}\right\} \tag{3.4}$$

3.1.2　二项分布

考虑这样一类随机现象，其随机现象由 n 次相同的伯努利试验组成，各次试验结果互不影响，每次试验只有两个结果之一：成功与失败。例如检查 5 个产品相当于作了 5 次试验，各次检查结果互不影响，每次检查只可能有两个结果：合格或不合格；又如发射 10 枚导弹，也可看成是由 10 次互不影响的伯努利试验组成的，每次试

验只可能有两个结果之一：成功或失败。这类随机现象统称为 n 重伯努利试验。

一个 n 重伯努利试验包含 n 次试验，每次试验中成功（或合格）的概率为 p，如果 x 为 n 次试验中成功的次数，那么，随机变量 x 的概率分布称为“成功概率为 p 的 n 次试验的二项分布”，简称“二项概率分布”，有时记作 b（x；n，p）。x 的所有可能的数值都是正整数。

$$
\begin{aligned}
P(X=x) &= b(x;n,p) \\
&= \binom{n}{x} p^x q^{n-x}
\end{aligned}
\tag{3.5}
$$

$$x = 0,1,2,\cdots,n \qquad (n \text{ 为正整数})$$

$$p,q > 0$$

（3.5）式就是二项概率分布的一般表达式，其中 $p+q=1$；有时称 p 为二项概率分布参数。

为什么称为“二项”概率分布呢？因为（3.5）式正好是二项展开式的各项，即

$$
\begin{aligned}
(p+q)^n = &\binom{n}{0} p^0 q^n + \binom{n}{1} p^1 q^{n-1} + \binom{n}{2} p^2 q^{n-2} + \cdots + \\
&\binom{n}{x} p^x q^{n-x} + \cdots + \binom{n}{n} p^n q^0
\end{aligned}
\tag{3.6}
$$

二项概率分布的累积概率为

$$
\begin{aligned}
P(X \leqslant x) &= \sum_{s=0}^{x} p(x=s) \\
&= \sum_{s=0}^{x} \binom{n}{s} p^s q^{n-s}
\end{aligned}
\tag{3.7}
$$

当 n 的数值固定不变时，b（x；n，p）的形状随着 p 值不同而不同，如图 3.1 所示。

二项分布的均值和方差分别为

$$
\left.
\begin{aligned}
E(X) &= np \\
D(X) &= npq = np(1-p)
\end{aligned}
\right\}
\tag{3.8}
$$

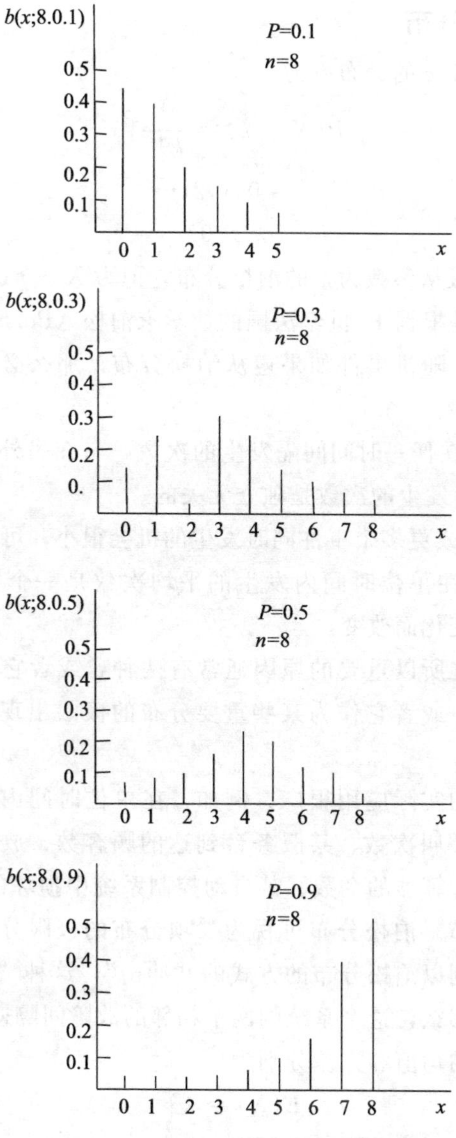

图 3.1　二项概率分布 $b\ (x;\ 8,\ p)$

3.1.3 泊松分布

设随机变量 x 的分布率为

$$P(X=k)=\frac{\lambda^k}{k!}\mathrm{e}^{-\lambda} \tag{3.9}$$

$$k=0,1,2,\cdots$$

$$\lambda>0$$

称随机变量 x 服从参数为 λ 的泊松分布，记为 $X-p(\lambda)$ 。

泊松分布是根据 19 世纪法国的数学家泊松（Poisson）的名字命名的概率分布。随机事件如果遵从泊松分布，那么必须首先符合以下 3 个假设条件：

1）事件 s 在任一时间间隔发生的次数，与在另外的不相重叠时间间隔内事件 s 发生的次数是独立无关的。

2）有两个或更多个事件同时发生的机会很小，可以忽略不计。

3）事件 s 在单位时间内发生的平均次数是一个常数，记作 λ，并不随时间的变化而改变。

一种分布之所以重要的原因通常有两种，或者它直接产生于许多实际问题中，或者它作为某些重要分布的极限出现；而泊松分布两者都具备。

泊松分布的实际应用很广，例如，在单位时间内，某电话交换台接到的电话呼叫次数、某服务台到达的顾客数、放射性物质放射出的粒子到达计算器的个数、某自动控制系统中损坏的元件个数等，都服从泊松分布。泊松分布可视为二项分布的极限分布。也可以证明，若系统受到以泊松分布的方式的“冲击”，这种“冲击”将使系统发生故障；那么，这个系统的两个相邻的故障间隔遵从指数分布。

泊松分布的均值和方差分别为

$$\left.\begin{aligned}E(X)=\lambda\\D(X)=\lambda\end{aligned}\right\} \tag{3.10}$$

3.1.4　超几何分布

考虑这样的随机抽样模型，在一批 N 件产品中有 M 件不合格品，若从中抽取 n 件，其中不合格品数 X 是一个随机变量，只可能取 0，1，min $\{n, M\}$ 等值，且

$$P(X=k)=\frac{\binom{M}{k}\binom{N-M}{n-k}}{\binom{N}{n}} \tag{3.11}$$

$$k=\max\{0,n-N+M\},\cdots,\min\{n,M\}$$

$$0\leqslant M\leqslant N$$

$$0\leqslant n\leqslant N$$

$$N,M,n\text{ 为正整数}$$

这样一组概率称为超几何分布。

下面讨论一种在实际中常常遇到的特殊情况。当产品总数 N 很大，而抽样数 n 相对较小时，超几何分布就近似于二项分布，这是因为

$$\begin{aligned}\frac{\binom{M}{k}\binom{N-M}{n-k}}{\binom{N}{n}}&=\frac{M!}{k!(M-k)!}\cdot\frac{(N-M)!}{(n-k)!(N-M-n+k)!}\cdot\frac{n!(N-n)!}{N!}\\&=\frac{n!}{k!(n-k)!}\left(\frac{M}{N}\right)^{k}\left(1-\frac{M}{N}\right)^{n-k}\frac{N^{n}(N-n)!}{N!}\cdot\\&\quad\frac{M!}{(M-k)!M^{k}}\cdot\frac{(N-M)!}{(N-M)^{n-k}(N-M-n+k)!}\end{aligned} \tag{3.12}$$

当 N 很大，n 较小时，（3.12）式中最后 3 个因子很接近于 1，因此有

$$\frac{\binom{M}{k}\binom{N-M}{n-k}}{\binom{N}{n}} \approx \frac{n!}{k!(n-k)!}\left(\frac{M}{N}\right)^{k}\left(1-\frac{M}{N}\right)^{n-k} \tag{3.13}$$

这说明，当 N 很大，n 较小时，超几何分布接近于二项分布。

超几何分布的均值和方差分别为

$$\left.\begin{aligned} E(X) &= n\frac{M}{N} \\ D(X) &= n\frac{N-n}{N-1}\cdot\frac{M(N-M)}{N^{2}} \end{aligned}\right\} \tag{3.14}$$

3.1.5 几何分布与负二项分布

在考虑二项分布时，一般在相同的条件下作 n 次独立的试验，其中有 c 次失败，$n-c$ 次成功，而 n 次是预先给定的。但是，有时往往预先给定失败的次数 c，依次地作试验直到出现 c 次失败时，立即停止试验。因此，试验的总次数不能预先给定，是一个随机变量，其概率分布就是这里所要介绍的几何分布和负二项分布；几何分布是属于负二项分布的一种特殊情况。

3.1.5.1 几何分布

在上述问题中，如果令 $c=1$，也就是依次地作试验，直到出现一次失败时，则停止试验；如果在首次试验时，都是以 p 为失败的概率，$1-p=q$ 为成功的概率，令 x 为试验的总次数，那么，其概率分布为“几何分布”，即

$$P(X=x)=pq^{x-1} \tag{3.15}$$

$$x=1,2,\cdots$$

$$p,q>0$$

$$p+q=1$$

为什么称为“几何分布”呢？因为（3.15）式正好是几何级数的各项。

几何分布的均值和方差分别为

$$\left.\begin{aligned} E(X) &= \frac{1}{p} \\ D(X) &= \frac{q}{p^2} \end{aligned}\right\} \tag{3.16}$$

几何分布的失效率为

$$\lambda(X) = p = 常数 \quad （对所有 x = 0, 1, 2, \cdots） \tag{3.17}$$

事实上，几何分布是离散分布中具有“无记忆性”的唯一分布。它与连续型的指数分布相似。

3.1.5.2　负二项分布

负二项分布即上述问题的一般情况 $c \geqslant 1$，也就是总共试验了 x 次，在第 x 次试验时，恰好是第 c 次失败的结果，因此，在前 $x-1$ 次试验中，必定有 $c-1$ 次失败的结果，如果失败概率为 p，则

$$\begin{aligned} P(X = x) &= P(\{在前 x-1 次试验中有 c-1 次失败\} \cap \\ &\qquad \{第 x 次试验是失败\}) \\ &= P\{在前 x-1 次试验中有 c-1 次失败\} \cdot \\ &\qquad P\{第 x 次试验是失败\} \\ &= \binom{x-1}{c-1} p^{c-1} q^{x-c} p \\ &= \binom{x-1}{c-1} p^c q^{x-c} \end{aligned} \tag{3.18}$$

$$c = 1, 2, \cdots$$
$$x = c, c+1, \cdots$$

这就是“负二项分布”，也称为 Pascal 分布，其均值和方差分别为

$$\begin{aligned} E(X) &= \frac{c}{p} \\ D(X) &= \frac{cq}{p^2} \end{aligned} \tag{3.19}$$
$$c = 1, 2, \cdots$$

为什么称为“负二项分布”呢？现解释如下。

对（3.18）式中的 x 和 c，可以具体地定义一个新的随机变量

$$Y = X - c \tag{3.20}$$

这个 Y 就是在第 c 次失败之前的成功次数，因此，递推（3.18）式有

$$\begin{aligned} P &= (Y = y) \\ &= P(x = y + c) \\ &= \binom{y+c-1}{c-1} p^c q^y \end{aligned} \tag{3.21}$$

再利用

$$\binom{n}{s} = \binom{n}{n-s} \tag{3.22}$$

（3.21）式又可以化为

$$P(Y = y) = \binom{y+c-1}{y} p^c q^y \tag{3.23}$$

$$y = 0, 1, 2, \cdots$$

这是负二项分布的另一种定义形式，也是另一种表达形式。因为

$$\begin{aligned} \binom{-c}{y} &= \frac{(-c)(-c-1)\cdots(-c-y+1)}{y!} \\ &= (-1)^y \frac{c(c+1)\cdots c(c+y-1)}{y!} \\ &= (-1)^y \binom{c+y-1}{y} \end{aligned} \tag{3.24}$$

所以（3.23）式又可化为

$$\begin{aligned} P(Y = y) &= (-1)^y \binom{-c}{y} p^c q^y \\ &= \binom{-c}{y} p^c (-q)^y \end{aligned} \tag{3.25}$$

$$y = 0, 1, 2, \cdots$$

因为（3.25）式恰好是 $p^c(-q)^y$ 按 q 的幂次展式的项，因此称之为负二项分布。

3.1.5.3 小　结

在以上介绍的几种离散型失效概率分布中需要特别关注的是二项分布。二项分布用途很广泛，在可靠性试验和可靠性设计中用于对材料、器件、部件以及一次使用装置或系统的可靠度估计，用来解决备份（冗余）部件的可靠度分配；在可靠性抽样验收中用来设计抽样方案；在本书中还将用于单机及系统的可靠度评定。

需要注意的是，利用二项分布时，必须首先满足以下假定：

1）每次试验只能出现两种结果之一，或是“成功”，或是“失败”；或是“合格”，或是“不合格”。

2）在每次试验时，是随机独立地从母体中抽取样品。

3）母体很大（接近无穷）。

在假定 1）中，只要求试验的结果是定性的，如果试验结果是定量的，那么可转化为定性的结果。例如：火箭的发射是成功的，或是失败的；灯泡寿命超过 1 000 h 就是“合格”的，否则就是“不合格”的，而不必要求寿命的具体数值。但是，每一事件只能出现两种对立的结果之一：“成功”或“失败”，“合格”或“不合格”，而不能有三种或是多种结果出现，如“合格”、“次品”、“废品”，或“优”、“良”、“劣”等。

在假设 2）中，要求从母体中随机独立地抽取试验样品，而且每次试验的结果，都不受前面试验的影响，也就是其特征子样的观察结果值是相互独立的。

在假定 3）中，要求母体很大，或接近无穷。实际上，只要母体很大就可以了。如果母体不很大，那么利用二项分布结果的精度将会受到一定的影响。要求母体无穷，是因为在母体中存在一个未知的真实的“成功”概率 p（或称“合格品率”）。为了在抽取每一个试验样品时，不使概率 p 改变，就要求以无穷母体作为保证条件，而较小的有限母体是不能保证这个条件的。

3.2 连续模型失效概率分布

【定义 3.2】设随机变量 ξ 的取值是实数，另有一非负函数 $p(x)(-\infty<x<+\infty)$，使其对任意的区间 (a,b) 有

$$P(a<\xi<b)=\int_a^b p(x)\mathrm{d}x \tag{3.26}$$

成立，则称 ξ 为连续型的随机变量，$p(x)$ 称为 ξ 的概率密度函数。

由（3.26）式不难看出 $P(a<\xi<b)$ 有以下简单性质。

性质 1：$$P(a<\xi<b)\geqslant 0$$

因为（3.26）式左边的 $P(a<\xi<b)$ 表示一个事件的概率，而概率值永远是非负的。

性质 2：$$P(-\infty<\xi<+\infty)=1$$

因为任何观察值都不会到达 $\pm\infty$，因而 $(-\infty<\xi<+\infty)$ 是一个必然事件，其概率为 1。

性质 3：
$$\begin{aligned}P(a\leqslant\xi\leqslant b)&=P(a<\xi\leqslant b)\\&=P(a\leqslant\xi<b)\\&=P(a<\xi<b)\end{aligned}$$

这是由积分的性质而得的，即含不含区间端点，概率值是一样的；这显然和离散型随机变量有本质的不同，因为含一个端点，离散型随机变量一般会增加一个正的概率值，所以性质 3 的 4 个等式一般来讲并不成立。

下面介绍几种常见的连续型随机变量，它们的区别完全由概率密度函数 $p(x)$ 及其定义域所刻画。

3.2.1 均匀分布

3.2.1.1 均匀分布的密度函数和分布函数

设随机变量 X 在有限区间 (a,b) 内取值，其密度函数为

$$f(x)=\begin{cases}\dfrac{1}{b-a} & (a\leqslant x\leqslant b)\\ 0 & (x<a,x>b)\end{cases} \tag{3.27}$$

则称 X 在区间（a，b）上服从均匀分布，记为 $U(a,b)$ 。

X 的分布函数为

$$F(x)=\begin{cases}0 & (x<a)\\ \dfrac{x-a}{b-a} & (a\leqslant x\leqslant b)\\ 1 & (b\leqslant x)\end{cases} \tag{3.28}$$

图 3.2 和图 3.3 给出了 $f(x)$ 和 $F(x)$ 的曲线。

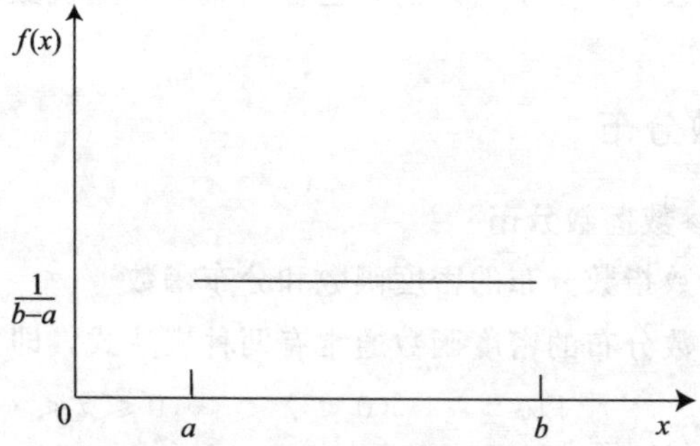

图 3.2　均匀分布密度函数曲线

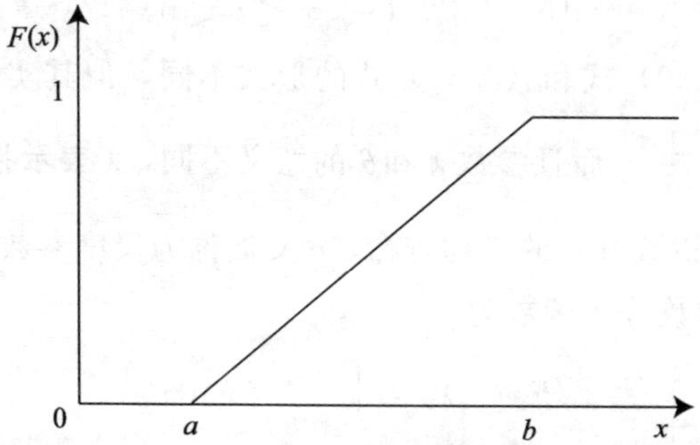

图 3.3　均匀分布函数曲线

3.2.1.2 均匀分布的性质

均匀分布的均值与方差分别为

$$\left.\begin{aligned} E(X) &= \frac{a+b}{2} \\ D(X) &= \frac{(b-a)^2}{12} \end{aligned}\right\} \tag{3.29}$$

需要指出的是，用计算机产生的伪随机数，是按 $U(0,1)$ 要求产生的。所谓“伪”是指这些数是按一定的数学公式逐次递推出来的，也就是说当知道前一个值之后，就可以计算出后一个值了，因而不是随机的。然而，经过多年的改进，如今产生的伪随机数的统计性质已和真随机数差不多了，因而它已被当做“真随机数”来使用。

3.2.2 指数分布

3.2.2.1 单参数指数分布

(1) 单参数指数分布的密度函数和分布函数

单参数指数分布的密度函数通常有两种表达式，即

$$f_E(t,\lambda)=\begin{cases}\lambda e^{-\lambda t} & (0<\lambda<\infty, 0\leqslant t<\infty)\\ 0 & (-\infty<t<0)\end{cases} \tag{3.30}$$

$$f_E(t,\theta)=\begin{cases}\dfrac{1}{\theta}e^{-\frac{t}{\theta}} & (0<\theta<\infty, 0\leqslant t<\infty)\\ 0 & (-\infty<t<0)\end{cases} \tag{3.31}$$

虽然 (3.30) 式和 (3.31) 式的形式不同，但其实质是相同的，区别只是 $\lambda=\dfrac{1}{\theta}$ ，而且参数 λ 和 θ 的意义不同，λ 表示指数分布的失效率，θ 表示指数分布的平均寿命，θ 又被称为尺度参数。

单参数指数分布函数为

$$\begin{aligned} F_E(t,\lambda) &= \int_{-\infty}^{t} f_E(x)\mathrm{d}x \\ &= \int_0^t \lambda e^{-\lambda x}\mathrm{d}x \end{aligned}$$

$$= -e^{-\lambda x}\Big|_0^t$$

$$= \begin{cases} 1 - e^{-\lambda t} & (0 \leqslant t < \infty) \\ 0 & (-\infty < t < 0) \end{cases} \tag{3.32}$$

(3.32) 式可由 (3.30) 式得到。(3.32) 式可化为

$$F_E(t, \theta) = \begin{cases} 1 - e^{\frac{-t}{\theta}} & (0 \leqslant t < \infty) \\ 0 & (-\infty < t < 0) \end{cases} \tag{3.33}$$

指数分布密度函数的曲线如图 3.4 所示，图中的虚线是 $f_E(t)$ 在 $t=0$ 处的切线，切线与 t 轴相交处为 $t=\theta$。指数分布函数曲线如图 3.5 所示，图中 $1-e^{-1} \approx 0.632\ 12$。

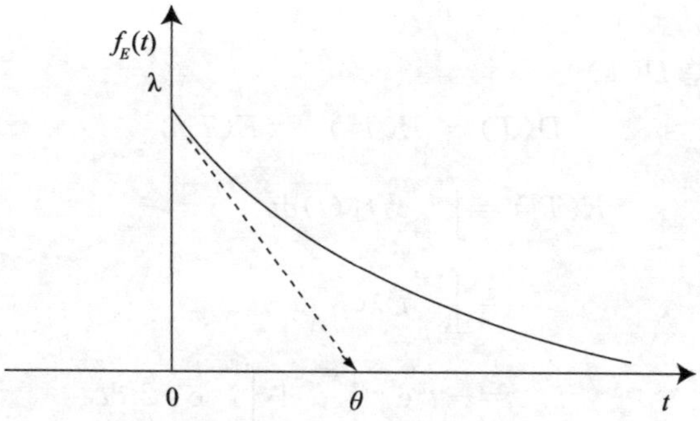

图 3.4　指数分布密度函数曲线

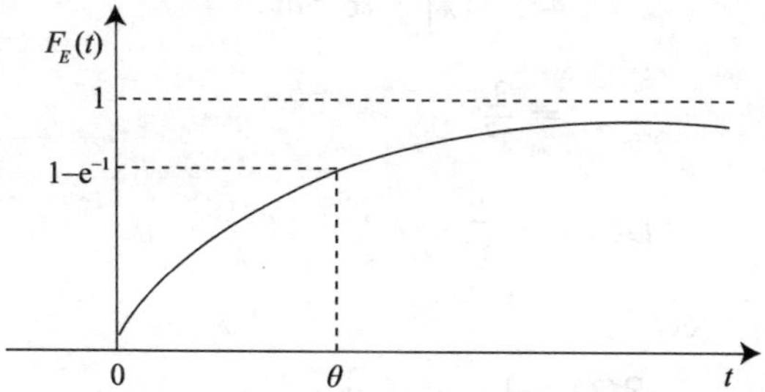

图 3.5　指数分布函数曲线

(2) 单参数指数分布的性质

① 均值 $E(T)$

$$
\begin{aligned}
E(T) &= \int_{-\infty}^{+\infty} t f_E(t)\,\mathrm{d}t \\
&= \int_{0}^{+\infty} t\lambda \mathrm{e}^{-\lambda t}\,\mathrm{d}t \\
&= -t\mathrm{e}^{-\lambda t}\Big|_0^{+\infty} + \int_0^{+\infty} \mathrm{e}^{-\lambda t}\,\mathrm{d}t \\
&= \frac{1}{\lambda}\left(\lambda\int_0^{+\infty} \mathrm{e}^{-\lambda t}\,\mathrm{d}t\right) \\
&= \frac{1}{\lambda} \\
&= \theta
\end{aligned}
\tag{3.34}
$$

② 方差 $D(T)$

$$
D(T) = E(T^2) - (E(T))^2
$$

$$
\begin{aligned}
E(T^2) &= \int_{-\infty}^{+\infty} t^2 f_E(t)\,\mathrm{d}t \\
&= \int_0^{+\infty} t^2 \lambda \mathrm{e}^{-\lambda t}\,\mathrm{d}t \\
&= -t^2\mathrm{e}^{-\lambda t}\Big|_0^{+\infty} + \int_0^{+\infty} \mathrm{e}^{-\lambda t}\, 2t\,\mathrm{d}t \\
&= 2\int_0^{+\infty} t\mathrm{e}^{-\lambda t}\,\mathrm{d}t \\
&= \frac{2}{\lambda}\left(\lambda\int_0^{+\infty} t\mathrm{e}^{-\lambda t}\,\mathrm{d}t\right) \\
&= \frac{1}{\lambda^2}
\end{aligned}
$$

$$
D(T) = \frac{2}{\lambda^2} - \left(\frac{1}{\lambda}\right)^2 = \frac{1}{\lambda^2} = \theta^2 \tag{3.35}
$$

③ 可靠度 $R(t)$

$$
\begin{aligned}
R(t) &= 1 - F_E(t) \\
&= \begin{cases} \mathrm{e}^{-\lambda t} & (0 \leqslant t < \infty) \\ 0 & (t < 0) \end{cases}
\end{aligned}
\tag{3.36}
$$

④ 失效率 $\lambda(t)$

利用（2.13）式、（3.30）式和（3.36）式得

$$\lambda(t)=\frac{f_E(t)}{R(t)}=\frac{\lambda e^{-\lambda t}}{e^{-\lambda t}}=\lambda \qquad (0\leqslant t\leqslant\infty) \tag{3.37}$$

从（3.37）式可以看出，分布参数 $\lambda=\dfrac{1}{\theta}$ 是指数分布的失效率，是与时间 t 无关的常数。

⑤ 平均失效率 $m^*(t)$

对于任意预先给定的时间 t，有

$$\begin{aligned} m^*(t) &= \frac{1}{t}\int_{-\infty}^{t}\lambda(x)\,dx \\ &= \frac{1}{t}\int_{-\infty}^{t} dx \\ &= \frac{\lambda t}{t} \\ &= \lambda \end{aligned} \tag{3.38}$$

由（3.38）式看出，指数分布的平均失效率也是一个常数，即 λ。

⑥ 可靠度寿命 $t(R)$ 和中位寿命 $t(0.50)$

对于任意给定的可靠度 R，利用（3.35）式得

$$e^{-\lambda t}=R \tag{3.39}$$

将（3.39）式两边取自然对数，得

$$-\lambda t=\ln R \tag{3.40}$$

因此，能得出可靠度寿命为

$$t(R)=\frac{1}{\lambda}\ln\frac{1}{R} \tag{3.41}$$

中位寿命为

$$t(0.50)=\frac{1}{\lambda}\ln 2 \tag{3.42}$$

若 $R=e^{-1}$，则有

$$t(e^{-1})=\frac{1}{\lambda}=\theta \tag{3.43}$$

3.2.2.2 两参数指数分布

(1) 两参数指数分布的密度函数和分布函数

两参数指数分布要比单参数指数分布多一个参数，其密度函数为

$$f_E(t;\lambda,\gamma)=\begin{cases}\lambda e^{-\lambda(t-\gamma)} & (0\leqslant\gamma\leqslant t<\infty;0<\lambda<\infty)\\ 0 & (t<\gamma)\end{cases} \tag{3.44}$$

或

$$f_E(t;\theta,\gamma)=\begin{cases}\dfrac{1}{\theta}e^{\frac{-(t-\gamma)}{\theta}} & (0\leqslant\gamma\leqslant t<\infty;0<\theta<\infty)\\ 0 & (t<\gamma)\end{cases} \tag{3.45}$$

其分布函数为

$$F_E(t;\lambda,\gamma)=\begin{cases}1-e^{-\lambda(t-\gamma)} & (0\leqslant\gamma\leqslant t<\infty;0<\lambda<\infty)\\ 0 & (t<\gamma)\end{cases} \tag{3.46}$$

或

$$F_E(t;\theta,\gamma)=\begin{cases}1-e^{\frac{-(t-\gamma)}{\theta}} & (0\leqslant\gamma\leqslant t<\infty;0<\theta<\infty)\\ 0 & (t<\gamma)\end{cases} \tag{3.47}$$

(3.44) 式～ (3.47) 式中，γ 称为位置参数或起始参数。可以看出两参数指数分布，当 $\gamma=0$ 时，则为单参数指数分布的情况。类似地，可以得到两参数指数分布的某些性质。

(2) 两参数指数分布的性质

① 均值 $E(T)$

$$E(T)=\gamma+\frac{1}{\lambda}=\gamma+\theta \tag{3.48}$$

② 方差 $D(T)$

$$D(T)=\frac{1}{\lambda^2}=\theta^2 \tag{3.49}$$

③ 可靠度 $R(t)$

$$R(t)=\begin{cases}e^{-\lambda(t-\gamma)} & (\gamma\leqslant t<\infty)\\ 0 & (t<\gamma)\end{cases} \tag{3.50}$$

④ 失效率 $\lambda(t)$

$$\lambda(t)=\lambda\quad(\gamma\leqslant t<\infty) \tag{3.51}$$

⑤ 平均失效率 $m^*(t)$

$$m^*(t)=\lambda\quad(\gamma\leqslant t<\infty) \tag{3.52}$$

⑥ 可靠度寿命 $t(R)$ 、中位寿命 $t(0.50)$ 和特征寿命 $t(e^{-1})$

$$t(R)=\gamma+\frac{1}{\lambda}\ln\frac{1}{R} \tag{3.53}$$

$$t(0.50)=\gamma+\frac{1}{\lambda}\ln 2 \tag{3.54}$$

$$t(e^{-1})=\gamma+\frac{1}{\lambda}=\gamma+\theta \tag{3.55}$$

指数分布在电子学可靠性领域中是一种著名的分布，不但普遍应用于电子元器件方面，而且应用于系统和整机方面。对指数分布的物理背景，可以这样理解，例如，某种器件受到某种环境应力的影响，这种环境应力可以这样想象，按照泊松分布的方式经常发生某种类型的“冲击”（如某种电应力的“冲击”或温度的“冲击”等），如果这种冲击发生，那么该器件就失效；如果这种“冲击”没发生，该器件就不失效。如果这个泊松分布是以 λ 为参数的，那么该种器件失效分布就是（3.30）式的指数分布。如果遵从指数分布，那么它具有缺乏“记忆”的特性，也就是这种器件被使用一段时间后，仍然如同新器件一样，不影响以后的寿命长度，或者说，经过一段时间 t_0 的工作后，该器件的寿命分布与还未工作的寿命分布相同。如果用条件概率来表示，上述的意义可表示为

$$P(\{T>t_0+t\}\,|\,\{T>t_0\})=P(T>t) \tag{3.56}$$

（3.56）式中 T 表示某种器件的寿命是一个随机变量，事件 $\{T>t_0\}$ 表示该器件已工作时间 t_0。在（3.56）式左边的概率是一个条件概率，即在已经工作了时间 t_0 以后的条件下，该器件至少工作到 t_0+t 时间的概率，此概率等于（3.56）式右边的概率，表示该

器件虽已工作了时间 t_0，但对它的分布是没有影响的。这个性质给计算各种任务可靠度带来了方便，但也限制了它的使用范围，特别是那些呈现衰变和老化状态的寿命，其失效率是随时间的延长而逐渐上升的，而指数分布的失效率是一个常数，因此不能描述这类现象；还有一些电子器件，其失效率是逐渐下降的，因此也不宜描述。需要指出的是，指数分布是连续型失效概率分布中唯一具有缺乏“记忆”性质的分布。

3.2.3 威布尔分布

3.2.3.1 威布尔分布的密度函数和分布函数

威布尔分布密度函数为

$$f_w(t;m,\eta,\gamma)=\frac{m}{\eta}\left(\frac{t-\gamma}{\eta}\right)^{m-1}e^{-\left(\frac{t-\gamma}{\eta}\right)^m} \tag{3.57}$$

$$\gamma\leqslant t$$

$$m,\eta>0$$

式中 m——形状参数；

η——尺度参数；

γ——位置参数，又称为起始参数。

此时称为“三参数威布尔分布密度函数”。当 $m=1$ 时为“两参数指数函数分布密度函数”，因此指数分布是威布尔分布的特殊情况。当 $m=2$ 时，称为瑞利分布（Rayleigh）。m 的数值不同，$f_w(t)$ 曲线的形状也不同，图 3.6 所示的是当 $\eta=1$、$\gamma=1$ 而 m 取不同值时的曲线，大致可以分为 3 种类型。当 $m>1$ 时，其相应的 $f_w(t)$ 曲线都呈单峰曲线，如图 3.6 中 $m=1.5$、$m=2$ 和 $m=3$ 的曲线；当 $m=1$ 时，$f_w(t)$ 的曲线就是指数分布的密度曲线，该曲线与在 $t=\gamma$ 处的垂线相交，交点处的坐标为 $\frac{1}{\eta}$，此时 $\frac{1}{\eta}$ 就是指数分布的失效率；当 $m<1$ 时，$f_w(t)$ 曲线与在 $t=\gamma$ 处的垂线不相交，且此垂线为渐近线，如图 3.6 中 $m=0.50$ 的曲线。因此，m 称为形状参数。

再看 γ 参数，如图 3.6 中，失效密度曲线都在 $\gamma=1$ 处的右边，

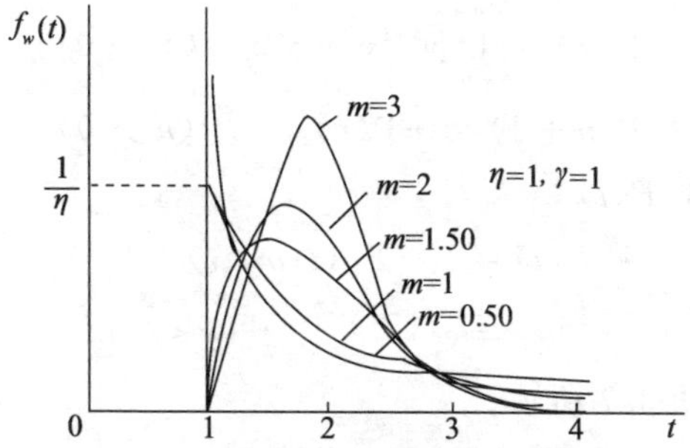

图 3.6　威布尔分布密度函数曲线

而左边都为 0，说明产品在时间 γ 以前不会失效，在 γ 以后才发生失效，因此，称 γ 为位置参数或起始参数，也称为最小保证寿命，也即保证在 γ 时以前不会失效。当 $\gamma=0$ 时（3.57）式化为

$$f_w(t;m,\ \eta)=\frac{m}{\eta}\left(\frac{t}{\eta}\right)^{m-1}\mathrm{e}^{-\left(\frac{t}{\eta}\right)^m} \tag{3.58}$$

$$m,\eta>0$$

称为“两参数威布尔分布密度函数”。当 $m=1$ 时，则为单参数指数分布密度函数。

威布尔分布函数为

$$\begin{aligned}F_w(t;m,\ \eta)&=\int_{-\infty}^{t}f_w(x;m,\ \eta)\mathrm{d}x\\&=\int_{\gamma}^{t}\frac{m}{\eta}\left(\frac{x-\gamma}{\eta}\right)^{m-1}\mathrm{e}^{-\left(\frac{x-\gamma}{\eta}\right)^m}\mathrm{d}x\\&=1-\mathrm{e}^{-\left(\frac{t-\gamma}{\eta}\right)^m}\end{aligned} \tag{3.59}$$

有时称为“三参数威布尔分布函数”。

3.2.3.2　威布尔分布的性质

（1）均值 $E(T)$ 与方差 $D(T)$

$$\begin{cases}E(T)=\gamma+\eta\Gamma(\frac{1}{m}+1)\\D(T)=\eta^2[\Gamma(\frac{2}{m}+1)-(\Gamma(\frac{1}{m}+1))^2]\end{cases} \tag{3.60}$$

式中　$\Gamma(x)$——伽马函数，即

$$\Gamma(x)=\int_0^{\infty} y^{x-1}\mathrm{e}^{-y}\mathrm{d}y \qquad (x>0) \tag{3.61}$$

$$\Gamma(n+1)=n\Gamma(n) \qquad (n>0) \tag{3.62}$$

（2）可靠度 $R(t)$

$$\begin{aligned} R(t) &= 1-F_w(t;m,\eta) \\ &= \mathrm{e}^{-\left(\frac{t-\gamma}{\eta}\right)^m} \qquad (\gamma\leqslant t) \end{aligned} \tag{3.63}$$

其曲线如图 3.7 所示。

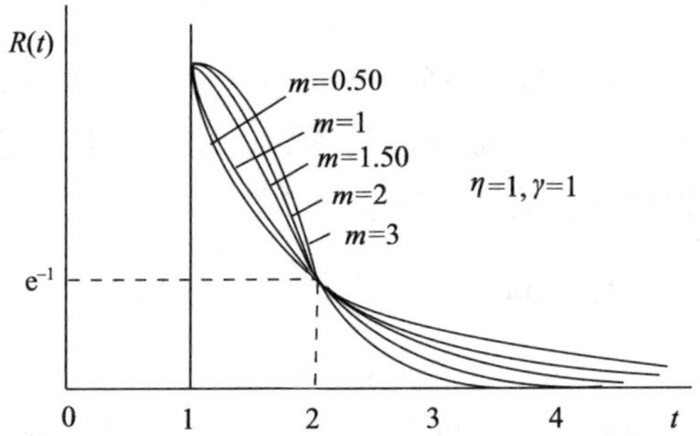

图 3.7　威布尔分布的可靠度曲线

（3）失效率 $\lambda(t)$

$$\begin{aligned} \lambda(t) &= \frac{f_w(t;m,\eta)}{R(t)} \\ &= \frac{\frac{m}{\eta}\left(\frac{t-\gamma}{\eta}\right)^{m-1}\mathrm{e}^{-\left(\frac{t-\gamma}{\eta}\right)^m}}{\mathrm{e}^{-\left(\frac{t-\gamma}{\eta}\right)^m}} \\ &= \frac{m}{\eta}\left(\frac{t-\gamma}{\eta}\right)^{m-1} \qquad (\gamma\leqslant t) \end{aligned} \tag{3.64}$$

图 3.8 是当 $\eta=1$，$\gamma=0$ 时的失效率曲线。随着形状参数的不同，$\lambda(t)$ 的曲线亦不同，共有 3 种类型，以 $m=1$ 为分界线。当 $m>1$ 时，$\lambda(t)$ 属耗损失效型；当 $m=1$ 时，$\lambda(t)$ 为常数，属偶然失效型；当 $m<1$ 时，$\lambda(t)$ 属早期失效型。

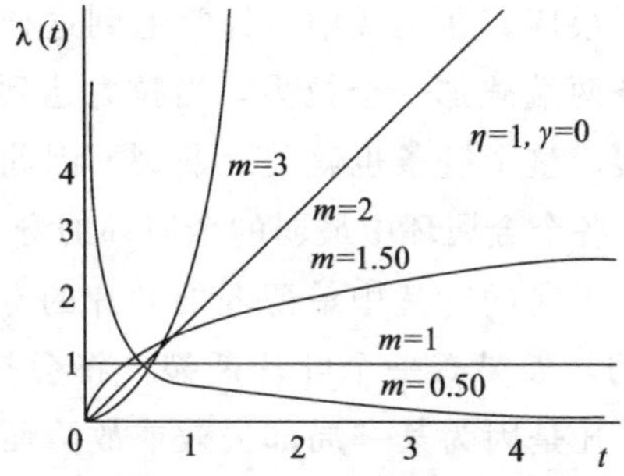

图 3.8　威布尔分布的失效率曲线

(4) 平均失效率 $m^*(t)$

$$m^*(t) = \frac{(t-\gamma)^{m-1}}{\eta^m} = \frac{1}{m}\lambda(t) \tag{3.65}$$

(5) 可靠度寿命 $t(R)$ 、中位寿命 $t(0.50)$ 和特征寿命 $t(e^{-1})$

对给定的可靠度 R，有

$$t(R) = \gamma + \eta\left(\ln\frac{1}{R}\right)^{\frac{1}{m}} \tag{3.66}$$

$$t(0.50) = \gamma + \eta(\ln 2)^{\frac{1}{m}} \tag{3.67}$$

当 $R=e^{-1}$时，得

$$t(e^{-1}) = \gamma + \eta \tag{3.68}$$

(6) 更换寿命和筛选寿命

对于预先给定的失效率 λ，代入 (3.64) 式得

$$\lambda = \frac{m}{\eta}\left(\frac{\zeta_\lambda - \gamma}{\eta}\right)^{m-1} \tag{3.69}$$

因此得到

$$\zeta_\lambda = \gamma + \eta\left(\frac{\lambda\eta}{m}\right)^{\frac{1}{m-1}} \tag{3.70}$$

威布尔分布是用瑞典物理学家威布尔（W. Weibull）的名字命名的，是他首先提出这种分布类型来解决某些实际问题。威布尔分布因为含有 2 个或 3 个参数，因此，要比指数分布适应能力强，也

就是对各种类型试验数据的拟合能力强。由于这个优点和其物理背景，它的应用范围很广。在实践中，经常遇到这样的现象，比如在一条金属环的链条两端施加一个拉力，当拉力达到某一强度时，链条中的一个环断裂，整个链条也就随之断裂。因此整个链条的使用寿命长度，决定于各个金属环中最弱的金属环的寿命长度。同样地，涡轮机的寿命决定于它的叶片中最薄弱的叶片的寿命。这是因为涡轮机是高速运转的，如果有一个叶片断裂，将会打毁整个涡轮机。大量的实践说明，凡是因为某一局部失效或故障而引起全局机能停止运行的元件、器件、设备、系统等的寿命都服从威布尔分布，特别在研究金属等材料的疲劳寿命问题时，轴承、金属材料的寿命也都服从威布尔分布。

3.2.4 正态分布

3.2.4.1 正态分布的密度函数和分布函数

正态分布的密度函数为

$$f_N(x,\sigma^2,\mu)=\frac{1}{\sigma\sqrt{2\pi}}\exp\frac{-(x-\mu)^2}{2\sigma^2} \tag{3.71}$$

$$-\infty<\mu<+\infty$$

$$0<\sigma<+\infty$$

$$-\infty<x<+\infty$$

其分布函数为

$$F_N(x,\sigma^2,\mu)=\frac{1}{\sigma\sqrt{2\pi}}\int_{-\infty}^{x}\exp\frac{-(s-\mu)^2}{2\sigma^2}\mathrm{d}s \tag{3.72}$$

$$-\infty<\mu<+\infty$$

$$0<\sigma<+\infty$$

$$-\infty<x<+\infty$$

式中 μ——正态分布的位置参数，通常称为正态分布的均值（或数学期望）；

σ——正态分布的尺度参数，通常称为正态分布的标准离差，

而称 σ^2 为正态分布的方差。

(3.71) 式的密度函数曲线（见图 3.9）对称于 μ 的两边，μ 表示分布的中心位置，而 σ^2 表示分布的分散程度。

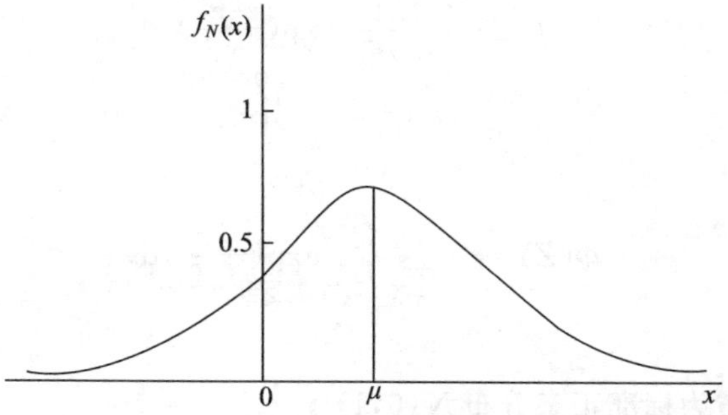

图 3.9　正态分布密度函数曲线

图 3.10 表示有相同均值、不同方差的 3 个正态分布的曲线。在 (3.71) 式或 (3.72) 式中，如果 $\mu=0$ 和 $\sigma=1$，通常则称为标准正态分布，记作 $N(0,1)$，而一般的正态分布记作 $N(\mu,\sigma^2)$。

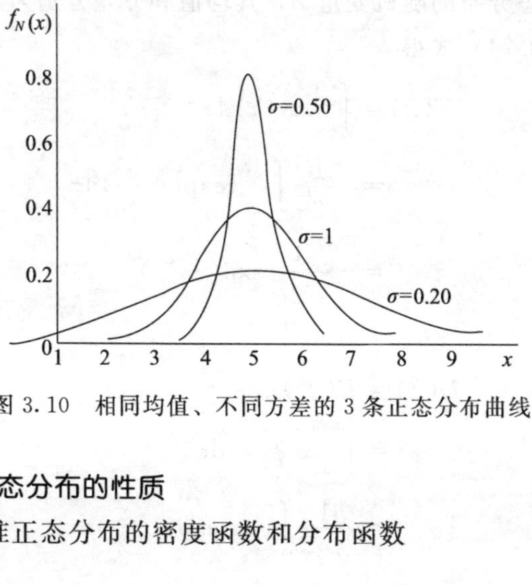

图 3.10　相同均值、不同方差的 3 条正态分布曲线

3.2.4.2　正态分布的性质

(1) 标准正态分布的密度函数和分布函数

若 x 的分布为正态分布（3.71）式或（3.72）式，那么

$$Z=\frac{X-\mu}{\sigma} \tag{3.73}$$

的分布密度函数为

$$\phi(Z)=\frac{1}{\sqrt{2\pi}}\exp(-\frac{z^2}{2}) \tag{3.74}$$

$$-\infty<z<+\infty$$

分布函数为

$$\Phi(Z)=\frac{1}{\sqrt{2\pi}}\int_{-\infty}^{z}\exp(-\frac{s^2}{2})\mathrm{d}s \tag{3.75}$$

$$-\infty<z<+\infty$$

即 Z 的分布为标准正态分布 $N(0,1)$。

这就是说一般的正态分布，都可以通过（3.73）式的变换，化为标准正态分布，这样就与分布参数无关了。如果得到了标准正态分布的某一些性质，那么，再利用（3.73）式的线性变换立即可以推出一般的正态分布的性质。

（2）标准正态分布的均值和方差

标准正态分布的随机变量 Z，其均值和方差分别为 0 和 1。

利用（3.74）式得

$$\begin{aligned}E(Z)&=\int_{-\infty}^{+\infty}z\phi(x)\mathrm{d}z\\&=\frac{1}{\sqrt{2\pi}}\int_{-\infty}^{+\infty}z\exp(-\frac{z^2}{2})\mathrm{d}z\\&=-\frac{1}{\sqrt{2\pi}}\exp(-\frac{z^2}{2})\Big|_{-\infty}^{+\infty}\\&=0\end{aligned}$$

$$\begin{aligned}D(Z)&=E(Z^2)\\&=\int_{-\infty}^{+\infty}z^2\phi(x)\mathrm{d}z\\&=\frac{1}{\sqrt{2\pi}}\int_{-\infty}^{+\infty}z^2\exp(-\frac{z^2}{2})\mathrm{d}z\end{aligned}$$

$$= \frac{z}{\sqrt{2\pi}}\exp(-\frac{z^2}{2})\Big|_{-\infty}^{+\infty} - \frac{1}{\sqrt{2\pi}}\int_{-\infty}^{+\infty}\exp(-\frac{z^2}{2})\mathrm{d}z$$

$$= 0 + 1$$

$$= 1$$

(3) 标准正态分布的几种等价形式

若 Z 是标准正态随机变量，$u \geqslant 0$，则有

$$\int_{-\infty}^{-u}\phi(z)\mathrm{d}z = \int_{u}^{+\infty}\phi(z)\mathrm{d}z \tag{3.76}$$

或

$$\Phi(-u) = 1 - \Phi(u) \tag{3.77}$$

$$\int_{0}^{u}\phi(z)\mathrm{d}z = \Phi(u) - \frac{1}{2} \tag{3.78}$$

$$\int_{-u}^{+u}\phi(z)\mathrm{d}z = 1 - 2\Phi(-u) \tag{3.79}$$

(4) 第 $100p$ 的分位数

如果 μ_p 是标准正态分布的第 $100p$ 的分位数，即

$$\Phi(u_p) = \int_{-\infty}^{u_p}\phi(z)\mathrm{d}z = p \tag{3.80}$$

有时称 u_p 为下侧分位数，那么有

$$u_{1-p} = -u_p \tag{3.81}$$

【证明】由（3.77）式得到

$$\Phi(u_p) = 1 - \Phi(-u_p) \tag{3.82}$$

所以

$$1 - \Phi(-u_p) = p \tag{3.83}$$

由（3.82）式和（3.83）式，得到

$$-u_p = u_{1-p}$$

从而（3.81）式成立。以上关系式在利用标准正态分布查表时经常用到。

(5) 正态分布的均值和方差

若 X 是正态分布（3.71）式的随机变量，那么其均值或方差分别为

$$E(X)=\mu \tag{3.84}$$

$$D(X)=\sigma^2 \tag{3.85}$$

【证明】利用（3.73）式的变换和性质(2)得到

$$E(X)=E\left(\frac{x-\mu}{\sigma}\right)$$

可化为

$$E(X)=\mu$$

又因为

$$D(Z)=E\left(\left(\frac{x-\mu}{\sigma}\right)^2\right)=1$$

$$E((x-\mu)^2)=\sigma^2$$

而

$$\sigma^2=E((x-\mu)^2)=E((x-E(X))^2)=D(X)$$

于是得证。

（6）相应于 p 的分位数

若 X 是具有（3.72）式的正态分布随机变量，那么相应于 p 的分位数为

$$x_p=\mu+u_p\sigma \tag{3.86}$$

【证明】由（3.72）式，对于预先给定的 p（$1\geqslant p\geqslant 0$）

$$p=\frac{1}{\sigma\sqrt{2\pi}}\int_{-\infty}^{x_p}\exp\frac{-(s-\mu)^2}{2\sigma^2}\mathrm{d}s$$
$$=P(X\leqslant x_p)$$

因为 $\sigma>0$，所以有

$$p=P\left(\frac{x-\mu}{\sigma}\leqslant\frac{x_p-\mu}{\sigma}\right) \tag{3.87}$$

而 $\frac{x-\mu}{\sigma}$ 是标准正态分布随机变量，即 Z,而相应于 p 的标准正态分布的分位数为

$$p=P(Z\leqslant u_p) \tag{3.88}$$

（3.87）式和（3.88）式是恒等式，所以有

$$\frac{x_p-\mu}{\sigma}=u_p$$

该式即为（3.86）式。

由（3.77）式可得到

$$\Phi(0)=\int_{-\infty}^{0}\Phi(z)\mathrm{d}z=\frac{1}{2} \tag{3.89}$$

也即标准正态分布的中位数 $u_{0.50}=0$。对于一般的正态分布，由（3.86）式可以得到

$$x_{0.50}=\mu \tag{3.90}$$

（7）失效率 $\lambda(t)$

正态分布的失效率函数 $\lambda(t)$ 是单调递增的。

【证明】记 $x=\frac{t-\mu}{\sigma}$，于是有

$$\begin{aligned}\frac{1}{\lambda(t)}&=\frac{\bar{F}(t)}{f(t)}\\&=\sqrt{2\pi}\sigma(1-\Phi(x))\exp(\frac{1}{2}x^2)\\&=\sigma\int_{x}^{+\infty}\exp[-\frac{1}{2}(s^2-x^2)]\mathrm{d}s\end{aligned} \tag{3.91}$$

再令 $y=s-x$，（3.91）式变为

$$\frac{1}{\lambda(t)}=\sigma\int_{0}^{+\infty}\exp[-\frac{1}{2}(y^2+2xy)]\mathrm{d}y \tag{3.92}$$

显然（3.92）式右端是 x 的递减函数，亦即是 t 的递减函数；故 $\lambda(t)$ 是 t 的单调递增函数，失效率曲线如图 3.11 所示。

正态分布在数理统计理论中是一个最基本的概率分布，也是经常使用的分布。正态概率曲线最先是由德漠夫（de Moivre）在 1753 年发现的，后来拉普拉斯（Laplace）、高斯（Gauss）等人各自都发现了这个正态概率曲线，也有人称正态概率分布为高斯分布。

在实际应用中，有许多试验数据都可以用正态分布来拟合，作为它的近似分布。如产品在严格控制的条件下进行生产和试验，那么其产品的各项性能参数是符合正态分布的。在应力一强度模型中，通常认为零件所承担的应力及其自身的强度是正态分布的。当 μ 与 σ 相比是够大时，如 $\mu>3\sigma$，则正态分布也可作为失效时间模型，有

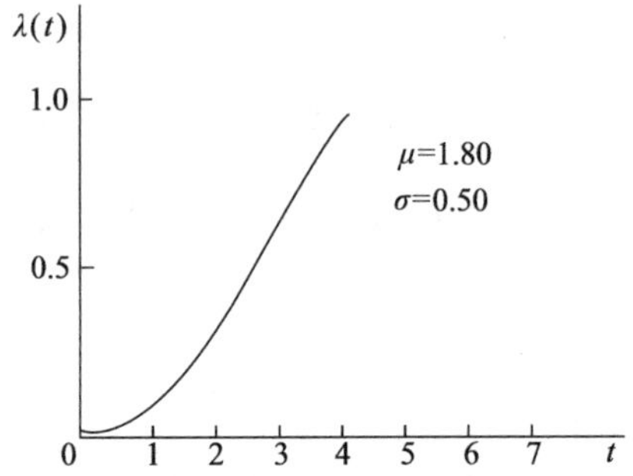

图 3.11 正态分布失效率曲线

些机械及电子产品的耗损失效数据表明其寿命近似服从正态分布。

3.2.5 伽马分布

3.2.5.1 伽马分布的密度函数和分布函数

伽马分布的密度函数和分布函数分别为

$$f_{\Gamma}(x;\sigma,\alpha)=\frac{1}{\sigma\Gamma(\alpha)}\left(\frac{x}{\sigma}\right)^{\alpha-1}\mathrm{e}^{-\frac{x}{\sigma}} \tag{3.93}$$

$$x,\sigma,\alpha>0$$

$$F_{\Gamma}(x;\sigma,\alpha)=\frac{1}{\sigma\Gamma(\alpha)}\int_0^x\left(\frac{y}{\sigma}\right)^{\alpha-1}\mathrm{e}^{-\frac{y}{\sigma}}\mathrm{d}y \tag{3.94}$$

$$x,\sigma,\alpha>0$$

式中 σ——尺度参数；

α——形状参数；

$\Gamma(\alpha)$ ——伽马函数，由（3.61）式给出。

伽马分布密度函数的曲线如图 3.12 所示；容易证明，伽马函数有一个递推公式

$$\Gamma(\alpha)=(\alpha-1)\Gamma(\alpha-1) \qquad (\alpha>1) \tag{3.95}$$

如果 α 是正整数，那么有

$$\Gamma(\alpha)=(\alpha-1)! \tag{3.96}$$

而

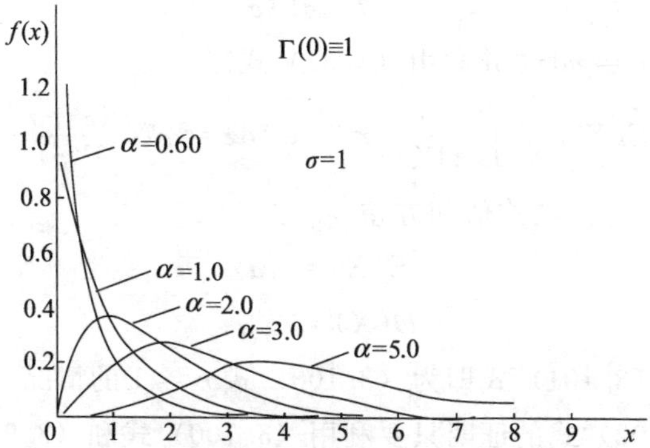

图 3.12　不同 α 值时的伽马分布密度函数曲线

$$\Gamma(\frac{1}{2}) = \sqrt{\pi} \tag{3.97}$$

通常假定

$$\Gamma(0) \equiv 1 \tag{3.98}$$

对于 $1.00 \leqslant \alpha \leqslant 2.00$ 的 $\Gamma(\alpha)$ 数值可查文献［18］中的伽马函数表。对于 $\alpha > 0$ 的非整数值，可以利用 $1.00 \leqslant \alpha \leqslant 2.00$ 的 $\Gamma(\alpha)$ 表和（3.95）式计算。在（3.93）式中，当 $\alpha = 1$ 时，就是指数分布的情况；当 $\alpha = \frac{n}{2}$，$\sigma = 2$ 即得自由度为 n 的 χ^2 分布，记为 $\chi^2(n)$，其密度函数为

$$f(x,n) = \frac{1}{2^{\frac{n}{2}}\Gamma(\frac{n}{2})} x^{\frac{n}{2}-1} e^{-\frac{x}{2}} \qquad x > 0 \tag{3.99}$$

因此，指数分布、χ^2 分布都是伽马分布的特殊情况。

伽马分布又称为皮尔逊（Penrson）Ⅲ型分布。

3.2.5.2　伽马分布的性质

（1）伽马分布的原点矩

如果 X 遵从伽马分布，那么，$r > -\alpha$ 时有

$$E(X^r) = \sigma^r \frac{\Gamma(\alpha + r)}{\Gamma(\alpha)} \qquad (\sigma > 0, \alpha > 0, r > -\alpha) \tag{3.100}$$

【证明】 $$E(X^r)=\int_0^x x^r\frac{1}{\sigma\Gamma(\alpha)}\left(\frac{x}{\sigma}\right)^{\alpha-1}\mathrm{e}^{-\frac{x}{\sigma}}\mathrm{d}x$$

令 $x=\sigma z$，$\mathrm{d}x=\sigma\mathrm{d}z$，并利用（3.61）式得

$$E(X^r)=\int_0^x\frac{\sigma^r}{\sigma\Gamma(\alpha)}z^{\alpha+r-1}\mathrm{e}^{-z}\mathrm{d}z=\sigma^r\frac{\Gamma(\alpha+r)}{\Gamma(\alpha)}$$

（2）伽马分布的均值和方差

$$E(X)=\sigma\alpha \tag{3.101}$$

$$D(X)=\sigma^2\alpha \tag{3.102}$$

【证明】（3.101）式即为（3.100）式 $r=1$ 的情况。

对（3.102）式的证明只要利用（3.100）式和（3.95）式即可。

$$\begin{aligned}D(X)&=E(X^2)-(E(X))^2\\&=\frac{\sigma^2\Gamma(\alpha+r)}{\Gamma(\alpha)}-\sigma^2\alpha^2\\&=\sigma^2(\alpha+1)\alpha-\sigma^2\alpha^2\\&=\sigma^2\alpha\end{aligned}$$

（3）伽马分布的众数

$$x_m=\sigma(\alpha-1) \tag{3.103}$$

【证明】对密度函数求极值

$$\frac{\mathrm{d}}{\mathrm{d}x}f_{\Gamma}(x;\sigma,\alpha)\mid_{x=x_m}=0$$

也就是

$$\frac{1}{\sigma^\alpha\Gamma(\alpha)}\mathrm{e}^{\frac{-x_m}{\sigma}}\left[(\alpha-1)x_m^{\alpha-2}+x_m^{\alpha-1}(-\frac{1}{\sigma})\right]=0$$

由此，得到 $x_m=\sigma(\alpha-1)$。

由（3.103）式可看出，因 $x\geqslant 0$，故当 $\alpha<1$ 时，没有众数。

（4）不完全伽马分布

如果 X 遵从伽马分布，那么（3.94）式的分布函数为

$$F_{\Gamma}(x;\sigma,\alpha)=\frac{\Gamma_{\frac{x}{\alpha}}(\alpha)}{\Gamma(\alpha)} \tag{3.104}$$

【证明】对（3.94）式，令 $u=\dfrac{y}{\sigma}$，则（3.94）式为

$$F_{\Gamma}(x;\sigma,\alpha)=\frac{1}{\Gamma(\alpha)}\int_{0}^{\frac{x}{\sigma}}u^{\alpha-1}\mathrm{e}^{-u}\mathrm{d}u$$

$$=\frac{\Gamma_{\frac{x}{\sigma}}(\alpha)}{\Gamma(\alpha)}$$

式中 $\Gamma_{\frac{x}{\sigma}}(\alpha)$——不完全伽马函数。

(5) 失效率 $\lambda(t)$

如果 X 遵从 (3.93) 式的伽马分布，那么失效率函数为

$$\lambda(x)=\frac{f_{\Gamma}(x;\sigma,\alpha)}{1-F_{\Gamma}(x;\sigma,\alpha)} \tag{3.105}$$

式中 $f_{\Gamma}(x;\sigma,\alpha)$——由 (3.93) 式给出；

$F_{\Gamma}(x;\sigma,\alpha)$——由 (3.94) 式给出。

可以证明

$$\lim_{x\to\infty}\lambda(x)=\frac{1}{\sigma} \tag{3.106}$$

失效率曲线如图 3.13 所示。从图中可以看出，各条曲线都以 $\alpha=1$ 为渐近线，这种现象也就是 (3.94) 式所说明的事实。$\alpha=1$ 是一条直线，这就是指数分布的失效率。

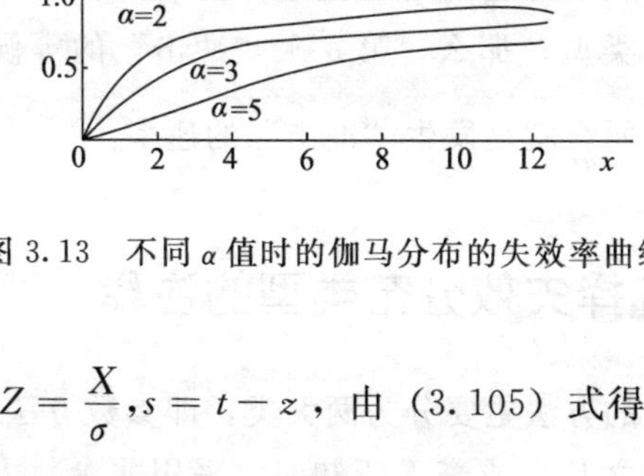

图 3.13 不同 α 值时的伽马分布的失效率曲线

【证明】令 $Z=\dfrac{X}{\sigma}, s=t-z$，由 (3.105) 式得

$$\begin{aligned}\frac{1}{\lambda(x)} &= \frac{\sigma\int_z^{\infty} t^{\alpha-1}\mathrm{e}^{-t}\mathrm{d}t}{z^{\alpha-1}\mathrm{e}^{-z}} \\ &= \frac{\sigma}{z^{\alpha-1}}\int_z^{\infty} t^{\alpha-1}\mathrm{e}^{-t+z}\mathrm{d}t \\ &= \frac{\sigma}{z^{\alpha-1}}\int_0^{\infty}(s+z)^{\alpha-1}\mathrm{e}^{-s}\mathrm{d}s \\ &= \sigma\int_0^{\infty}(\frac{s}{z}+1)^{\alpha-1}\mathrm{e}^{-s}\mathrm{d}s \qquad (3.107)\end{aligned}$$

当 $\alpha>1$，（3.107）式左端显然是 z 的降函数，即 $\lambda(z)$ 是增函数。

当 $0<\alpha<1$，（3.107）式左端显然是 z 的增函数，即 $\lambda(z)$ 是降函数。

（3.107）式的极限为

$$\lim_{z\to\infty}\sigma\int_0^{\infty}(\frac{s}{z}+1)^{\alpha-1}\mathrm{e}^{-s}\mathrm{d}s = \sigma\int_0^{\infty}\mathrm{e}^{-s}\mathrm{d}s = \sigma$$

也即

$$\lim_{x\to\infty}\lambda(x) = \frac{1}{\sigma}$$

且各条失效率曲线都为其渐近线。

伽马分布也是一种很有用的分布，经常用于排队论的研究，也适用于寿命试验的分析。对伽马分布的物理背景可以这样理解：如果以泊松过程的方式发生的“冲击”施加到某种元件上，而这种元件在连续受到 α 次“冲击”时才失效，此时元件寿命长度的分布模型将是伽马分布类型；那么，第 α 次“冲击”的等候时间就是该元件的寿命长度，而 $\frac{1}{\alpha}$ 就是发生“冲击”的速率。

3.3 关于选择失效分布类型的注释

可靠性研究的方法主要分为两大类，即参数方法和非参数方法。当对寿命总体知之甚少或毫无所知时，采用非参数方法；当总体的分布类型已知，只是若干个（有限个）参数未知时，采用参数方法。一般来说，采用参数方法不必有较多的样本（当然样本量越大越好），采用非参数方法则必须有较多的样本（即需较多的数据）。

如果被研究的总体能纳入参数模型，又有成熟的参数方法进行处理，那就最好不过了；如果总体不能纳入参数模型，则采用非参数方法。

若要采用参数方法，就需对总体的分布类型有所认识，并认定其近似地符合某一种分布。这就提出了失效分布类型的选择问题。由于失效分布的多样性和复杂性，要判断某种产品应属于什么类型的失效分布是困难的，至今还没有行之有效的判断方法。目前所用的方法，不外乎有两个途径。一个途径是通过失效物理分析，来证实该产品失效的形式或失效机理，近似地符合于某种类型的失效分布的物理背景，或者通过失效率函数的物理分析，来验证它符合哪一种类型的失效分布的失效率；另一个途径是通过寿命试验，利用数理统计中的判断方法，来判断是哪一种类型的失效分布。但是这种方法也并不是很有效的，因为有些分布有时在中间部分不容易分辨，只有在尾端才有所不同，而在可靠性研究中，需要更加注意的往往是尾端的概率值。在这种情况下，若通过有限容量的子样的观测数据，来分辨应该属于哪种分布是困难的。尤其对于那些长寿命的产品，由于不能做到所有试验样品都失效，因此分辨分布类型就更加困难。

在选择失效分布类型时通常考虑以下几点：

1）该模型对手中的数据拟合得好，过去的经验也说明该模型能对这样总体的寿命分布给予很好的描述。

2）通过利用非参数方法和图方法得到的估计来选择一个合适的分布。

3）该模型数学上处理方便，有许多与该模型有关的统计方法可用。

4）要考虑偏离假定模型对推断结果的影响。这是因为即使所选模型与手中的数据能拟合，但也并不表示该模型绝对合理。这时可以换一个看起来也合理的模型，看看推断会不会改变很多；也可以与非参数方法所得结果相比较，以保证推断结果的稳健性。

5）对于同一性质的现象，采用的分布类型应当统一；对于不同性质的现象，应当区别不同情况采用不同类型的分布来描述。

第 4 章 数据类型与数据折合

在可靠性研究中常常会遇到不同类型的寿命数据，如完全数据、截尾数据，区间数据等。对于不同类型的数据，分析和处理的方法是不同的。另外，产品的寿命时间是在不同的“应力”条件下得到的，有的产品从一开始使用就处于工作状态，有的产品从一开始就处于贮存状态，有的产品在寿命周期中还会经受高温、低温、湿热、低气压、振动、冲击等各种不同“应力”。这样的寿命数据如何利用？如果产品作了某些改进，更换了部分元器件，这时其寿命数据又如何利用？这些都是在可靠性研究的实际工作中经常遇到的问题。下面将重点介绍数据类型与数据折合问题。

4.1 数据类型

在一般统计学中主要是对完全数据进行分析，但在可靠性研究中，寿命数据常常是“删失”（截尾）或不精密的。删失可分为“右删失”和“左删失”两类。在进行试验或观测时，不知道一个个体的确切寿命，只知道寿命大于 l，则称该个体的寿命在 l 是右删失的，并说 l 是右删失数据；若不知道个体的确切寿命，只知道寿命小于 l，则称该个体的寿命在 l 是左删失的，并说 l 是左删失数据。常用记号 l^+ 表示右删失数据，l^- 表示左删失数据。右删失的情况在可靠性研究中极为常见，左删失的情况很少出现。所谓不精密数据，常常是指不知道个体的确切寿命 t，只知道其在 $t^{(1)}$ 和 $t^{(2)}$ 之间（即 $0 < t^{(1)} < t < t^{(2)} < \infty$），这时称 $[t^{(1)}, t^{(2)}]$ 是个体寿命的区间型数据。实际工作中凡是不能连续监测的情况，通常只能得到这种类型

的数据。值得注意的是：确切寿命数据（完全数据）可看成是区间型数据的极端情况（当区间长度变为零时），右删失数据和左删失数据可看成广义区间型数据（前者是 (l,∞) 型，后者是 $[0,l)$ 型数据）。这种观点突出了区间型数据的地位，在有些情况下，有利于处理问题。

在可靠性研究中，主要注重以下几类数据。

4.1.1 完全数据

完全数据就是指被观测的全部个体的寿命都被确切地知道。比如在寿命试验中，共有 n 个受试产品，试验一直做到 n 个产品全部失效为止，n 个产品的寿命都被确切地知道，这时所得到的数据就是完全数据。对完全数据的分析方法比对截尾数据的分析方法成熟。

4.1.2 Ⅱ型截尾

Ⅱ型截尾又称定数截尾，是指 n 个被观测的产品中只有 $r(1\leqslant r<n)$ 个最小的观测值被观测到。比如在寿命试验中，共有 n 个受试产品，试验在有 r 个失效时就停止了，而不是等 n 个受试产品都失效才停止。应该强调的是，在Ⅱ型截尾试验中，观测到的失效个数 r 在收集数据前就已确定了。从形式上讲，Ⅱ型截尾数据是由 n 个来自待研究的寿命分布的寿命时间 T_1，…，T_n 中 r 个最小的寿命时间 $T_{(1)}\leqslant\cdots\leqslant T_{(r)}$ 组成的。

Ⅱ型截尾的一个推广是逐步删除的Ⅱ型截尾，是指产品的样本中先观察到 r_1 个失效，在剩下的 $n-r_1$ 个未失效的产品中有 n_1 个被撤离试验，留下 $n-r_1-n_1$ 个产品继续试验，当又有 r_2 个产品失效后，在仍未失效的试验产品中有 n_2 个被撤离试验，如此进行下去，直到完成事先安排好的几次重复后就停止试验。

4.1.3 Ⅰ型截尾

Ⅰ型截尾又称定时截尾，是指样品的寿命只有在小于或等于事先规定的值时才能被观测到。例如，在一个寿命试验中有 n 个受试产品，事先规定在时间 L 后就停止试验，那么，只有那些在 L 前失效的产品寿命才能被确切地知道，而那些未失效的产品的寿命被截尾。

一个复杂的Ⅰ型截尾是每个产品都有各自特定的截尾时间 l_i。这在实际工作中是常遇到的。所有的产品并不是同时开始试验的，但又必须在某天终止该项研究并作出结论，例如在医学研究中经常遇到这类问题；在武器的可靠性研究中如要充分利用其寿命周期各批次产品的信息，也会遇到这个问题。更准确地说，一个复杂的Ⅰ型截尾是这样产生的，当样品 1，2，…，n 分别规定在有限时间 L_1，…，L_n 内被观测，第 i 个样品的寿命 T_i，只有当 $T_i \leqslant L_i$ 时才能被观测到。当所有的 L_i 都相等时，称这类数据为简单Ⅰ型截尾，简称Ⅰ型截尾。应该注意到，Ⅰ型截尾样本中被观测到的寿命个数是随机的，这与Ⅱ型截尾不同，在Ⅱ型截尾中观测到的寿命个数是事先固定的。截尾现象对统计推断产生了一些特殊的问题，其中某些问题现在还尚未解决。

4.1.4 区间数据

设寿命 X 有连续类分布函数 $F(x, \theta)$，对 n 个个体的寿命进行观测，假定只能在 k 个时刻 $(t_1, t_2, \cdots, t_k)$，这里 $0=t_1<t_2<\cdots t_k<\infty$，通过检测才能确定个体是否失效。这样就不能得到 n 个个体寿命的确切值，只能知道它们落入各个区间 $(t_i, t_{i+1}]$ $(i=1, 2, \cdots, k, t_{i+1}=\infty)$ 的个数 n_1，n_2，…，n_k，这里 n_i $(i=1, \cdots, k)$ 是 n 个个体中实际寿命属于 $(t_i, t_{i+1}]$ 的个数。这样的数据称为区间数据。对于这样简单的区间数据，文献［5］讨论了参数 θ 的最大似然估计（MLE）存在且唯一的充要条件。对于导弹武器装备来讲，由于其长期贮存定期检测的特点，得到的常常是一些区间数据；但在实际工作中又常伴随着被截尾的情况，这就增加了分析处理的复杂性。

4.2 数据折合

这里只讨论三类数据折合：一类是相同产品的数据折合，主要是环境因子问题；另一类是相似产品的数据折合，由于存在相似产品的复杂性，使数据折合也变得十分复杂；第三类是同类产品的数据折合。至于用分系统数据折合成系统数据的问题，则将在后面提及。

4.2.1 相同产品的数据折合——环境因子[6]

产品的寿命与产品所处的环境条件和工作条件，如环境、温度、湿度、辐射、振动、冲击、电流及电压大小等因素有关。这些影响产品功能的各种外部因素，统称为“应力”，而引起产品失效的内因称为“失效机理”。外界的应力条件能促进或延缓失效机理的发展，通常在应力条件苛刻时，产品内含的失效机理发展得快，从而失效得快，寿命就短；反之，应力条件适中，产品内含的失效机理发展缓慢，从而失效得慢，寿命就长。例如，通过对某种电容器的寿命试验得到所谓 10℃法则。其含义是，如果温度增加 10℃，那么该电容器的寿命缩短一半；如果温度降低 10℃，那么该电容器的寿命延长 1 倍。又如轴承，它的寿命与施加给它的负荷有直接关系，其寿命在负荷重时要比负荷轻时缩短得快。必须说明的是，不同类型的应力将会促使产品内含的不同失效机理的发展，因此所表现的寿命类型并不同。如果施加到产品上的应力是振动，是一种机械应力，那么只可能引起产品的机械疲劳断裂，由此得到的寿命是疲劳寿命；如果施加给产品的应力是某种温度和某种湿度，那么得到的就是贮存寿命；如果对产品施加一定的电负载，那么得到的就是加电的工作寿命。这些寿命都是产品的某种寿命，它们的性质不同，但却反映了产品寿命的各个方面的情况。一般地说，这些不同的寿命不能等同起来，不能相互比较，也不能进行折合。相同产品数据折合的条件是，应力条件的改变不能引起产品失效机理的改变，而只是促进或延缓失效机理的发展。当然，其各自形成的寿命分布类型也应该是相同的。即使在上述条件下，数据折合也只是在少数寿命分布类型上得到较好的解决。

下面介绍指数寿命型产品的环境因子。

【定义 4.1】　某种产品寿命服从指数分布，在环境 1 下对环境 2 的环境因子 K，等于该产品在这两种环境下的失效率之比，即

$$K = \frac{\lambda_1}{\lambda_2} \tag{4.1}$$

显然，根据这一定义，并利用数据分布的特性，在数据折合时可将在环境 1 下工作 1 h 折合成在环境 2 下工作 K h。

环境因子是以大量的试验数据为基础的，要经统计处理才能给出。目前我国尚未系统地给出各类产品在各种环境条件下的环境因子。在以往的导弹可靠性评定中，一般是参考国际上有关部门的环境因子。例如，通常把实验室条件下的失效率作为基准失效率，环境因子为 1；陆上野外条件下，环境因子取 2；陆上机动条件下，环境因子取 5；飞行（主动段）环境条件下，环境因子取 50；弹头自由飞行段和再入段，环境因子分别取 1 和 50；高温老化条件下，环境因子取 16～26；舰艇环境条件下，环境因子取 2；潜艇水下发射点筒内及水中段，环境因子取 70[29]。

4.2.2　相似产品的数据折合

关于相似产品的数据折合（信息融合）问题有不少文献[7,8]已进行了研究，但实际投入应用的并不普遍，目前在型号评定中尚采用工程评估方法。例如某产品在研制过程中作了改进，某 02 批产品在 01 批产品的基础上更换了少量的在试验中发现为薄弱环节的部件及相应的元器件，其数量约占该产品元器件总量的 20%；其余的 80% 元器件仍与 01 批产品相同，且经验证其失效机理及寿命分布类型没有改变。此时若对 02 批产品的可靠性进行评定时，可将 01 批的产品的寿命时间乘以 80% 折合成为 02 批产品信息，合并进行评定。当

然，这样的数据折合并没有严格的理论根据，只是一种简单的工程处理方法。在实际工作中还应注意分析观察该方法的可行性和有效性，并不断改进。

4.2.3 同类产品的数据折合

许多具有相同功能的部件的设计思路、工作原理、技术措施、工艺措施及所采用的元器件、原材料，都有相通之处。因此，注定了它们常常具有相同的寿命分布类型。如果能通过试验数据验证它们确实具有相同的寿命分布类型，那么它们之间就有可能进行数据折合。若能通过相容性检验进一步验证它们具有相同的寿命分布，则在进行可靠性评定时可将其试验数据合并使用。若能进一步验证新部件的可靠度高于老部件时，则可将老部件的信息折合合并到新部件信息中进行评定；其折合系数可根据工程分析及新老部件可靠度差异的显著性水平来确定。其评定方法应比简单的数据合并略好。

第 5 章　单元可靠性评定

单元可靠性评定是系统可靠性评定的基础。可靠性评定就是根据试件（样品）的观测数据，通过一定的统计计算，对其可靠性真值进行估计。可靠性评定方法分为点估计和区间估计两类。它们有着各自的特点和用途。

点估计是根据试件的观测数据，评估出一个接近产品可靠性真值的近似值的估计方法。点估计不能回答估计的精确性和把握性问题，因此在实际中用得比较多的是区间估计。

区间估计是根据试件的观测数据，给出产品可靠性真值以某一把握性存在于某一区间的估计方法。通常将区间称为置信区间，该把握性称为置信度。显然，置信区间愈窄，估计的精确性愈高；置信度愈高，估计的把握性就愈大。如果要提高估计的精确性和把握性，就必须增加试验的子样数。在子样数不变的情况下，提高置信度，置信区间就会增宽；反之，降低置信度，置信区间就会变窄。区间估计又分为单侧区间估计和双侧区间估计。单侧区间可以是大于单侧置信下限的区间，也可以是小于单侧置信上限的区间。双侧置信区间由双侧置信下限和双侧置信上限组成。在武器装备的可靠性评定中一般都采用单侧置信区间，例如可靠度的单侧置信下限。置信度的大小应根据可靠性要求、产品成熟程度、试验费用等因素，由使用方和研制方协商确定。

5.1　二项分布单元可靠性评定

产品在相同的条件下，独立地重复试验 n 次，每次试验的结果为成功或失败，以 s 表示在 n 次试验中的成功数，那么随机变量 s 的概率分布就构成二项分布。记 R 为产品的可靠度，$P=1-R$ 为不可靠度，则其可靠度的点估计和区间估计分别由下列各式给出。

5.1.1 点估计

产品可靠度的点估计 $\hat{R}$ 为

$$\hat{R} = \frac{s}{n} \tag{5.1}$$

5.1.2 区间估计

产品可靠度 R 的置信上限 R_u 和置信下限 R_l 可根据以下两个方程确定，即

$$\sum_{i=0}^{s} \binom{n}{i} R_u^i (1-R_u)^{n-i} = \frac{1}{2}(1-\gamma) \tag{5.2}$$

$$\sum_{i=s}^{n} \binom{n}{i} R_l^i (1-R_l)^{n-i} = \frac{1}{2}(1-\gamma) \tag{5.3}$$

式中 γ——置信度，而 $\alpha = 1-\gamma$ 称为显著性水平。

上述给出的置信区间 (R_l, R_u) 称为双侧置信区间。在武器装备的可靠度评定中，不常用可靠度 R 的置信上限 R_u，而常用置信下限。这样，就可采用单侧置信下限。此时，单侧置信下限 R_l 应以下式解得

$$\sum_{i=s}^{n} \binom{n}{i} R_l^i (1-R_l)^{n-i} = \alpha \tag{5.4}$$

对（5.4）式，可以这样理解，在 n 次试验中至少成功 s 次的概率为

$$\sum_{i=s}^{n} \binom{n}{i} R_l^i (1-R_l)^{n-i}$$

产品的可靠度低于 R_l 的概率为小概率 α，即试验结果一般不会发生。

通常已知试验数 n 和成功数 s，给定置信度求置信下限。可由二项分布可靠度单侧置信下限表（GB 4087.3）查得，或利用 Matlab 软件包的 fzero 和 fsolve 直接求解（5.4）式。当手头没有上述工具时，可用二项分布函数表[18]计算。此时可用（5.5）式求得不可靠度 P 的置信上限 P_u

$$\sum_{i=0}^{F}\binom{n}{i}P_u^i(1-P_u)^{n-i}=\alpha \tag{5.5}$$

式中　$F=n-s$；

$P_u=1-R_l$。

【例 5.1】某武器装备试验次数 38 次，失败 1 次，求置信度为 0.90 时的可靠度置信下限。

解：

当有二项分布可靠度单侧置信下限表时，按置信度为 0.90，试验数 38，失败数 1，直接查表得可靠度置信下限为 0.901 45。

当没有二项分布可靠度单侧置信下限表时，可用二项分布函数表。此时查 $n=38$，$x=1$ 一栏。由于没有正好 $P(x,n,p)=0.1$ 的数值项，查得靠近值为

$$P(x,n,p)=0.132\ 155\text{ 时},p=0.09$$

$$P(x,n,p)=0.095\ 295\text{ 时},p=0.10$$

用线性插值法得

$$P(x,n,p)=0.1\text{ 时},P_u=0.098\ 7$$

即

$$R_l=1-P_u=0.901\ 3$$

5.2　指数分布单元可靠性评定[3]

指数分布是一种很重要的寿命分布类型，在武器装备的可靠性分析中，有许多装备多以指数分布作为假定的寿命分布，并以此为根据作统计推断。指数分布可分为单参数的指数分布和两参数的指数分布两种类型。在第 4 章中曾指出，不同类型的寿命数据其分析处理方法也会不同。下面将分别加以讨论。

5.2.1 单参数指数分布

5.2.1.1 点估计

前面已经提到不同的寿命数据类型，将会得到不同的推断方法。下面将介绍几种与我们的实际工作比较接近的数据类型。

（1）非替换（右侧）定数截尾寿命试验的情况

假定：

1）t_1，…，t_n 为相互独立同分布于单参数指数分布；

2）以其大小次序排列为 $t_{(1)} \leqslant t_{(2)} \leqslant \cdots \leqslant t_{(n)}$；

3）试验进行到 $t_{(r)}$ 时停止，也就是进行到第 r 个失效时为止，$t_{(1)} \leqslant t_{(2)} \leqslant \cdots \leqslant t_{(r)}$ $(0 < r \leqslant n)$。

① 平均寿命 θ 的估计量

$$\hat{\theta}_{r,n} = \frac{T_{r,n}}{r} \tag{5.6}$$

式中

$$T_{r,n} = \sum_{i=1}^{r} t_{(i)} + (n-r)t_{(r)} \tag{5.7}$$

② 失效率 λ 的估计量

$$\hat{\lambda}_{r,n} = \frac{1}{\hat{\theta}_{r,n}} = \frac{r}{T_{r,n}} \tag{5.8}$$

③ 可靠度 $R(t_0)$ 的估计量

$$\hat{R}(t_0) = \mathrm{e}^{-\hat{\lambda}_{r,n} t_0} \tag{5.9}$$

式中 t_0 ——预先给定的任务时间。

（2）非替换（右侧）定时截尾寿命试验的情况

假定：

1）t_1，…，t_n 为相互独立同分布于单参数指数分布；

2）以其大小次序排列为 $t_{(1)} \leqslant t_{(2)} \leqslant \cdots \leqslant t_{(n)}$；

3）寿命试验进行到预先规定的时间 τ 停止，若在 τ 以前有 r 个失效，即 $t_{(1)} \leqslant t_{(2)} \leqslant \cdots \leqslant t_{(r)} \leqslant \tau$。

① 平均寿命 θ 的估计量

$$\hat{\theta}_{r,n} = \frac{T_{r,n}}{r} \tag{5.10}$$

式中

$$T_{r,n} = \sum_{i=1}^{r} t_{(i)} + (n-r)\tau \tag{5.11}$$

② 失效率 λ 的估计量

$$\hat{\lambda}_{r,n} = \frac{1}{\hat{\theta}_{r,n}} = \frac{r}{T_{r,n}} \tag{5.12}$$

③ 可靠度 $R(t_0)$ 的估计量

$$\hat{R}(t_0) = e^{-\hat{\lambda}_{r,n} t_0} \tag{5.13}$$

式中　t_0 ——预先给定的任务时间。

(3) 非替换混合截尾寿命试验的情况

假定：

1) t_1，…，t_n 为相互独立同分布于单参数指数分布；

2) 以其大小次序排列为 $t_{(1)} \leqslant t_{(2)} \leqslant \cdots \leqslant t_{(n)}$；

3) τ 为预先规定的停试时间，r 为预先规定的停试失效个数，如果寿命试验进行到 τ 时刻已失效的个数为 r'，记为

$$r^* = \begin{cases} r' & (t_{(r)} \geqslant \tau) \\ r & (t_{(r)} < \tau) \end{cases} \tag{5.14}$$

和

$$\tau^* = \min\{\tau, t_{(r)}\}$$

因此，非替换混合截尾子样为 $t_{(1)}$，$t_{(2)}$，$\cdots \leqslant t_{(r^*)}$，其余 $n-r^*$ 个试验到 τ^* 时刻。

① 平均寿命 θ 的估计量

$$\hat{\theta}^*_{r,n} = \frac{T^*_{r,n}}{r^*} = \begin{cases} \dfrac{\sum\limits_{i=1}^{r'} t_{(i)} + (n-r')\tau}{r'} & (t_{(r)} \geqslant \tau) \\[2ex] \dfrac{\sum\limits_{i=1}^{r} t_{(i)} + (n-r)t_{(r)}}{r} & (t_{(r)} < \tau) \end{cases} \tag{5.15}$$

② 失效率 λ 的估计量

$$\hat{\lambda}_{r,n}^{*}=\frac{1}{\hat{\theta}_{r,n}^{*}}=\begin{cases}\dfrac{r'}{\sum\limits_{i=1}^{r'}t_{(i)}+(n-r')\tau} & (t_{(r)}\geqslant\tau)\\[2ex]\dfrac{r}{\sum\limits_{i=1}^{r}t_{(i)}+(n-r)t_{(r)}} & (t_{(r)}<\tau)\end{cases}\tag{5.16}$$

③ 可靠度 $R(t_0)$ 的估计量

$$\hat{R}(t_0)=\begin{cases}\exp\dfrac{-t_0r'}{\sum\limits_{i=1}^{r'}t_{(i)}+(n-r')\tau} & (t_{(r)}\geqslant\tau)\\[2ex]\exp\dfrac{-t_0r}{\sum\limits_{i=1}^{r}t_{(i)}+(n-r)t_{(r)}} & (t_{(r)}<\tau)\end{cases}\tag{5.17}$$

式中 t_0——预先给定的任务时间。

(4) 非替换定时间隔测试的寿命试验的情况

假定：

1) t_1，t_2，…，t_n 为相互独立同分布于单参数指数分布；

2) 测试时间为 $0=\tau_0<\tau_1<\tau_2<\cdots<\tau_l<\infty=\tau_{l+1}$；

3) t_1，t_2，…，t_n 满足（τ_{i-1}，τ_i）时间间隔的个数为 r_i 个（$i=1,2,\cdots,l$），因此有 $n-\sum\limits_{i=1}^{l}r_i$ 个落入（τ_l，∞）内。r_i（$i=1,2,\cdots,l$）是随机的，令 $r_{l+1}=n-\sum\limits_{i=1}^{l}r_i$。

在上述假定中，如果各测试间隔的中点和长度各为

$$g_i=\frac{\tau_i+\tau_{i-1}}{2}$$
$$h_i=\tau_i-\tau_{i-1}\qquad(i=1,2,\cdots,l)\tag{5.18}$$

若是等时间隔的，即 $h_1=h_2=\cdots=h_l=h$，则 θ 的估计量为

$$\hat{\theta} = \frac{h}{\ln\left[1 + \dfrac{\sum_{i=1}^{l} r_i}{\sum_{i=1}^{l+1} (i-1) r_i}\right]} \tag{5.19}$$

如果只测试一次，即 $l=1$，则 θ 的估计量为

$$\hat{\theta} = \frac{\tau_1}{\ln \dfrac{n}{n-r_1}} \tag{5.20}$$

当 h_1，h_2，…，h_l 并不相等，但 $\max\{h_1, h_2, \cdots, h_l\}$ 相对于

$$\hat{\theta}_0 = \frac{\sum_{i=1}^{l} r_i g_i + (n - \sum_{i=1}^{l} r_i) \tau_l}{\sum_{i=1}^{l} r_i} \tag{5.21}$$

很小时，则 $\hat{\theta}_0$ 为近似估计量。

式中　$g_i (i = 1, 2, \cdots, l)$ ——由（5.18）给出。

如果

$$\hat{\theta}_0 \geqslant \frac{\sum_{i=1}^{l} r_i h_i^2}{3 \sum_{i=1}^{l} r_i} \tag{5.22}$$

或

$$\max\{h_1, h_2, \cdots, h_l\} \leqslant \sqrt{3}\, \hat{\theta}_0 \tag{5.23}$$

则其近似估计量

$$\hat{\theta}_1 = \frac{1}{2} \hat{\theta}_0 \left[1 + \left(1 - \frac{\sum_{i=1}^{l} r_i h_i^2}{3 \sum_{i=1}^{l} r_i \hat{\theta}_0^2}\right)^{\frac{1}{2}}\right] \tag{5.24}$$

如果（5.23）式中 $\max\{h_1, h_2, \cdots, h_l\}$ 相对于 $\hat{\theta}_0$ 很小，可以得到 $\hat{\theta}_1 = \hat{\theta}_0$，这就是（5.21）式。

对于平均寿命很长的产品来说，若测试间隔较短时，可以利用

(5.21) 式作为平均寿命 θ 的估计量，进一步也可以用非替换定时截尾子样作近似，(5.21) 式也就是 (5.10) 式的估计。失效率 λ、可靠度 $R(t_0)$ 的估计量可分成不同情况依据上述平均寿命 θ 的估计量，分别给出。

(5) 非替换定时逐次截尾寿命试验的情况

假设：

1) n 件随机抽取的试件同属于一个母体，即每个试件的寿命服从同一个单参数指数分布；

2) 在寿命试验中有 r (随机的) 个失效试验，其失效时间为 $t_{(1)}$，$t_{(2)}$，…，$t_{(r)}$；

3) 在寿命试验中，预先确定 k 个时刻 $\tau_1<\tau_2<\cdots<\tau_k$。在 τ_1 时刻，在未失效的试件中随机的停试 b_1 个试件；在 τ_2 时刻，在未失效的试件中随机的停试 b_2 个试件……在 τ_k 时刻，停试 b_k 个未失效的试件，使得

$$n = r + \sum_{i=1}^{k} b_i \tag{5.25}$$

在上述假设下，平均寿命 θ 的极大似然估计量为

$$\hat{\theta}_{r,n} = \frac{T_{r,n}}{r} \tag{5.26}$$

式中

$$T_{r,n} = \sum_{i=1}^{r} t_{(i)} + \sum_{j=1}^{k} b_j \tau_j \tag{5.27}$$

(6) 非替换定数逐次截尾寿命试验的情况

假设：

1) n 件随机抽取的试件同属于一个母体，即每个试件的寿命分布是同一个单参数指数分布；

2) 在寿命试验中，有 r 个 (预先给定的) 失效试件，其失效时间为 $t_{(1)}$，$t_{(2)}$，…，$t_{(r)}$；

3) 在 $t_{(1)}$ 时，从未失效的试件中随机的停试 b_1 个试件；在 $t_{(2)}$ 时，从未失效的试件中随机的停试 b_2 个试件……在 $t_{(r)}$ 时，将所有未失效的试件都停试，并有

$$n = r + \sum_{i=1}^{r} b_i \tag{5.28}$$

在上述假定下，平均寿命 θ 的估计量为

$$\hat{\theta}_{r,n} = \frac{T_{r,n}}{r} \tag{5.29}$$

式中

$$T_{r,n} = \sum_{i=1}^{r} (b_j + 1) t_{(i)} \tag{5.30}$$

若 $b_1 = b_2 = b_{r-l} = 0$，则（5.30）式即为定数截尾（5.7）式的情况。

5.2.1.2　区间估计

单参数指数分布的区间估计与点估计一样，下面将分别对不同的数据类型进行讨论，在给出双侧置信区间的同时，对平均寿命 θ 和可靠度 $R(t_0)$ 将给出其单侧置信下限（左单侧置信区间），对失效率 λ 给出其单侧置信上限（右单侧置信区间）。

（1）非替换（右侧）定数截尾寿命试验的情况

① 平均寿命 θ 的估计量

双侧置信区间（置信度为 $1-\alpha$）为

$$\frac{2r\hat{\theta}_{r,n}}{\chi^2_{1-\frac{\alpha}{2}}(2r)} \leqslant \theta \leqslant \frac{2r\hat{\theta}_{r,n}}{\chi^2_{\frac{\alpha}{2}}(2r)} \tag{5.31}$$

或

$$\frac{2T_{r,n}}{\chi^2_{1-\alpha}(2r)} \leqslant \theta \leqslant \frac{2T_{r,n}}{\chi^2_{\frac{\alpha}{2}}(2r)} \tag{5.32}$$

式中　$T_{r,n}$ ——由（5.7）式给出；

$\chi^2_{1-\alpha}(2r), \chi^2_{1-\frac{\alpha}{2}}(2r), \chi^2_{\frac{\alpha}{2}}(2r)$ —— χ^2 分布的下侧分位数，可查 χ^2 分布分位数表（GB 4086.2）。

以 $1-\alpha$ 为置信度的单侧置信下限为

$$\frac{2r\hat{\theta}_{r,n}}{\chi^2_{1-\alpha}(2r)} \leqslant \theta \tag{5.33}$$

或

$$\frac{2T_{r,n}}{\chi^2_{1-\alpha}(2r)} \leqslant \theta \tag{5.34}$$

② 失效率 λ 的估计量

以 $1-\alpha$ 为置信度的双侧置信区间为

$$\frac{\chi^2_{\frac{\alpha}{2}}(2r)}{2r\hat{\theta}_{r,n}} \leqslant \lambda \leqslant \frac{\chi^2_{1-\frac{\alpha}{2}}(2r)}{2r\hat{\theta}_{r,n}} \quad (r=1,2,\cdots,n) \tag{5.35}$$

或

$$\frac{\chi^2_{\frac{\alpha}{2}}(2r)}{2T_{r,n}} \leqslant \lambda \leqslant \frac{\chi^2_{1-\frac{\alpha}{2}}(2r)}{2T_{r,n}} \quad (r=1,2,\cdots,n) \tag{5.36}$$

以 $1-\alpha$ 为置信度的单侧置信上限为

$$\lambda \leqslant \frac{\chi^2_{1-\alpha}(2r)}{2r\hat{\theta}_{r,n}} \tag{5.37}$$

或

$$\lambda \leqslant \frac{\chi^2_{1-\alpha}(2r)}{2T_{r,n}} \tag{5.38}$$

③ 可靠度 $R(t_0)$ 的估计量

以 $1-\alpha$ 为置信度的双侧置信区间为

$$\exp\frac{-t_0\chi^2_{1-\frac{\alpha}{2}}(2r)}{2T_{r,n}} \leqslant R(t_0) \leqslant \exp\frac{-t_0\chi^2_{\frac{\alpha}{2}}(2r)}{2T_{r,n}} \tag{5.39}$$

$$r=1,2,\cdots,n$$

式中 t_0——预先给定的任务时间。

以 $1-\alpha$ 为置信度的单侧置信区间为

$$\exp\frac{-t_0\chi^2_{1-\alpha}(2r)}{2T_{r,n}} \leqslant R(t_0) \leqslant 1 \tag{5.40}$$

$$r=1,2,\cdots,n$$

式中 t_0——预先给定的任务时间。

(2) 非替换（右侧）定时截尾寿命试验的情况（失效时间能确切测得的情况）

对于非替换（右侧）定时截尾寿命试验的情况，欲求得严格的置信区间，在计算上相当困难。但是，可以给定简单近似的置信区间。

① 平均寿命 θ 的估计量

以 $1-\alpha$ 为置信度的 θ 的双侧置信区间为：

1）当 $r=0$ 时

$$\left[\frac{2n\tau}{\chi^2_{1-\alpha}(2)},\ \infty\right] \tag{5.41}$$

2）当 $r=1,\ 2,\ \cdots,\ n-1$ 时

$$\left[\frac{2T_{r,n}}{\chi^2_{1-\frac{\alpha}{2}}(2r+2)},\ \frac{2T_{r,n}}{\chi^2_{\frac{\alpha}{2}}(2r)}\right] \tag{5.42}$$

或

$$\frac{2r\hat{\theta}_{r,n}}{\chi^2_{1-\frac{\alpha}{2}}(2r+2)} \leqslant \theta \leqslant \frac{2r\hat{\theta}_{r,n}}{\chi^2_{\frac{\alpha}{2}}(2r)} \tag{5.43}$$

式中　$\hat{\theta}_{r,n}$ ——由（5.10）式给出；

$T_{r,n}$ ——由（5.11）式给出。

3）当 $r=n$ 时

$$\left[\frac{2\sum_{i=1}^{n} t_{(i)}}{\chi^2_{1-\frac{\alpha}{2}}(2n)},\ \frac{2\sum_{i=1}^{n} t_{(i)}}{\chi^2_{\frac{\alpha}{2}}(2n)}\right] \tag{5.44}$$

式中　$\chi^2_{1-\frac{\alpha}{2}}(2n),\chi^2_{\frac{\alpha}{2}}(2n)$ —— χ^2 分布的下侧分位数，可查 χ^2 分布分位数表。

以 $1-\alpha$ 为置信度的 θ 的近似的单侧置信区间为：

1）当 $r=0,\ 1,\ 2,\ \cdots,\ n-1$ 时

$$\left[\frac{2T_{r,n}}{\chi^2_{1-\alpha}(2r+2)},\ \infty\right] \tag{5.45}$$

或

$$\left[\frac{2r\hat{\theta}_{r,n}}{\chi^2_{1-\alpha}(2r+2)},\ \infty\right] \tag{5.46}$$

式中　当 $r=0$ 时，$T_{r,n}=n\tau$，是没有失效试件的情况。

2）当 $r=n$ 时

$$\left[\frac{2\sum_{i=1}^{n}t_{(i)}}{\chi_{1-\alpha}^{2}(2n)}, \infty\right] \tag{5.47}$$

② 失效率 λ 的估计量

以 $1-\alpha$ 为置信度的 λ 的近似双侧置信区间为：

1）当 $r=0$ 时，由（5.41）式的界限取倒数即得

$$\left[0, \frac{\chi_{1-\alpha}^{2}(2)}{2n\tau}\right] \tag{5.48}$$

式中 τ——预先规定的停试时间。

2）当 $r=0$，1，2，…，$n-1$ 时，由（5.44）式的界限取倒数推得

$$\left[\frac{\chi_{\frac{\alpha}{2}}^{2}(2r)}{2T_{r,n}}, \frac{\chi_{1-\frac{\alpha}{2}}^{2}(2r+2)}{2T_{r,n}}\right] \tag{5.49}$$

或

$$\left[\frac{\chi_{\frac{\alpha}{2}}^{2}(2r)}{2r\hat{\theta}_{r,n}}, \frac{\chi_{1-\frac{\alpha}{2}}^{2}(2r+2)}{2r\hat{\theta}_{r,n}}\right] \tag{5.50}$$

以 $1-\alpha$ 为置信度的 λ 的近似单侧置信区间由（5.46）式和（5.47）式的界限取倒数得到：

1）当 $r=0$，1，2，…，$n-1$ 时

$$\left[0, \frac{\chi_{1-\alpha}^{2}(2r+2)}{2T_{r,n}}\right] \tag{5.51}$$

或

$$\left[0, \frac{\chi_{1-\alpha}^{2}(2r+2)}{2r\hat{\theta}_{r,n}}\right] \tag{5.52}$$

2）当 $r=n$ 时

$$\left[0, \frac{\chi_{1-\alpha}^{2}(2n)}{2\sum_{i=1}^{n}t_{(i)}}\right] \tag{5.53}$$

③ 可靠度 $R(t_0)$ 的估计量

因为 $R(t_0)=e^{\frac{-t_0}{\theta}}$，可以利用 θ 的单双侧近似置信区间，分别得到 $R(t_0)$ 的单双侧近似置信区间。

以 $1-\alpha$ 为置信度的 $R(t_0)$ 的近似双侧置信区间可由（5.41）式、（5.43）式和（5.44）式分别得到：

1）当 $r=0$ 时

$$\left[\exp\frac{-t_0\chi^2_{1-\alpha}(2)}{2n\tau},1\right] \tag{5.54}$$

2）当 $r=1,2,\cdots,n-1$ 时

$$\left[\exp\frac{-t_0\chi^2_{1-\frac{\alpha}{2}}(2r+2)}{2T_{r,n}},\exp\frac{-t_0\chi^2_{\frac{\alpha}{2}}(2r)}{2T_{r,n}}\right] \tag{5.55}$$

或

$$\left[\exp\frac{-t_0\chi^2_{1-\frac{\alpha}{2}}(2r+2)}{2r\hat{\theta}_{r,n}},\exp\frac{-t_0\chi^2_{\frac{\alpha}{2}}(2r)}{2r\hat{\theta}_{r,n}}\right] \tag{5.56}$$

3）当 $r=n$ 时

$$\left[\exp\frac{-t_0\chi^2_{1-\frac{\alpha}{2}}(2n)}{2\sum_{i=1}^{n}t_{(i)}},\exp\frac{-t_0\chi^2_{\frac{\alpha}{2}}(2n)}{2\sum_{i=1}^{n}t_{(i)}}\right] \tag{5.57}$$

由（5.47）式和（5.48）式，可分别得到 $R(t_0)$ 的以 $1-\alpha$ 为置信度的近似单侧置信区间：

1）当 $r=0,1,2,\cdots,n-1$ 时

$$\left[\exp\frac{-t_0\chi^2_{1-\alpha}(2r+2)}{2T_{r,n}},1\right] \tag{5.58}$$

或

$$\left[\exp\frac{-t_0\chi^2_{1-\alpha}(2r+2)}{2r\hat{\theta}_{r,n}},1\right] \tag{5.59}$$

2）当 $r=n$ 时

$$\left[\exp\frac{-t_0\chi^2_{1-\alpha}(2n)}{2\sum_{i=1}^{n}t_{(i)}},1\right] \tag{5.60}$$

(3) 非替换定时截尾寿命试验的情况（失效时间不能确切测得的情况）

在有的情况下，只知道在一段时间内失效的个数，不知道确切的失效时间。在现场试验中所得到的数据，很多属于这种情况。

有 n 件随机抽取的试件，进行非替换的寿命试验，试验到预先规定的时间 τ 停止，在此前失效个数为 r。在此假定下，则可得到以下的结果。

① 平均寿命 θ 的估计量

以 $1-\alpha$ 为置信度的 θ 的单侧置信区间为

$$\frac{\tau}{\ln\left(1+\frac{r+1}{n-r}F_{1-\alpha}(2r+2,2n-2r)\right)}\leqslant\theta<\infty \tag{5.61}$$

以 $1-\alpha$ 为置信度的 θ 的双侧置信区间为

$$\frac{\tau}{\ln\left(1+\frac{r+1}{n-r}F_{1-\frac{\alpha}{2}}(2r+2,2n-2r)\right)}\leqslant\theta$$

$$<\frac{\tau}{\ln\left(1+\frac{r}{n-r+1}F_{\frac{\alpha}{2}}(2r,2n-2r+2)\right)} \tag{5.62}$$

式中的 $F_{1-\alpha}(2r+2,2n-2r)$、$F_{1-\frac{\alpha}{2}}(2r+2,2n-2r)$ 和 $F_{\frac{\alpha}{2}}(2r,2n-2r+2)$ 均为 F 分布的下侧分位数，可查 F 分布分位数表（GB 4086.4）。

② 可靠度 $R(t_0)$ 的估计量

以 $1-\alpha$ 为置信度的 $R(t_0)$ 的单侧置信区间为

$$\left(1+\frac{r+1}{n-r}F_{1-\alpha}(2r+2,2n-2r)\right)^{\frac{-t_0}{\tau}}\leqslant R(t_0)\leqslant 1 \tag{5.63}$$

以 $1-\alpha$ 为置信度的 $R(t_0)$ 的双侧置信区间为

$$\left(1+\frac{r+1}{n-r}F_{1-\frac{\alpha}{2}}(2r+2,2n-2r)\right)^{\frac{-t_0}{\tau}}\leqslant R(t_0)$$

$$\leqslant\left(1+\frac{r}{n-r+1}F_{\frac{\alpha}{2}}(2r,2n-2r+2)\right)^{\frac{-t_0}{\tau}} \tag{5.64}$$

式中 t_0——预先给定的任务时间。

(4) 非替换混合截尾寿命试验的情况

对于混合截尾寿命试验的停试规则，有两个预先给定的停试指标，即可容许的失效个数 r 和最长的试验时间 τ。在试验过程中，只要达到一个停试指标，则寿命试验停止。也就是说，当 $t(r)\geqslant\tau$ 时，则属于非替换的定时（右侧）截尾寿命试验，在 τ 以前失效个数记为 r'；当 $t(r)<\tau$ 时，则属于非替换的定数（右侧）截尾寿命试验。

① 平均寿命 θ 的估计量

以 $1-\alpha$ 为置信度的 θ 的单侧近似置信区间为：

1）当 $t_{(r)}\geqslant\tau$ 时

$$\frac{2T_{r',n}}{\chi^2_{1-\alpha}(2r'+2)}\leqslant\theta<\infty \tag{5.65}$$

$$r'=0,1,2,\cdots,r-1$$

式中

$$T_{r',n}=\sum_{i=1}^{r'}t_{(i)}+(n-r')\tau \tag{5.66}$$

2）当 $t_{(r)}<\tau$ 时

$$\frac{2T_{r,n}}{\chi^2_{1-\alpha}(2r)}\leqslant\theta<\infty \tag{5.67}$$

式中

$$T_{r,n}=\sum_{i=1}^{r}t_{(i)}+(n-r)t_{(r)} \tag{5.68}$$

以 $1-\alpha$ 为置信度的 θ 的双侧近似置信区间为：

1）当 $t_{(r)}\geqslant\tau$

$$\frac{2T_{r',n}}{\chi^2_{1-\frac{\alpha}{2}}(2r'+2)}\leqslant\theta\leqslant\frac{2T_{r',n}}{\chi^2_{\frac{\alpha}{2}}(2r')} \tag{5.69}$$

$$r'=0,1,\cdots,r-1$$

式中　$T_{r',n}$ ——由（5.66）式给出。

（5.69）式也就是（5.43）式的形式。

2）当 $t_{(r)}<\tau$ 时

$$\frac{2T_{r,n}}{\chi^2_{1-\frac{\alpha}{2}}(2r)} \leqslant \theta \leqslant \frac{2T_{r,n}}{\chi^2_{\frac{\alpha}{2}}(2r)} \tag{5.70}$$

式中 $T_{r,n}$ ——由（5.68）式给出。

（5.68）式也就是（5.32）式的形式。

② 可靠度 $R(t_0)$ 的估计量

$R(t_0)$ 的单侧 $1-\alpha$ 置信区间为：

1）当 $t_{(r)} \geqslant \tau$ 时

$$\exp \frac{-t_0\chi^2_{1-\alpha}(2r'+2)}{2T_{r',n}} \leqslant R(t_0) \leqslant 1 \tag{5.71}$$

$$r' = 0,1,\cdots,r-1$$

式中 $T_{r',n}$ ——由（5.66）式给出；

t_0——预先给定的任务时间。

（5.71）式也就是（5.58）式的形式。

2）当 $t_{(r)} \leqslant \tau$ 时

$$\exp \frac{-t_0\chi^2_{1-\alpha}(2r)}{2T_{r,n}} \leqslant R(t_0) \leqslant 1 \tag{5.72}$$

$$r = 1,2,\cdots,n$$

式中 $T_{r,n}$ ——由（5.68）式给出；

t_0——预先给定的任务时间。

（5.72）式也就是（5.40）式的形式。

$R(t_0)$ 的双侧 $1-\alpha$ 置信区间为：

1）当 $t_{(r)} \geqslant \tau$ 时

$$\exp \frac{-t_0\chi^2_{1-\frac{\alpha}{2}}(2r'+2)}{2T_{r',n}} \leqslant R(t_0) \leqslant \exp \frac{-t_0\chi^2_{\frac{\alpha}{2}}(2r')}{2T_{r',n}} \tag{5.73}$$

$$r' = 0,1,\cdots,r-1$$

式中 $T_{r',n}$ ——由（5.66）式给出；

t_0——预先给定的任务时间。

（5.73）式也就是（5.56）式的形式。

2）当 $t_{(r)} \leqslant \tau$ 时

$$\exp\frac{-t_0\chi^2_{1-\frac{\alpha}{2}}(2r)}{2T_{r,n}} \leqslant R(t_0) \leqslant \exp\frac{-t_0\chi^2_{\frac{\alpha}{2}}(2r)}{2T_{r,n}} \tag{5.74}$$

$$r = 1,2,\cdots,n$$

式中　$T_{r,n}$——由（5.68）式给出；

t_0——预先给定的任务时间。

（5.74）式也就是（5.39）式的形式。

（5）非替换定数逐次截尾寿命试验的情况

由（5.32）式和（5.33）式，已知

$$\hat{\theta}_{r,n} = \frac{1}{r}\sum_{i=1}^{r}(b_i+1)t_{(i)} \tag{5.75}$$

该种寿命试验的置信区间的形式与 5.2.1.2 节中（1）的形式完全相同，只是其中的 $\hat{\theta}_{r,n}$ 要用（5.75）式代入，$T_{r,n}$ 要用（5.30）式代入。

【例 5.2】某产品的寿命分布是单参数指数分布，从该批产品中随机抽取 20 只，进行 500 h 非替换的寿命试验。在 500 h 以前有 6 只产品失效，其失效时间为 $t(1)$ =65 h，$t(2)$ =78 h，$t(3)$ =163 h，$t(4)$ =325 h，$t(5)$ =390 h，$t(6)$ =455 h。试求该批产品的平均寿命、可靠度 $R(100)$、及以 0.95 为置信度的平均寿命及可靠度 $R(100)$ 的置信下限。

解：

利用（5.11）式，得出试验时间

$$T = 65 + 76 + 163 + 325 + 390 + 455 + (20-6)\times 500 = 8\ 476(\text{h})$$

利用（5.10）式，得平均寿命的点估计值

$$\hat{\theta}_{6,20} = \frac{8\ 476}{6} = 1\ 412.67(\text{h})$$

利用（5.13）式和（5.12）式，得可靠度 $R(100)$ 的点估计值

$$\hat{R}(100) = \exp\frac{-100}{1\ 412.67} = 0.931\ 6$$

利用（5.46）式，得以 0.95 为置信度的平均寿命置信下限

$$\frac{2\times 8\ 476}{\chi^2_{0.95}(14)} \leqslant \theta$$

或

$$715.72 \leqslant \theta$$

利用（5.59）式，得以 0.95 为置信度的可靠度 R（100）的近似置信下限

$$\exp \frac{-100\chi^2_{0.95}(14)}{2 \times 8\ 476} \leqslant R(100)$$

或

$$0.869\ 6 \leqslant R(100)$$

【例 5.3】在例 5.2 中如果试验到 500 h，只知道已失效 6 只，并不知道确定的失效时间。试求该批产品以 0.95 为置信度的平均寿命及可靠度 $R(100)$的置信下限。

解：

利用（5.61）式，得以 0.95 为置信度的平均寿命置信下限

$$\frac{500}{\ln\left(1 + \frac{6+1}{20-6}F_{0.95}(14,28)\right)} \leqslant \theta$$

或

$$705.32 \leqslant \theta$$

利用（5.63）式，得以 0.95 为置信度的可靠度 $R(100)$的近似置信下限

$$\left(1 + \frac{6+1}{20-6}F_{0.95}(14,28)\right)^{\frac{-100}{500}} \leqslant R(100)$$

或

$$0.867\ 8 \leqslant R(100)$$

例 5.2 的方法是根据确切的失效时间对平均寿命及可靠度进行估计，而例 5.3 的方法是根据失效个数进行估计，此时可以不知道确切的失效时间。可以看出，其估计量有一些差别。通常在寿命试验中，如果已经获得了确切的失效时间，则应当用例 5.2 的方法，这种估计的精度会高一些。

5.2.2　两参数指数分布

两参数指数分布要比前述的单参数分布多一个参数 γ，称为起始参数，而 θ 称为尺度参数，它不再代表平均寿命。

5.2.2.1　点估计

(1) 非替换（右侧）定数截尾寿命试验的情况

通常希望选择最小均方误差的估计量，即 $\tilde{\theta}_{r,n}$ 和 $\tilde{\gamma}$

$$\tilde{\theta}_{r,n}=\frac{\sum_{i=1}^{r}(t_{(i)}-t_{(1)})+(n-r)(t_{(r)}-t_{(1)})}{r} \tag{5.76}$$

$$\tilde{\gamma}=t_{(i)}-\frac{\tilde{\theta}_{r,n}}{n} \tag{5.77}$$

根据上述估计量可得到可靠度

$$R(t_0)=\exp(-\frac{t_0-\tilde{\gamma}}{\theta}) \tag{5.78}$$

为了能得到区间估计，可以选择 $\hat{\theta}_{r,n}$ 和 $\hat{\gamma}'$

$$\hat{\theta}_{r,n}=\frac{\sum_{i=1}^{r}(t_{(i)}-t_{(1)})+(n-r)(t_{(r)}-t_{(1)})}{r-1} \tag{5.79}$$

$$\hat{\gamma}'=t_{(1)} \tag{5.80}$$

(2) 非替换（右侧）定时截尾寿命试验的情况

① 尺度参数 θ 的估计量

$$\hat{\theta}_{r,n}=\frac{\sum_{i=1}^{r}(t_{(i)}-t_{(1)})+(n-r)(\tau-t_{(1)})}{r} \tag{5.81}$$

② 起始参数 γ 的估计量

$$\hat{\gamma}=t_{(1)} \tag{5.82}$$

根据上述的估计量，可以得到可靠度 $R(t_0)=\exp\frac{-(t_0-\gamma)}{\theta}$。如果产品为间歇式工作，则在计算每次执行任务完成的可靠度时应考虑该产品已累计工作的时间。

③ 失效率

$$\lambda = \frac{1}{\theta} \tag{5.83}$$

5.2.2.2 区间估计

(1) 非替换（右侧）定数截尾寿命试验的情况

① θ 的置信区间估计

以 $1-\alpha$ 为置信度的双侧置信区间为

$$\frac{(2r-2)\hat{\theta}_{r,n}}{\chi^2_{1-\frac{\alpha}{2}}(2r-2)} \leqslant \theta \leqslant \frac{(2r-2)\hat{\theta}_{r,n}}{\chi^2_{\frac{\alpha}{2}}(2r-2)} \tag{5.84}$$

式中　$\hat{\theta}_{r,n}$——由（5.79）式给出。

以 $1-\alpha$ 为置信度的单侧置信区间为

$$\frac{(2r-2)\hat{\theta}_{r,n}}{\chi^2_{1-\alpha}(2r-2)} \leqslant \theta < \infty \tag{5.85}$$

② γ 的置信区间估计

以 $1-\alpha$ 为置信度的双侧置信区间为

$$t_{(1)} - \frac{\hat{\theta}_{r,n}}{n}F_{1-\frac{\alpha}{2}}(2,2r-2) \leqslant \gamma \leqslant t_{(1)} - \frac{\hat{\theta}_{r,n}}{n}F_{\frac{\alpha}{2}}(2,2r-2) \tag{5.86}$$

式中　$\hat{\theta}_{r,n}$——由（5.79）式给出；

$F_{1-\frac{\alpha}{2}}(2,2r-2)$，$F_{\frac{\alpha}{2}}(2,2r-2)$——$F$ 分布的下侧分位数，可查 F 分布分位数表。

以 $1-\alpha$ 为置信度的单侧置信区间为

$$t_{(1)} - \frac{\hat{\theta}_{r,n}}{n}F_{1-\alpha}(2,2r-2) \leqslant \gamma < \infty \tag{5.87}$$

③ 失效率 λ 的置信区间估计

因为 $\lambda = \dfrac{1}{\theta}$，利用（5.84）式和（5.85）式就可得到 λ 的单、双侧置信区间。

以 $1-\alpha$ 为置信度的双侧置信区间为

$$\frac{\chi^2_{\frac{\alpha}{2}}(2r-2)}{(2r-2)\,\hat{\theta}_{r,n}} \leqslant \lambda \leqslant \frac{\chi^2_{1-\frac{\alpha}{2}}(2r-2)}{(2r-2)\,\hat{\theta}_{r,n}} \tag{5.88}$$

式中 $\hat{\theta}_{r,n}$ ——由（5.79）式给出。

以 $1-\alpha$ 为置信度的单侧置信区间为

$$0 \leqslant \lambda \leqslant \frac{\chi^2_{1-\alpha}(2r-2)}{(2r-2)\,\hat{\theta}_{r,n}} \tag{5.89}$$

④ 可靠度 $R(t_0)$ 的近似置信区间

第一近似区间为：

1）以 $1-\alpha$ 为置信度的双侧置信区间

$$\begin{aligned}\exp\left(-\frac{v}{2m}\chi^2_{1-\frac{\alpha}{2}}\left(\frac{2m^2}{v}\right)\right) &\leqslant R(t_0)\\ &\equiv \exp\frac{-(t_0-\gamma)}{\theta}\\ &\leqslant \exp\left(-\frac{v}{2m}\chi^2_{\frac{\alpha}{2}}\left(\frac{2m^2}{v}\right)\right)\end{aligned} \tag{5.90}$$

$$m = \frac{1}{n} + \frac{t_0 - t_{(1)}}{\hat{\theta}_{r,n}} \tag{5.91}$$

$$v = \frac{1}{n^2} + \frac{(t_0 - t_{(1)})^2}{(r-1)\,\hat{\theta}^2_{r,n}} \tag{5.92}$$

式中 t_0——预先给定的任务时间；

$\hat{\theta}_{r,n}$——由（5.79）式给出。

2）以 $1-\alpha$ 为置信度的单侧置信区间

$$\begin{aligned}\exp\left(-\frac{v}{2m}\chi^2_{1-\alpha}\left(\frac{2m^2}{v}\right)\right) &\leqslant R(t_0)\\ &\equiv \exp\frac{-(t_0-\gamma)}{\theta}\\ &\leqslant 1\end{aligned} \tag{5.93}$$

第二近似置信区间为：

1）利用标准正态分布可得到以 $1-\alpha$ 为置信度的双侧近似置信区间

$$\exp\left[-m\left(1-\frac{v}{9m^2}+u_{1-\frac{\alpha}{2}}\frac{\sqrt{v}}{3m}\right)^3\right] \leqslant R(t_0)$$

$$
\begin{aligned}
&\equiv \exp\frac{-(t_0-\gamma)}{\theta}\\
&\leqslant \exp\left[-m\left(1-\frac{v}{9m^2}-u_{\frac{\alpha}{2}}\frac{\sqrt{v}}{3m}\right)^3\right]
\end{aligned}
\tag{5.94}
$$

式中 t_0——预先给定的任务时间；

m——由（5.91）式给出；

v——由（5.92）式给出；

$u_{\frac{\alpha}{2}}$，$u_{1-\frac{\alpha}{2}}$——标准正态分布的下侧分位数，可查正态分布分位数表（GB 4086.1）。

2）利用标准正态分布可得到以 $1-\alpha$ 为置信度的单侧近似置信区间

$$
\begin{aligned}
\exp\left[-m\left(1-\frac{v}{9m^2}+u_{1-\alpha}\frac{\sqrt{v}}{3m}\right)^3\right] &\leqslant R(t_0)\\
&\equiv \exp\frac{-(t_0-\gamma)}{\theta}\\
&\leqslant 1
\end{aligned}
\tag{5.95}
$$

第三近似置信区间为：

1）利用 θ 和 γ 的置信区间得到可靠度 $R(t_0)$ 的置信区间。以 $1-\alpha$ 为置信度的双侧置信区间

$$
\begin{aligned}
\exp\frac{-(t_0-\gamma_l)}{\theta_l} &\leqslant R(t_0)\\
&\equiv \exp\frac{-(t_0-\gamma)}{\theta}\\
&\leqslant \exp\frac{-(t_0-\gamma_u)}{\theta_u}
\end{aligned}
\tag{5.96}
$$

式中 θ_u——由（5.84）式得到的 θ 的置信上限；

θ_l——由（5.84）式得到的 θ 的置信下限；

γ_u——由（5.86）式得到的 γ 的置信上限；

γ_l—— 由（5.86）式得到的 γ 的置信下限。

2）以 $1-\alpha$ 为置信度的单侧置信区间

$$\exp\frac{-(t_0-\gamma_l)}{\theta_l}\leqslant R(t_0)$$

$$\equiv\exp\frac{-(t_0-\gamma)}{\theta}$$

$$<1 \tag{5.97}$$

式中　θ_l——由（5.85）式得到的 θ 的置信下限；

γ_l——由（5.87）式得到的 γ 的置信下限。

（2）有替换（右侧）定数截尾寿命试验的情况

有关 θ、γ、λ 和 $R(t_0)$ 的置信区间公式（(5.84)式～(5.93)式）也适用于有替换的定数截尾寿命试验。所不同的是，所有非替换定数截尾寿命试验公式中的 $\hat{\theta}_{r,n}$ 都由（5.79）式给出，而有替换定数截尾寿命试验公式中的 $\hat{\theta}_{r,n}$ 应由（5.98）式计算，即

$$\hat{\theta}_{r,n}=\frac{r(t_{(r)}-t_{(1)})}{r-1} \tag{5.98}$$

【例 5.4】某产品的寿命分布是两参数指数分布。从产品中随机地抽取 20 只作非替换的定数截尾寿命试验。预定在第 10 个失效时停止试验，其中 10 个失效时间为 $t_{(1)}=190\,437$ h，$t_{(2)}=245\,593$ h，$t_{(3)}=277\,761$ h，$t_{(4)}=432\,298$ h，$t_{(5)}=530\,100$ h，$t_{(6)}=626\,300$ h，$t_{(7)}=1\,043\,307$ h，$t_{(8)}=1\,055\,528$ h，$t_{(9)}=1\,221\,393$ h，$t_{(10)}=2\,099\,199$ h。要求给出 γ 和 θ 的点估计和 0.90 置信度的置信下限，并计算 $R(500\,000)$ 和 $R(200\,000)$ 的点估计和 0.90 置信度的近似置信下限。

解：

由（5.76）式和（5.77）式得

$$\tilde{\theta}_{r,n}=\frac{\sum_{i=1}^{10}(t_{(i)}-t_{(1)})+10(t_{(10)}-t_{(1)})}{10}=2\,490\,516.6$$

$$\tilde{\gamma}=t_{(1)}-\frac{\tilde{\theta}_{r,n}}{n}=65\,911.2$$

为了得到区间估计，由（5.79）式和（5.80）式得

$$\hat{\theta}_{r,n}=\frac{\sum_{i=1}^{10}(t_{(i)}-t_{(1)})+10(t_{(10)}-t_{(1)})}{10-1}=2\ 767\ 241$$

$$\hat{\gamma}'=190\ 437$$

由（5.78）式得

$$R(500\ 000)=\exp\left(-\frac{500\ 000-65\ 911.2}{2\ 490\ 516.9}\right)=0.840\ 05$$

$$R(200\ 000)=\exp\left(-\frac{200\ 000-65\ 911.2}{2\ 490\ 516.9}\right)=0.947\ 58$$

由（5.85）式得 θ 的置信下限

$$\begin{aligned}\theta&\geqslant\frac{(2r-2)\hat{\theta}_{r,n}}{\chi^2_{0.90}(2r-2)}\\&=\frac{18}{25.989\ 4}\times 2\ 767\ 241\\&=1\ 916\ 563.6\end{aligned}$$

由（5.87）式得 γ 的置信下限

$$\begin{aligned}\gamma&\geqslant t_{(1)}-\frac{\hat{\theta}_{r,n}}{n}F_{0.90}(2,2r-2)\\&=190\ 437-\frac{2\ 767\ 241}{20}\times 2.624\ 0\\&=-172\ 625\end{aligned}$$

由于位置参数 γ 取负值显然是不合理的，可将其修正为 $\gamma=0$ 为了计算 $R(500\ 000)$ 的近似置信区间，先计算 m 和 v。

利用（5.91）式得

$$\begin{aligned}m&=\frac{1}{n}+\frac{t_0-t_{(1)}}{\hat{\theta}_{r,n}}\\&=\frac{1}{20}+\frac{500\ 000-190\ 437}{2\ 767\ 241}\\&=0.161\ 9\end{aligned}$$

利用（5.92）式得

$$v=\frac{1}{n^2}+\frac{(t_0-t_{(1)})^2}{(r-1)\hat{\theta}_{r,n}^2}$$

$$=\frac{1}{20^2}+\frac{(500\ 000-190\ 437)^2}{(10-1)\times 2\ 767\ 241^2}$$

$$=0.003\ 8$$

利用（5.93）式得$R(500\ 000)$的第一近似置信下限为

$$R_1(500\ 000)\geqslant \exp\left(\frac{-0.003\ 8}{2\times 0.161\ 9}\chi^2_{0.90}\left(\frac{2\times 0.161\ 9^2}{0.003\ 8}\right)\right)$$

$$=0.784$$

利用（5.95）式得$R(500\ 000)$的第二近似置信下限为

$$R_2(500\ 000)\geqslant \exp\left[-0.161\ 9\times\left(1-\frac{0.003\ 8}{9\times 0.161\ 9^2}+\frac{1.281\ 6\sqrt{0.003\ 8}}{3\times 0.161\ 9}\right)^3\right]$$

$$=0.783\ 5$$

利用（5.97）式得$R(500\ 000)$的第三近似置信下限为

$$R_3(500\ 000)\geqslant \exp\frac{-500\ 000}{1\ 916\ 563.6}$$

$$=0.770\ 3$$

如果要计算R（200 000）的0.90置信度的近似置信下限，则

$$m=\frac{1}{20}+\frac{200\ 000-190\ 437}{2\ 767\ 241}$$

$$=0.053\ 46$$

$$v=\frac{1}{20^2}+\frac{(200\ 000-190\ 437)^2}{(10-1)\times 2\ 767\ 241^2}$$

$$=0.002\ 501$$

第一置信下限为

$$R_1(200\ 000)\geqslant \exp\left(\frac{-0.002\ 501}{2\times 0.053\ 46}\chi^2_{0.90}\left(\frac{2\times 0.005\ 346^2}{0.002\ 501}\right)\right)$$

$$=0.888\ 2$$

第二置信下限为

$$R_2(200\ 000)\geqslant \exp\Big[-0.053\ 46\Big(1-\frac{0.002\ 501}{9\times 0.005\ 346^2}+$$

$$\left.\frac{1.2816\sqrt{0.002501}}{3\times 0.005346}\right)^{3}\Bigg]$$

$$=0.8886$$

第三置信下限为

$$R_3(200\,000)\geqslant \exp\frac{-200\,000}{1\,916\,563.6}$$

$$=0.9009$$

以上给出了计算两参数指数分布非替换（右侧）定数截尾寿命试验可靠度 R（t_0）的近似置信区间的 3 种方法。其中第一种和第二种近似方法可参阅文献［3］，分别利用近似地服从 χ^2 分布及正态分布而得到证明。第三种近似方法可参阅文献［9］，应该属于工程估计。在例 5.4 中可以看到对同一组试验数据，三种近似估计的结果是不同的。在上述公式中都需要有工作时间大于位置参数 γ 所表达的时间（即 t_0 大于 γ_l 及 $t_{(1)}$），才有意义。这就提出了一个问题，如果有一批产品周期性地进行工作，每次工作时间并不长（小于 γ），但已累计工作了很长一段时间（大于 γ），那如何来估计该次工作周期的可靠度呢？建议应用第一种、第二种近似法计算利用（5.91）式和（5.92）式时，$t_{(1)}$ 取 0；在用第三种近似法近似计算利用（5.97）式时，γ_l 取 0。另一个问题是产品的寿命分布究竟是单参数指数分布还是双参数指数分布，这是需要确认的。例 5.4 和例 5.5 对同一组试验数据分别以双参数指数分布和单参数指数分布两种不同的方法处理后，所得的结果是不同的。不难理解，用单参数指数分布模型计算所得到的 $\hat{\theta}_{r,n}$ 比用双参数指数分布模型计算的要大。在实际工作中，如果有一批产品的寿命服从两参数指数分布，但该批产品中的每一个产品都已工作过一段时间且均大于 γ'，则把该批产品的寿命分布看做是单参数指数分布可能会方便些。

【例 5.5】例 5.4 中的试验数据不变，但认为是单参数指数分布。要求给出 γ 和 θ 的点估计以及 0.90 置信度的置信下限，并计算 R(500 000) 和 R(200 000) 的点估计和 0.90 置信度的近似置信下限。

解：

由（5.7）式得

$$T_{r,n}=\sum_{i=1}^{10}t_{(i)}+(20-10)t_{(10)}$$
$$=28\ 713\ 906$$

由（5.6）式得

$$\hat{\theta}_{r,n}=\frac{28\ 713\ 906}{10}$$
$$=2\ 871\ 390.6$$

由（5.9）式得

$$\hat{R}(500\ 000)=\exp\frac{-500\ 000}{2\ 871\ 390.6}$$
$$=0.840\ 2$$

$$\hat{R}(200\ 000)=\exp\frac{-200\ 000}{2\ 871\ 390.6}$$
$$=0.932\ 7$$

由（5.34）式得

$$\theta\geqslant\frac{2T_{r,n}}{\chi^2_{1-\alpha}(2r)}$$
$$=2\times\frac{28\ 713\ 906}{\chi^2_{0.90}(20)}$$
$$=2\ 021\ 252.22$$

由（5.40）式得

$$R(500\ 000)\geqslant\exp\frac{-500\ 000\chi^2_{1-\alpha}(2r)}{2\times28\ 713\ 906}$$
$$=0.780\ 8$$

$$R(200\ 000)\geqslant\exp\frac{-200\ 000\chi^2_{1-\alpha}(2r)}{2\times28\ 713\ 906}$$
$$=0.905\ 8$$

5.3 威布尔估计单元可靠性评定

随着可靠性评估工作的深入，威布尔分布型产品可靠性评估愈来愈引起人们的关注。由于威布尔分布含有两个或三个参数，因此比指数分布适应能力强，在各个领域中有许多现象近似地符合威布尔分布。普遍认为，航天产品中惯性器件产品的寿命遵从威布尔分布。威布尔分布的密度函数与分布函数，已由（3.57）式和（3.59）式给出。下面将分别讨论两参数和三参数威布尔分布的情况。

5.3.1 两参数威布尔分布

两参数威布尔分布的分布函数为

$$F_T(t)=\begin{cases}1-\mathrm{e}^{-\left(\frac{t}{\eta}\right)^m} & (t\geqslant 0)\\ 0 & (t<0)\end{cases} \tag{5.99}$$

式中 m——威布尔分布的形状参数，$m>0$；

η——威布尔分布的尺度参数，$\eta>0$。

如果令 $x=\ln t$，则 x 服从极值分布，分布函数为

$$F(x)=1-\mathrm{e}^{-\mathrm{e}^{\frac{x-\mu}{\sigma}}} \tag{5.100}$$

式中 $\sigma=\dfrac{1}{m}$；

$\mu=\ln\eta$。

这样，极值分布的成果就可以应用到威布尔分布上来。

5.3.1.1 非替换（右侧）定数截尾寿命试验的情况[3]

在一批产品中随机抽取 n 个产品进行寿命试验。试验到有 r 个样品失效时截止，r 个样品的失效时间按从小到大的次序排列为

$$t_{(1)}\leqslant t_{(2)}\leqslant\cdots\leqslant t_{(r)}$$

于是有

$$\ln t_{(1)}\leqslant \ln t_{(2)}\leqslant\cdots\leqslant \ln t_{(r)}$$

即

$$X_{(1)} \leqslant X_{(2)} \leqslant \cdots \leqslant X_{(r)}$$

（1）最好线性不变估计

① 点估计

极值分布参数 μ 和 σ 的最好线性不变估计为

$$\left.\begin{aligned}\tilde{\mu} &= \sum_{i=1}^{r}\widetilde{D}(\mu,r,i)X_{(i)} = \sum_{i=1}^{r}\widetilde{D}(\mu,r,i)\ln t_{(i)} \\ \tilde{\sigma} &= \sum_{i=1}^{r}\widetilde{C}(\mu,r,i)X_{(i)} = \sum_{i=1}^{r}\widetilde{C}(\mu,r,i)\ln t_{(i)}\end{aligned}\right\} \tag{5.101}$$

式中　$\widetilde{D}(\mu,r,i)$，$\widetilde{C}(\mu,r,i)$——可从文献［23］表一（A）中查得。

威布尔分布参数 m 和 η 的点估计为

$$\widetilde{m} = \frac{1}{\tilde{\sigma}} \tag{5.102}$$

$$m^{*} = \frac{1-l_{r,n}}{1+l_{r,n}}\widetilde{m} \tag{5.103}$$

式中　$l_{r,n}$——可从文献［23］表一（B）中查得。

$$\tilde{\eta} = e^{\mu} \tag{5.104}$$

可靠寿命 t_R 的点估计为

$$t_R = \tilde{\eta}\left(\ln\frac{1}{R}\right)^{\frac{1}{m^{*}}} \tag{5.105}$$

式中　R——可靠度预定值。

可靠度 R 的点估计为

$$R(t_0) = \exp\left[-\left(\frac{t_0}{\tilde{\eta}}\right)^{m^{*}}\right] \tag{5.106}$$

式中　t_0——工作时间。

如果该产品间歇式工作每次任务时间为 t_z，产品已累计工作时间 t_s；则该产品完成下一次任务的可靠度 R 的点估计为

$$\begin{aligned}\hat{R} &= R(\{T > t_z + t_s\} \mid \{T > t_s\}) \\ &= \exp\left[-\left(\frac{t_z+t_s}{\eta}\right)^{m^{*}} + \left(\frac{t_s}{\eta}\right)^{m^{*}}\right]\end{aligned} \tag{5.107}$$

② 区间估计

1) m 的 $1-\alpha$ 双侧置信区间和单侧置信下限如下所示：

m 的 $1-\alpha$ 双侧置信区间为

$$\frac{w_{\frac{\alpha}{2}}}{\tilde{\sigma}} \leqslant m \leqslant \frac{w_{1-\frac{\alpha}{2}}}{\tilde{\sigma}} \tag{5.108}$$

m 的 $1-\alpha$ 单侧置信下限为

$$m_l = \frac{w_\alpha}{\tilde{\sigma}} \tag{5.109}$$

式中　$w_{\frac{\alpha}{2}}$，$w_{1-\frac{\alpha}{2}}$——可从附表 6 中查得。

2) 可靠度为 R 时可靠寿命 $t(R)$ 的 $1-\alpha$ 双侧置信区间和单侧置信下限如下所示：

$t(R)$ 的 $1-\alpha$ 双侧置信区间上下限分别为

$$\begin{cases} (t(R))_u = \exp(\tilde{\mu} - \tilde{\sigma} V_{1-(1-R),\frac{\alpha}{2}}) \\ (t(R))_l = \exp(\tilde{\mu} - \tilde{\sigma} V_{1-(1-R),1-\frac{\alpha}{2}}) \end{cases} \tag{5.110}$$

$t(R)$ 的 $1-\alpha$ 单侧置信下限为

$$(t(R))_l = \exp(\tilde{\mu} - \tilde{\sigma} V_{1-(1-R),1-\alpha}) \tag{5.111}$$

式中　$V_{1-(1-R),\frac{\alpha}{2}}, V_{1-(1-R),1-\frac{\alpha}{2}}, V_{1-(1-R),1-\alpha}$——$V$ 分布的分位数，可从附表 7 中查得。

3) η 的 $1-\alpha$ 双侧置信区间和单侧置信下限如下所示：

η 的 $1-\alpha$ 双侧置信区间上下限分别为

$$\begin{cases} \eta_u = \exp(\tilde{\mu} - \tilde{\sigma} V_{0.368,\frac{\alpha}{2}}) \\ \eta_l = \exp(\tilde{\mu} - \tilde{\sigma} V_{0.368,1-\frac{\alpha}{2}}) \end{cases} \tag{5.112}$$

η 的 $1-\alpha$ 单侧置信下限为

$$\eta_l = \exp(\tilde{\mu} - \tilde{\sigma} V_{0.368,1-\alpha}) \tag{5.113}$$

式中　$V_{0.368,\frac{\alpha}{2}}$——可从附表 8 中查得。

4) 可靠度 R 的单侧置信下限如下所示：

对于任意给定的工作时间 t_0 的可靠度 $R(t_0)$ 的置信下限，可由 V_{1-p} 的分位数求得。令 $x_0 = \ln t_0$，计算

$$V_{R(t_0)} = \frac{\tilde{\mu} - x_0}{\tilde{\sigma}} \tag{5.114}$$

当置信度为 γ 时，可从附表 7 中查得与 $V_{R(t_0)}$ 相近的两个 $V_{1-p,\gamma}$ 值，然后用线性插值法求得与 $V_{R(t_0)}$ 相应的 $R_l(t_0)$ 。

5）任务可靠度 R 的单侧置信下限如下所示：

如果该产品间歇式工作，每次任务时间为 t_z ，该产品已累计工作时间为 t_s ，应采用（5. 115）式计算产品完成下一次任务的 $1-\alpha$ 置信下限，即

$$R(T>t_z+t_s \mid T>t_s)=-\frac{R(t_z+t_s)}{R(t_s)} \tag{5.115}$$

式中　$R(t_z+t_s)$ ——工作时间为 t_z+t_s 的可靠度单侧置信下限，可通过（5. 114）式及用表线性插值法求得。

$R(t_s)$ ——工作时间为 t_s 的可靠度单侧置信下限，可通过（5. 114）式及用表线性插值法求得。

以上介绍的两参数威布尔分布非替换（右侧）定数截尾寿命试验的最好线性不变估计，在子样容量较小时，具有较高的精度。但是，当子样数 n 较大时，不变系数的计算较困难，而且计算也较烦琐。下面将介绍子样数 $n\geqslant25$ 时的估计方法，称为简单线性无偏估计法。

（2）简单线性无偏估计

① 简单线性无偏估计的点估计

$$\sigma^{**}=\frac{(2s-r-1)\ln t_{(s)}-\sum_{i=1}^{s-1}\ln t_{(i)}+\sum_{i=s+1}^{r}\ln t_{(i)}}{nk_{r,n}} \tag{5.116}$$

$$\mu^{**}=\ln t_{(s)}-\sigma^{**}E(Z_{(s)}) \tag{5.117}$$

式中　s——根据以下选择方案确定，

$$s=\begin{cases} r & (2\leqslant r\leqslant 0.90n) \\ n & (r=n,n\leqslant 15) \\ n-1 & (r=n,16\leqslant n\leqslant 24) \\ [0.892n]+1 & (r=n,n>25) \end{cases} \tag{5.118}$$

$k_{r,n}$ ——无偏参数；

$E(Z_{(s)})$ ——标准极值分布第 s 个次序统计量的数学期望，可

从文献［23］表二中查得。

特别当 $r \leqslant 0.90n$ 时，有

$$\sigma^{**} = \frac{\sum_{i=1}^{r} (\ln t_{(r)} - \ln t_{(i)})}{nk_{r,n}} = \frac{(r-1)\ln t_{(r)} - \sum_{i=1}^{r} \ln t_{(i)}}{nk_{r,n}} \tag{5.119}$$

$$\mu^{**} = \ln t_{(r)} - \sigma^{**} E(Z_{(r)}) \tag{5.120}$$

m 的点估计为

$$m^{**} = \frac{g_{r,n}}{\sigma^{**}} \tag{5.121}$$

式中 $g_{r,n}$ ——修偏系数，其公式为

$$g_{r,n} = 1 - l_{r,n} \tag{5.122}$$

$l_{r,n}$ —— σ^{**} 的方差系数，可从文献［23］表二中查得。

η 的点估计为

$$\eta^{**} = e^{\mu^{**}} \tag{5.123}$$

② 区间估计

m 的 $1-\alpha$ 置信区间为

$$\frac{l_{r,n}\chi^2_{\frac{\alpha}{2}}(\frac{2}{l_{r,n}})}{2\sigma^{**}} \leqslant m \leqslant \frac{l_{r,n}\chi^2_{1-\frac{\alpha}{2}}(\frac{2}{l_{r,n}})}{2\sigma^{**}} \tag{5.124}$$

η 的 $1-\alpha$ 置信区间为：

1）当 $n \geqslant 15$，$\frac{r}{n} \geqslant 0.4$ 时

$$\exp\left(\ln t_{(s)} - \sigma^{**} \ln\ln \frac{1}{\beta_{\frac{\alpha}{2}}(n-s+1,s)}\right) \leqslant \eta \leqslant \exp\left(\ln t_{(s)} - \sigma^{**} \ln\ln \frac{1}{\beta_{1-\frac{\alpha}{2}}(n-s+1,s)}\right) \tag{5.125}$$

式中 $\beta_{\frac{\alpha}{2}}(n-s+1,s)$，$\beta_{1-\frac{\alpha}{2}}(n-s+1,s)$ ——自由度为 $(n-s+1,s)$ 的贝塔分布的下侧分位数，可从附表 1 中查得。

2）当 $n \geqslant 20$ 时

$$\exp\left[u^{**}+\frac{B_{r,n}}{l_{r,n}}(F_{\frac{\alpha}{2}}(f_1,f_2)-1)\sigma^{**}\right]\leqslant\eta$$
$$\leqslant\exp\left[u^{**}+\frac{B_{r,n}}{l_{r,n}}(F_{1-\frac{\alpha}{2}}(f_1,f_2)-1)\sigma^{**}\right] \tag{5.126}$$

式中

$$f_1=\frac{2B_{r,n}}{l_{r,n}(A_{r,n}l_{r,n}-B_{r,n}^2)} \tag{5.127}$$

$$f_2=\frac{2}{l_{r,n}} \tag{5.128}$$

$A_{r,n}$，$l_{r,n}$ ——可从文献［23］表二中查得；

$B_{r,n}$ ——可从附表 9 中查得；

$F_{\frac{\alpha}{2}}(f_1,f_2)$，$F_{1-\frac{\alpha}{2}}(f_1,f_2)$ ——自由度为 (f_1,f_2) 的 F 分布的下侧分位数，可从 F 分布分位数表查得。

可靠寿命 $t(R)$ 的 $1-\alpha$ 置信下限为

$$t(R)_l=\exp\{\mu^{**}+[(\ln\ln\frac{1}{R(t_\alpha)})F_{1-\alpha}(f_1,f_2)+$$
$$\frac{B_{r,n}}{l_{r,n}}(F_{1-\alpha}(f_1,f_2)-1)]\sigma^{**}\} \tag{5.129}$$

式中　$R(t_\alpha)$ ——要求的可靠度。

可靠寿命 R 的 $1-\alpha$ 置信下限为

$$R(t_\alpha)_l=\exp\{-\exp[-(\frac{B_{r,n}}{l_{r,n}}+\frac{\mu^{**}-x_\alpha-\frac{\sigma^{**}B_{r,n}}{l_{r,n}}}{\sigma^{**}F_{1-\alpha}(f_1,f_2)})]\} \tag{5.130}$$

式中　t_α ——要求的工作时间；

$x_\alpha=\ln t_\alpha$。

任务可靠度 R 的单侧置信下限，可参照（5.115）式求得。

5.3.1.2　非替换（右侧）定时截尾寿命试验的情况[10]

以上关于两参数威布尔分布各种估计量的推导都是基于定数截尾情况下求得的。对于定时截尾尚没有精确区间估计方法。为了应

用方便，在总试验时间基本相等的条件下，将定时截尾转换为定数截尾试验，其试验产品的数目由（5.131）式确定，即

$$n' = r + (n-r)\frac{T_0}{t_r} \tag{5.131}$$

式中 T_0——定时截尾所规定的试验时间。

这样，就可以按照定数截尾来处理。

【例 5.6】某产品的寿命为两参数威布尔分布，随机取出 12 个作定数截尾寿命试验，实验结果列于表 5.1。试求形状参数 m 和尺度参数 η 的点估计和区间估计、可靠寿命 $t(0.90)$、可靠度置信下限、任务可靠度置信下限。

表 5.1

序号	失效时间 t_i	$\ln t_i$	$\widetilde{C}(n,r,i)$	$\widetilde{D}(n,r,i)$	$\widetilde{C}(n,r,i)\ln t_i$	$\widetilde{D}(n,r,i)\ln t_i$
1	350	5.857 9	−0.128 3	−0.053 0	−0.751 6	−0.310 5
2	1 200	7.090 1	−0.130 3	−0.040 9	−0.923 8	−0.290 0
3	2 600	7.863 3	−0.123 0	−0.023 1	−0.967 2	−0.181 6
4	3 050	8.022 9	−0.108 7	−0.000 5	−0.872 1	−0.004 0
5	3 515	8.164 8	−0.087 7	0.026 9	−0.716 0	0.219 6
6	4 018	8.298 5	−0.059 3	0.059 9	−0.492 1	0.497 1
7	6 020	8.702 8	0.637 3	1.030 6	5.546 3	8.969 1
求和					0.823 5	8.899 7

解：从文献［23］表一（A）中查得 $\widetilde{C}(n,r,i)$，$\widetilde{D}(n,r,i)$ 填入表 5.1，并计算以下各值。

（Ⅰ）m 和 η 的点估计

由（5.101）式得

$$\tilde{\mu}=\sum_{i=1}^{r}\widetilde{D}(\mu,r,i)\ln t_{(i)}$$
$$=8.8997$$

$$\tilde{\sigma}=\sum_{i=1}^{r}\widetilde{C}(\mu,r,i)\ln t_{(i)}$$
$$=0.8235$$

由（5.102）式得

$$\widetilde{m}=\frac{1}{\tilde{\sigma}}=1.2143$$

由（5.104）式得

$$\tilde{\eta}=e^{\tilde{\mu}}=7329.77$$

（Ⅱ）m 和 η 的区间估计

若置信度 $\gamma=0.90$，查附表 6 得

$$w_{0.05}=0.41$$
$$w_{0.95}=1.47$$

由（5.108）式得 m 的双侧置信区间为

$$\frac{0.41}{0.8235}\leqslant m\leqslant\frac{1.47}{0.8235}$$

即

$$0.4979\leqslant m\leqslant 1.7851$$

同样，查附表 7 得

$$V_{0.368,0.05}=-1.32$$
$$V_{0.368,0.95}=0.62$$

由（5.112）式得到 η 的 0.90 的双侧置信区间为

$$\exp(8.8997-0.8235\times 0.62)\leqslant\eta$$
$$\leqslant\exp(8.8997-0.8235\times 1.32)$$

即

$$4398.99\leqslant\eta\leqslant 21735.89$$

（Ⅲ）可靠寿命 t（90）的 $\gamma=0.90$ 双侧置信区间

查附表 7 得

$$V_{1-(1-0.90),0.05} = V_{0.90,0.05} = 1.47$$

$$V_{1-(1-0.90),0.95} = V_{0.90,0.95} = 4.98$$

由（5.110）式得到 $t(R)$ 的双侧置信区间为

$$\exp(8.8997 - 0.8235 \times 4.98) \leqslant t(R) \leqslant \exp(8.8997 - 0.8235 \times 1.47)$$

即

$$121.35 \leqslant t(R) \leqslant 2\,184.53$$

（Ⅳ）可靠度 R 的单侧置信下限 R_l

工作时间 $t_0 = 150$，$\gamma = 0.90$

令 $x_0 = \ln t_0 = \ln 150 = 5.0106$

由（5.114）式计算得

$$V_{R(t_0)} = \frac{8.8997 - 5.0106}{0.8235} = 4.7226$$

由 n、r、γ 查附表 7 填入表 5.2。

表 5.2

R	0.90	$R=?$	0.95
V_R	4.21	4.722 6	5.63

用线性插值法得

$$R_l(t_0) = 0.90 + \frac{0.95 - 0.90}{5.63 - 4.21} \times (4.7226 - 4.21) = 0.9180$$

（Ⅴ）计算任务可靠度

如果该产品间歇式工作，每次任务时间 $t_t = 25$ h，分别计算该产品已工作过 6 次（累计工作 150 h）及工作过 7 次（累计工作 175 h）后再一次完成任务的可靠度。

由（5.114）式分别计算

$$V_{R(175)}=\frac{8.8997-\ln 175}{0.8235}$$

$$=4.5354$$

$$V_{R(200)}=\frac{8.8997-\ln 200}{0.8235}$$

$$=4.3732$$

分别用线性插值法得

$$R_l(175)=0.90+\frac{0.95-0.90}{5.63-4.21}\times(4.5354-4.21)$$

$$=0.9115$$

$$R_l(200)=0.90+\frac{0.95-0.90}{5.63-4.21}\times(4.3732-4.21)$$

$$=0.9006$$

代入（5.115）式得第 7 次完成任务的可靠度置信下限为

$$\frac{R_l(175)}{R_l(150)}=\frac{0.9115}{0.9180}=0.9929$$

第 8 次完成任务的可靠度置信下限为

$$\frac{R_l(200)}{R_l(175)}=\frac{0.9006}{0.9115}=0.9880$$

【例 5.7】某产品的寿命服从两参数威布尔分布，随机抽取 30 件产品做定数截尾寿命试验，$r=15$，试验数据见表 5.3。试用简单线性无偏估计法给出威布尔分布参数的估计。

表 5.3

失效产品序号	失效时间 $T_{(i)}$	$\ln t_{(i)}$
1	6.4	1.85
2	11.5	2.44
3	16.4	2.79

续表

失效产品序号	失效时间 $T_{(i)}$	$\ln t_{(i)}$
4	21.1	3.05
5	25.8	3.25
6	30.6	3.42
7	35.3	3.56
8	40.2	3.69
9	45.1	3.81
10	50.1	3.91
11	55.3	4.01
12	60.7	4.11
13	66.2	4.19
14	71.9	4.28
15	77.9	4.36

解：

由于 $n=30$，$r=15$，根据（5.111）式选择 $s=r=15$。

（Ⅰ）m 和 η 的点估计

从文献［23］表二中查得：

1）无偏参数为

$$k_{15,30}=\frac{16.4445}{30}=0.5482$$

2）估计量 σ^{**} 的方差参数为

$$l_{15,30}=\frac{1}{16.1732}=0.0618$$

3）标准极值分布次序统计量 $Z_{(15)}$ 的均值为

$$E(Z_{(15)})=-0.4253$$

由（5.119）式和（5.120）式得

$$\sigma^{**}=\frac{\sum_{i=1}^{15}(\ln t_{(15)}-\ln t_{(i)})}{16.4445}=0.7711$$

$$\mu^{**}=\ln t_{(15)}-\sigma^{**}E(Z_{(15)})=4.36+0.7711\times 0.4253=4.6880$$

由（5.121）式和（5.122）式得

$$g_{r,n}=1-l_{r,n}=1-0.0618=0.9382$$

$$m^{**}=\frac{g_{r,n}}{\sigma^{**}}=\frac{0.9382}{0.7711}=1.2167$$

由（5.123）式得

$$\eta^{**}=e^{\mu^{**}}=e^{4.6880}=108.64$$

（Ⅱ）m 和 η 的区间估计

对于置信度 $1-\alpha=0.90$，先查 χ^2 分布分位数表得

$$\chi^2_{0.05}\left(\frac{2}{0.0618}\right)=\chi^2_{0.05}(32.36)=20.358$$

$$\chi^2_{0.95}\left(\frac{2}{0.0618}\right)=\chi^2_{0.95}(32.36)=46.629$$

由（5.124）式得

$$\frac{0.0618\times 20.358}{2\times 0.7711}\leqslant m\leqslant\frac{0.0618\times 46.629}{2\times 0.7711}$$

即

$$0.8158\leqslant m\leqslant 1.87$$

查指数分布异常值检验临界值 $T_{1-\alpha}(n)$ 表得

$$A_{15,30} = \frac{1}{10.898\ 3} = 0.091$$

$$l_{15,10} = \frac{1}{16.173\ 2} = 0.061\ 8$$

查附表 10 得

$$B_{15,30} = \frac{1}{30} \times 1.102\ 1 = 0.036\ 7$$

由（5.127）式和（5.128）式得

$$f_1 = \frac{2 \times 0.036\ 7}{0.061\ 8 \times (0.091 \times 0.061\ 8 - 0.036\ 7^2)} = 282.3 \approx 282$$

$$f_2 = \frac{2}{0.061\ 8} = 32.36 \approx 32$$

查 F 分布分位数表得

$$F_{0.95}(282,32) = 1.62$$

$$F_{0.05}(282,32) = \frac{1}{F_{0.95}(32,282)} \approx \frac{1}{1.48} = 0.67$$

由（5.126）式得

$$\exp\left[4.688\ 0 + \frac{0.036\ 7}{0.061\ 8}(0.67 - 1) \times 0.771\ 1\right] \leqslant \eta \leqslant \exp\left[4.688\ 0 + \frac{0.036\ 7}{0.061\ 8}(1.62 - 1) \times 0.771\ 1\right]$$

即

$$93.4 \leqslant \eta \leqslant 144.3$$

查附表 1 可得

$$\beta_{\frac{\alpha}{2}}(n-s+1,s)=\beta_{0.05}(16,15)=0.34$$

利用公式 $\beta_{1-\alpha}=1-\beta_{\alpha}(f_1,f_2)$ 得

$$\begin{aligned}\beta_{1-\frac{\alpha}{2}}(n-s+1,s)&=1-\beta_{\frac{\alpha}{2}}(s,n-s+1)\\&=1-\beta_{0.05}(15,16)\\&=0.63\end{aligned}$$

由（5.126）式

$$\exp\left(4.36-0.7711\ln\ln\frac{1}{0.34}\right)\leqslant\eta$$
$$\leqslant\exp\left(4.36-0.7711\ln\ln\frac{1}{0.63}\right)$$

即

$$73.8\leqslant\eta\leqslant141.9$$

（Ⅲ）可靠寿命 $t(R)$ 的置信下限（$R=0.90$）

由（5.129）式先查 F 分布分位数表得

$$F_{0.90}(282,32)=1.45$$

$$\begin{aligned}t(0.90)_l=\exp\Big\{4.6880+\Big[&\ln\ln\frac{1}{0.90}\times1.45+\\&\frac{0.0367}{0.0618}\times(1.45-1)\Big]0.7711\Big\}\end{aligned}$$
$$=10.78$$

（Ⅳ）可靠度 $R(t_\alpha)$ 的置信下限（ $t_\alpha=10$ ，$1-\alpha=0.90$ ）

由（5.130）式，先算得

$$\chi_\alpha=\ln t_\alpha=2.3026$$

则

$$R(t_\alpha)_l=\exp\left\{-\exp\left[-\left(\frac{0.0367}{0.0618}+\frac{4.6880-2.3026-\dfrac{0.7711\times0.0367}{0.0618}}{0.7711\times1.45}\right)\right]\right\}$$
$$=0.9062$$

（Ⅴ）任务可靠度的置信下限

任务时间 $t_z = 2$，已累计工作时间 $t_s = 10$，则任务可靠度置信下限为

$$R(t_z)_l = \frac{(R(t_z + t_s))_l}{(R(t_s))_l}$$

$$= \frac{\exp\left\{-\exp\left[-\left(\frac{0.0367}{0.0618} + \frac{4.6880 - \ln 12 - \frac{0.7711 \times 0.0367}{0.0618}}{0.7711 \times 1.45}\right)\right]\right\}}{\exp\left\{-\exp\left[-\left(\frac{0.0367}{0.0618} + \frac{4.6880 - 2.3026 - \frac{0.7711 \times 0.0367}{0.0618}}{0.7711 \times 1.45}\right)\right]\right\}}$$

$$= \frac{0.8905}{0.9062}$$

$$= 0.9827$$

5.3.2 三参数威布尔分布

三参数威布尔分布密度函数为

$$f(t;m,\eta,\gamma) = \frac{m}{\eta}\left(\frac{t-\gamma}{\eta}\right)^{m-1} e^{-(\frac{t-\gamma}{\eta})^m} \tag{5.132}$$

其分布函数为

$$F(t;m,\eta,\gamma) = 1 - e^{-(\frac{t-\gamma}{\eta})^m} \tag{5.133}$$

$$(\gamma \leqslant t;0 < m,\eta)$$

与两参数威布尔分布相比，多了一个位置参数 γ。

有许多情况适宜用三参数威布尔分布参数模型来描述产品的寿命分布，但假如把 γ 正式当做未知参数处理，问题就困难得多[11]。通常，较好的办法是假设 γ 已知，于是可把观察值处理成 $t-\gamma$，然后当做来自两参数威布尔分布参数的样本处理。因此，三参数威布尔分布参数的问题就变成如何估计位置参数 γ 的问题。

在统计推断中，大致有两类分析法。一类是图分析法，另一类是数值分析法。图分析法是使用各种图纸和坐标纸进行分析的方法，容易掌握，既简便易行，又直观易懂。既然用数值分析法来估计三

参数威布尔分布的位置参数 γ 有困难，就可采用图分析法。尽管图分析法也有缺点，即所得到的结果因人而异，精确性也较低；但对于精度要求不高的威布尔分布位置参数来说不失为一种好方法。当然，在实际的分析工作中最好应将图分析法和数值分析法两者结合起来使用。

5.3.2.1　威布尔概率坐标纸[12]

威布尔概率坐标纸是按照威布尔分布原理制作出的，其结构如图 5.1 所示。

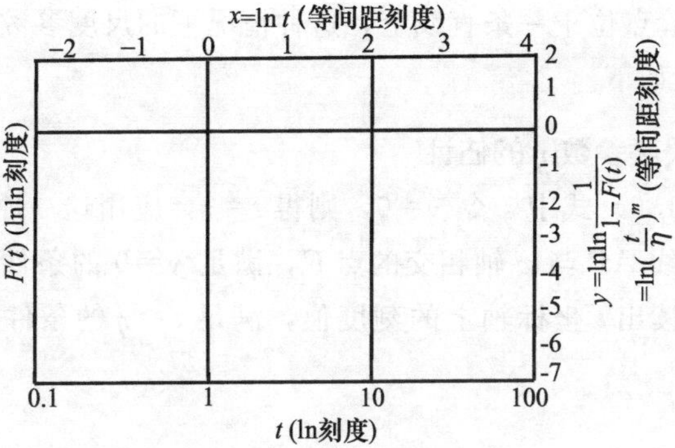

图 5.1　威布尔概率坐标纸的结构

考虑（5.133）式，如令 $\gamma=0$，有

$$F(t) = 1 - \mathrm{e}^{-\left(\frac{t}{\eta}\right)^m} \tag{5.134}$$

进行移项

$$1 - F(t) = \mathrm{e}^{-\left(\frac{t}{\eta}\right)^m}$$

取自然对数，有

$$\ln\ln \frac{1}{1-F(t)} = m\ln t - m\ln\eta \tag{5.135}$$

如令

$$\ln\ln \frac{1}{1-F(t)} = y$$

$$\ln t = x$$

$$-m\ln\eta = B$$

则式（5.134）式成为一条直线方程式

$$y = mx + B \tag{5.136}$$

如果 x 和 y 的刻度是等距离的，则 $y=mx+B$ 便是一条直线。

例如图 5.1 中的横坐标，上方 $x=\ln t$ 是等间距刻度，下方 t 是自然对数刻度；纵坐标右侧 $y=\ln\ln\dfrac{1}{1-F(t)}$ 是等间距刻度，左侧 $F(t)$为 lnln 刻度。

由于直线方程式（5.135）是当 $\gamma=0$ 时推导出来的，因此当$\gamma=0$ 时，各试验点位于一条直线上，这种情况下的尺度参数 η 和形状参数 m 的估计如下。

5.3.2.2 尺度参数 η 的估计

在（5.136）式中，令 $y=0$，则得 $t=\eta$，应用这一原理，图 5.2 中的回归直线 AB 与 x 轴相交的点 E，满足 $y=0$ 的条件。因此，由 E 点作垂线读出 t 坐标轴上的刻度值，满足 $t=\eta$ 的条件，即读数就是 η。

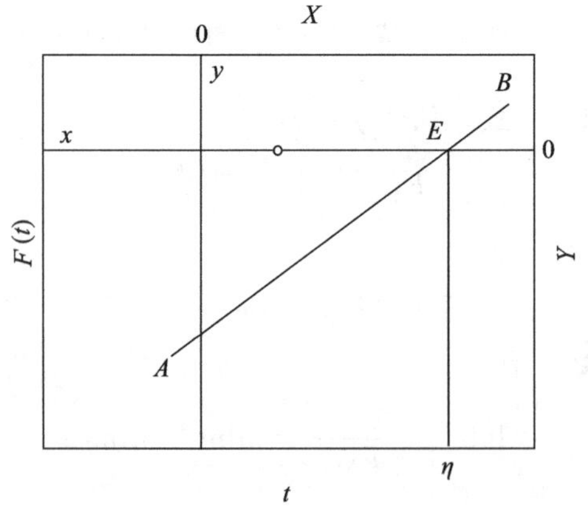

图 5.2　η 的估计

5.3.2.3　形状参数 m 的估计

由（5.136）式可以看出，在横坐标为 $x=\ln t$、纵坐标为 $y=\ln\ln\dfrac{1}{1-F(t)}$ 的坐标系中，m 为由试验数据得到的回归直线的斜率。因此，在图 5.3 中将回归直线 AB 平行移动至直线 $A'B'$ 的位置，即使它通过 C 点（$x=1$，$y=0$），则该直线与纵坐标轴（$x=0$）相交的 D 点的纵坐标值，即为 m 的数值。

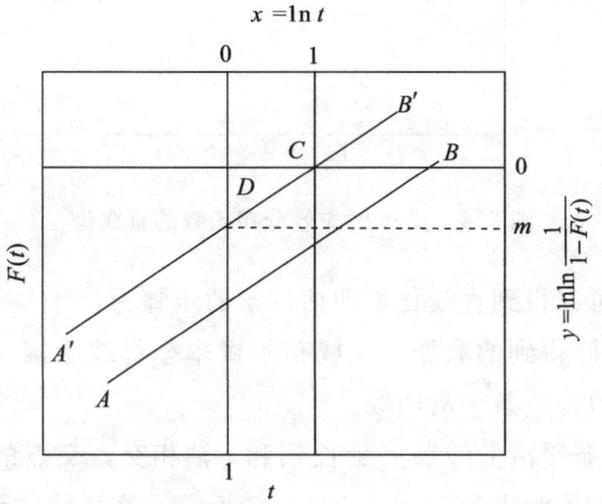

图 5.3　m 的估计

5.3.2.4　位置参数 γ 的估计

前面已经说明，尺度参数 η 和形状参数 m 的图形估计都是在位置参数 $\gamma=0$ 时得到的；但实际情况是，有时 $\gamma\neq0$。这时就需要首先对位置参数 γ 进行估计，然后根据估计所得的 γ 值进行数据变换，转化为位置参数为零的问题。现以常遇到的 $\gamma>0$ 的情况为例，进行说明。当 $\gamma>0$ 时威布尔分布函数为

$$F(t)=1-\mathrm{e}^{-(\frac{t-\gamma}{\eta})^m}\qquad(\gamma<t<\infty)\tag{5.137}$$

进行数据变换，令 $t'=t-\gamma$ 代入（5.137）式，有

$$F(t')=F(t)=1-\mathrm{e}^{-(\frac{t'}{\eta})^m}\qquad(0<t'<\infty)\tag{5.138}$$

这样，在威布尔分布概率坐标纸上描点，$F(t)$ 的图形是一条曲线，$F(t')$ 的图形是一条直线（见图 5.4）。根据变换，$t'=t-\gamma$ 和 $F(t')=F(t)$ 。这条直线是把曲线上的各点移动 γ 后得到的。

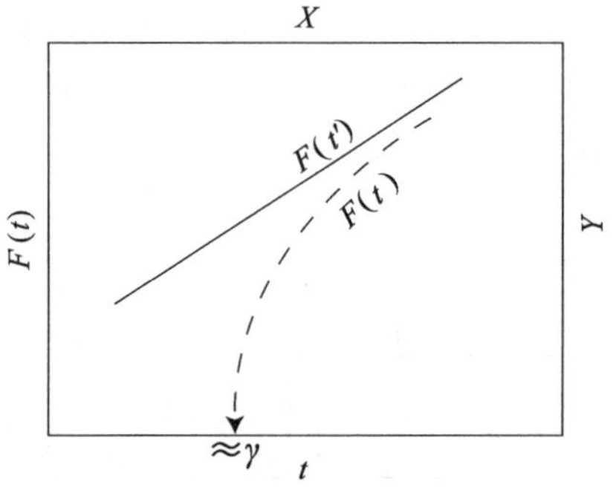

图 5.4 $\gamma>0$ 时失效分布函数的直线化

由此，可以得到直线化也即估计 γ 的步骤为：

1）由实际得到的数据，在威布尔概率坐标线上描点 $(t,F(t))$ 。根据这些点拟合一条平滑曲线。

2）沿这条平滑曲线顺势延长到和 t 轴相交，交点的刻度就是 γ 的估计值 $\hat{\gamma}$。因此时 $F(t)<0.001$，接近零，这样的估计是可以的。如果在 $F(t)$ 数值较小时，所描的各点比较分散，不能像前面所讲的那样，可以顺势沿曲线延长和 t 轴相交。遇到这种情况，可以先定出一个 γ 的均值，在已描的各点中，按 $F(t)$ 值的大小次序，选 3～5 点，左移 γ，看移动后所得的各点是否大致在一条直线上；如果仍不在一条直线上，修改 γ 后再试。

3）γ 的估计值确定，把所描的各点全都左移 γ，将移动后所得的各点作回归直线。

4）按前述方法对尺度参数 η 和形状参数 m 进行估计。

5）用 5.3.1 节所述的方法对尺度参数 η 和形状参数 m 进行估计，看其与用图形估计的结果是否一致。如差别较大，则回到步骤 2）重新调整 γ；如果一致，则三参数威布尔分布的问题，就化为两参数的问题了。

【例 5.8】某产品的寿命服从三参数威布尔分布，随机抽取 30 件产品作定数截尾寿命试验。$T=15$，试验数据如表 5.4 所示。试用威布尔概率坐标纸对参数进行估计。

表 5.4

序号	失效时间 $t_{(i)}$	失效概率 $F(t_i)=\frac{i}{n+1}$	$\ln t_{(i)}$	$\ln\ln\frac{1}{1-F(t_i)}$	t'_i	$\ln t'_i$
1	31.4	0.032 3	3.45	−3.407 6	6.4	1.85
2	36.5	0.064 5	3.60	−2.708 0	11.5	2.44
3	41.4	0.096 8	3.72	−2.284 6	16.4	2.79
4	46.1	0.129 0	3.83	−1.979 7	21.1	3.05
5	50.8	0.161 3	3.93	−1.737 8	25.8	3.25
6	55.6	0.193 5	4.02	−1.536 9	30.6	3.42
7	60.3	0.225 8	4.10	−1.362 9	35.3	3.56
8	65.3	0.258 1	4.18	−1.208 8	40.2	3.69
9	70.1	0.290 3	4.25	−1.070 3	45.1	3.81
10	75.1	0.322 6	4.32	−0.942 9	50.1	3.91
11	80.3	0.354 8	4.39	−0.825 0	55.3	4.01
12	85.7	0.387 1	4.45	−0.714 3	60.7	4.11
13	91.2	0.419 4	4.51	−0.609 4	66.2	4.19
14	96.9	0.451 6	4.57	−0.509 5	71.9	4.28
15	102.9	0.483 8	4.63	−0.413 6	77.9	4.36

解：

（Ⅰ）位置参数 γ 的估计

1）按各个失效时间 $t_{(i)}$ 计算失效概率 $F(t_i)$

$$F(t_i) = \frac{i}{n+1}$$

列于表 5.4 中第三列。

2）在威布尔概率坐标纸上描点 $(t, F(t))$，根据这些点拟合一条平滑曲线 1（见图 5.5）。考虑到 $x = \ln t$ 和 $y = \ln\ln\frac{1}{1-F(t)}$ 为等间距刻度，为便于描点，分别计算出来列于表 5.4 中第四列和第五列。

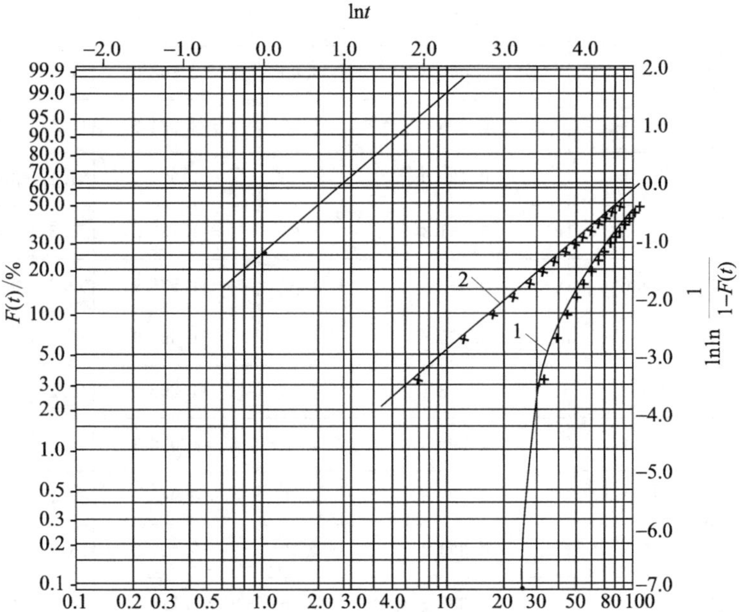

图 5.5　利用威布尔概率坐标纸估计参数

3）沿平滑曲线 1 顺势延长到和 t 轴相交，交点的刻度 25 这就是 γ 的估计值。

γ 的估计值确定后进行变换 $t' = t - \gamma$，列于表 5.4 中第六列。在威布尔概率坐标纸上描点 $(t', F(t))$，根据这些点拟合一条直线 2（见图 5.5）。

（Ⅱ）尺度参数 η 的估计

由（5.136）式知，当 $y = \ln\ln\dfrac{1}{1-F(t)} = 0$，则得 $t=\eta$。

因此，在威布尔概率坐标纸上将直线 2 延长与 x 轴相交的点满足 $y=0$ 的条件。由该点作垂线读出 t 坐标轴上的刻度值为 110，此刻为 η 的估计值。

（Ⅲ）形状参数 m 的估计

由（5.136）式可以看出，在横坐标为 $x = \ln t$、纵坐标为 $y = \ln\ln\dfrac{1}{1-F(t)}$ 的坐标系中，m 为由试验数据得到的回归直线的斜率。因此将图 5.5 中的回归直线 2 平移，使其通过（$x=1$，$y=0$）点，则该直线与纵坐标（$x=0$）相交的点的纵坐标值为 1.2，即为 m 的估计值。

比较例 5.8 与例 5.7 可以看到，例 5.8 中的 t'_i 数据正好就是例 5.7 中的试验数据，而图估计所得的 $\eta=110$，$m=1.2$ 与点估计所得的 $\eta^{**} = 108.64$，$m^{**} = 1.2167$ 一致。

5.4 正态分布单元可靠性评定

正态分布在可靠性研究中是一个应用较广的重要分布，许多试验数据都可以用正态分布来拟合。例如，钢的抗拉极限、屈服极限和耐劳极限的概率分布就是正态分布，在固定循环寿命下的疲劳强度分布近似为正态分布；有些应力，如火箭发动机的推力、活塞式发动机汽缸头的气体压力也服从正态分布；而当正态分布的均值 μ 与标准偏差 σ 相比足够大时，如 $\mu > 3\sigma$，则可以作为许多机械及机电产品耗损失效期的失效时间模型。

5.4.1 性能可靠性[10,13]

产品的性能参数 x 服从均值为 μ、标准偏差为 σ 的正态分布 $N(\mu,\sigma^2)$，其单侧性能下限为 l，单侧性能上限为 u。

在一批产品中随机抽取 n 个，测得其性能参数取值为 $x_1, x_2, \cdots, x_n$，则 μ 和 σ 的点估计为

$$\hat{\mu} = \frac{1}{n}\sum_{i=1}^{n} x_i \tag{5.139}$$

$$\hat{\sigma} = \sqrt{\frac{1}{n-1}\sum_{i=1}^{n}(x_i - \hat{\mu})^2} \tag{5.140}$$

μ 和 σ 的区间估计为

$$\hat{\mu} - \frac{\hat{\sigma}}{\sqrt{n}} t_{1-\frac{\alpha}{2}}(n-1) \leqslant \mu \leqslant \hat{\mu} + \frac{\hat{\sigma}}{\sqrt{n}} t_{1-\frac{\alpha}{2}}(n-1) \tag{5.141}$$

$$\sqrt{\frac{n-1}{\chi^2_{1-\frac{\alpha}{2}}(n-1)}}\hat{\sigma} \leqslant \sigma \leqslant \sqrt{\frac{n-1}{\chi^2_{\frac{\alpha}{2}}(n-1)}} \tag{5.142}$$

式中 γ——置信度，$\gamma = 1-\alpha$；

$t_{1-\frac{\alpha}{2}}(n-1)$——自由度为 $n-1$ 的 t 分布的 $1-\frac{\alpha}{2}$ 水平的分位数，可查 t 分布分位数表（GB 4086.3）；

$\chi^2_{1-\frac{\alpha}{2}}(n-1)$——自由度为 $n-1$ 的 χ^2 分布的 $1-\frac{\alpha}{2}$ 水平的分位数，可查 χ^2 分布分位数表。

5.4.1.1 可靠度点估计

若允许下限为 l，则

$$\hat{R} = \Phi\left(\frac{\hat{\mu} - l}{\hat{\sigma}}\right) \tag{5.143}$$

式中 $\Phi(\cdot)$——标准正态分布函数。

若允许上限为 u，则

$$\hat{R} = \Phi\left(\frac{u - \hat{\mu}}{\hat{\sigma}}\right) \tag{5.144}$$

若允许下限为 l，允许上限为 u，则

$$\hat{R} = \Phi\left(\frac{u - \hat{\mu}}{\hat{\sigma}}\right) - \Phi\left(\frac{l - \hat{\mu}}{\hat{\sigma}}\right) \tag{5.145}$$

5.4.1.2　可靠度区间估计

若允许下限为 l，则

$$k=\frac{\hat{\mu}-l}{\hat{\sigma}} \tag{5.146}$$

式中　k——正态单侧容许限系数。

根据试验数 n、k 和置信度 γ，反查正态分布完全样本可靠度单侧置信下限表（GB 4885），并利用线性插值法可求出 R_l。

【例 5.9】某发动机的某项性能指标符合正态分布，其允许下限 $l=257.5$。经过 10 次试验，测得 $\hat{\mu}=261.2$，$\hat{\sigma}=1.1$。求置信度 $\gamma=0.90$ 时的可靠度置信下限。

解：

（Ⅰ）计算单侧容许限系数 k

$$k=\frac{\hat{\mu}-l}{\hat{\sigma}}=\frac{261.2-257.5}{1.1}=3.3636$$

（Ⅱ）查表并用线性插值法求 R_l

根据 $\gamma=0.90$，$n=10$，$k=3.3636$，查表 4 填入表 5.5 中。

表 5.5

R	0.975	$R_l=?$	0.990
k	3.011	$k=3.3636$	3.532

用线性插值法得

$$R_l=0.975+\frac{0.990-0.975}{3.532-3.011}\times(3.3636-3.011)$$

$$=0.9852$$

若允许上限为 u，则

$$k_2=\frac{u-\hat{\mu}}{\hat{\sigma}} \tag{5.147}$$

式中　k——正态单侧容许限系数。

根据 n、k 和 γ，反查正态分布完全样本可靠度单侧置信下限表，并用线性插值法可求出 R_l 。

若允许下限为 l ，允许上限为 u ，则

$$k_1 = \frac{\hat{\mu} - l}{\hat{\sigma}} \tag{5.148}$$

$$k_2 = \frac{u - \hat{\mu}}{\hat{\sigma}} \tag{5.149}$$

式中　k_1 ，k_2 ——正态双侧容许限系数。

根据 n、γ、k_1 和 k_2 ，反查附表 4，并用线性插值法求出与 k_1 和 k_2 对应的 P_1 和 P_2 ，则 $R_l = 1 - (P_1 + P_2)$ 。

【例 5.10】某产品各组元混合比服从正态分布，其规定值及偏差为 2.70±0.05。通过 18 次试验，测得混合比的子样均值 $\hat{\mu}=2.68$，子样标准差 $\hat{\sigma} = 0.015$ 。求置信度 $\gamma=0.90$ 时混合比性能可靠度的置信下限。

解：

（Ⅰ）计算允许下限 l 和允许上限 u

$$l = 2.70 - 0.05 = 2.65$$

$$u = 2.70 + 0.05 = 2.75$$

（Ⅱ）计算双侧容许限系数 k_1 和 k_2

$$k_1 = \frac{\hat{\mu} - l}{\hat{\sigma}} = \frac{2.68 - 2.65}{0.015} = 2.0$$

$$k_2 = \frac{u - \hat{\mu}}{\hat{\sigma}} = \frac{2.75 - 2.68}{0.015} = 4.667$$

（Ⅲ）查表并用线性插值法求 P_1 和 P_2

根据 $\gamma=0.90$，$n=18$，$k_1 = 2.0$ ，查附表 4 填入表 5.6 中。

表 5.6

R	0.100	$P_1=?$	0.05
k	1.959	2.0	2.421

用线性插值法得

$$P_1 = 0.100 + \frac{0.05 - 0.100}{2.421 - 1.959} \times (2.0 - 1.959)$$
$$= 0.095\,56$$

根据 $\gamma=0.90$，$n=18$，$k_2 = 4.667$，查附表 4 并用线性插值法求得

$$P_2 = 0.000\,5$$

（Ⅳ）计算 R_l

$$R_l = 1 - (P_1 + P_2)$$
$$= 1 - (0.0955\,6 + 0.000\,5)$$
$$= 0.903\,9$$

5.4.2　寿命可靠性[10]

产品的寿命服从均值为 μ 、标准偏差为 σ 的正态分布 $N(\mu,\sigma^2)$ 。

5.4.2.1　完全样本

设样本大小为 n，随机变量的取值为 $x_1, x_2, \cdots, x_n$ ，则均值为 μ 和标准偏差为 σ 的点估计仍为（5.139）式和（5.140）式，μ 和 σ 的区间估计仍为（5.141）式和（5.142）式。

（1）可靠寿命置信下限

可靠寿命置信下限 $t_{R,l}$ 由（5.150）式确定，即

$$t_{R,l} = \hat{\mu} - k\hat{\sigma} \tag{5.150}$$

式中　$\hat{\mu}$——均值的点估计；

$\hat{\sigma}$——标准偏差的点估计；

k——正态分布的单侧容许限系数，对于给定的 n、γ 和 R，可查正态分布完全样本可靠度单侧置信下限表得到 k 值。

（2）可靠度置信下限

为了求出某时刻 t_0 的可靠度置信下限，首先要求在时刻 t_0 的正态单侧容许限系数 $\hat{k}$ ；再根据 n，γ 和 $\hat{k}$ ，反查正态分布完全样本可靠度单侧置信下限表；最后利用线性插值法求出 $R_l(t_0)$ 。

$\hat{k}$ 由（5.151）式确定，即

$$\hat{k} = \frac{\hat{\mu} - t_0}{\hat{\sigma}} \tag{5.151}$$

【例 5.11】某产品的寿命服从正态分布，其 10 个产品的失效数据为：10.75 h，11.75 h，11.83 h，11.92 h，12.67 h，13.08 h，13.50 h，13.91 h，14.08 h，15.00 h。求当 $R=0.95$，$\gamma=0.90$ 时的 $t_{R,l}$；当 $t_0=8$ h，$\gamma=0.90$ 时的 $R_l(t_0)$。

解：

（Ⅰ）μ 和 σ 的点估计

μ 和 σ 的点估计由（5.139）式和（5.140）式得到，即

$$\hat{\mu} = 12.849$$

$$\hat{\sigma} = 1.303\,5$$

（Ⅱ）求 $t_{R,l}$

根据 $n=10$，$R=0.95$，$\gamma=0.90$，查正态分布完全样本可靠度单侧置信下限表，$k=2.568$，则

$$t_{R,l} = \hat{\mu} - k\hat{\sigma} = 9.501\,6$$

（Ⅲ）求 $R_l(t_0)$

因 $\hat{k} = \dfrac{\hat{\mu} - t_0}{\hat{\sigma}} = 3.720\,0$，查正态分布完全样本可靠度单侧置信下限表填入表 5.7 中。

表 5.7

R	0.99	$R_l=?$	0.995
k	3.532	$k=3.720\,0$	3.888

用线性插值法得

$$R_l(t_0) = 0.99 + \frac{0.995 - 0.99}{3.888 - 3.532} \times (3.720\,0 - 3.532)$$

$$= 0.992\,6$$

5.4.2.2　定数截尾

投试 n 个产品，其前 r 个观察值为 $x_1 \leqslant x_2 \leqslant \cdots \leqslant x_r$，则 μ 和 σ 的点估计为

$$\mu^* = \sum_{j=1}^{r} D'(n,r,j)x_j \tag{5.152}$$

$$\sigma^* = \sum_{j=1}^{r} C'(n,r,j)x_j \tag{5.153}$$

式中 $D'(n,r,j)$ 和 $C'(n,r,j)$ 的值可从文献［23］表五（A）中查得。

（1）可靠寿命置信下限

可靠寿命置信下限 $t_{R,l}$ 由（5.154）式确定，即

$$t_{R,l} = \mu^* + \sigma^* t_{1-\gamma}^*(R) \tag{5.154}$$

式中　γ——置信度；

R——给定的可靠度；

$t_{1-\gamma}^*(R)$——可靠度为 R 时 $\dfrac{t_R - \mu^*}{\sigma^*}$ 的 $1-\gamma$ 的分位数，根据 n、r、$1-\gamma$ 和 R，可查附表 5 得到 $t_{1-\gamma}^*(R)$。

（2）可靠度置信下限

为了求得在时刻 t_0 的可靠度置信下限 $R_l(t_0)$，首先求出 $t_{1-\gamma}^*(R_l(t_0)) = \dfrac{t_0 - \mu^*}{\sigma^*}$；再查附表 5 求得包含 $t_{1-\gamma}^*(R_l(t_0))$ 的区间 $[t_{1-\gamma}^*(R_l), t_{1-\gamma}^*(R_v)]$；最后利用线性插值法求出 $R_l(t_0)$。

在 3.2.4 节中已知正态分布的失效率是单调递增的，它与指数分布具有常数失效率不同，而与威布尔分布一样具有变动的失效率。因此，在计算任务可靠度时应参照（5.107）式。

【例 5.12】某产品的寿命分布服从正态分布，抽取 8 件作 $r=6$ 的定数截尾试验。其故障时间 $t_j(j=1,\cdots,6)$ 为：6.43 h，6.77 h，7.07 h，7.40 h，7.66 h，8.10 h。

求当 $R=0.95$，$\gamma=0.90$ 时的 $t_{R,l}$；当 $t_0=5$ h，$\gamma=0.90$ 时的 $R_l(t_0)$。

解：

μ 和 σ 的点估计

从文献［23］表五（A）中查得 $n=8$，$r=6$ 时 $C'(n,r,j)$ 和 $D'(n,r,j)$ 的数值填入表 5.8 第三列和第四列，并计算出第五列和第六列的值。

表 5.8

序号	失效时间	$C'(n,r,j)$	$D'(n,r,j)$	$D'(n,r,j)t_j$	$D'(n,r,j)t_j$
1	6.43	−0.363 8	0.056 9	−2.339 2	0.365 9
2	6.77	−0.178 8	0.096 2	−1.210 5	0.651 3
3	7.07	−0.088 1	0.115 3	−0.622 9	0.815 2
4	7.40	−0.013 2	0.130 9	−0.097 7	0.968 7
5	7.66	0.057 0	0.145 1	0.436 6	1.111 5
6	8.10	0.586 8	0.455 5	4.753 0	3.689 6
求和				0.919 3	7.602 2

于是，由表 5.8 的最后一行可知

$$\mu^* = \sum_{j=1}^{r} D'(n,r,j)t_j = 7.602\ 2$$

$$\sigma^* = \sum_{j=1}^{r} C'(n,r,j)t_j = 0.919\ 3$$

（Ⅰ）求 $t_{R,l}$

查附表 5 得

$$t_{1-\gamma}^*(R) = t_{0.10}^*(0.95) = -2.884$$

把 μ^*，σ^*，$t_{1-\gamma}^*(R)$ 代入（5.153）式得

$$t_{R,l} = 7.602\ 2 + 0.919\ 3 \times (-2.884) = 4.950\ 9$$

（Ⅱ）求 $R_l(t_0)$

计算

$$\frac{t_0-\mu^*}{\sigma^*}=\frac{5-7.6022}{0.9193}=-2.8306$$

查附表 5 填入表 5.9 中。

表 5.9

$t^*_{1-\gamma}(R)$	-2.282	-2.8306	-2.884
R	0.90	$R_l(t_0)=?$	0.95

用线性插值法得

$$\begin{aligned}R_l(t_0)&=0.90+\frac{0.95-0.90}{-2.884-(-2.282)}\times\\&\quad[-2.8306-(-2.282)]\\&=0.9456\end{aligned}$$

5.4.2.3　定时截尾

设投试 n 个产品，当试验到规定时间 T_0 时有 r 个产品故障，其观察值为

$$x_1\leqslant x_2\leqslant\cdots\leqslant x_r$$

则总试验时间为

$$T=\sum_{i=1}^{r}x_i+(n-r)T_0 \tag{5.155}$$

为了应用方便，把定时截尾转换成定数截尾来处理。假设投试 n' 个产品，当有 r 个产品故障时截止试验，观察值仍为

$$x_1\leqslant x_2\leqslant\cdots\leqslant x_r$$

要求总试验时间其中相等的前提下来转换，则

$$n'=r+(n-r)\frac{T_0}{T_r} \tag{5.156}$$

式中　$T_r=x_r$。

此时就把定时截尾试验近似为定数截尾试验来处理，只是用 n'

代替 n 。

【例 5.13】某产品的寿命服从正态分布，抽取 8 件作 $T_0=16.2$ h的定数截尾试验，其故障数据 $t_j(j=1,\cdots,6)$ 为：6.43 h，6.77 h，7.07 h，7.40 h，7.66 h，8.10 h。求当 $R=0.95$，$\gamma=0.90$ 时的 $t_{R,l}$；当 $t_0=5$，$\gamma=0.90$ 时的 $R_l(t_0)$ 。

解：

利用（5.155）式得

$$n'=6+(8-6)\times\frac{16.2}{8.1}=10$$

这时可按定数截尾来处理。

（Ⅰ）μ 和 σ 的点估计

从文献［23］表五（A）中查得 $n=10$，$r=6$ 时 $C'(n,r,j)$ 和 $D'(n,r,j)$ 的数值填入表 5.10 的第三列和第四列，并计算出第五列和第六列的值。

表 5.10

序号	失效时间	$C'(n,r,j)$	$D'(n,r,j)$	$C'(n,r,j)t_j$	$D'(n,r,j)t_j$
1	6.43	−0.393 0	−0.031 6	−2.527 0	−0.203 2
2	6.77	−0.206 3	0.038 3	−1.396 7	0.259 3
3	7.07	−0.119 2	0.070 7	−0.842 7	0.499 8
4	7.40	−0.050 1	0.096 2	−0.370 7	0.711 9
5	7.66	0.011 1	0.118 5	0.085 0	0.907 7
6	8.10	0.757 6	0.707 8	6.136 6	5.733 2
求和				1.084 5	7.908 7

于是由表 5.10 的最后一行可知

$$\mu^*=\sum_{j=1}^{r}D'(n,r,j)t_j=7.908\,7$$

$$\sigma^{*} = \sum_{j=1}^{r} C'(n,r,j)t_j = 1.0845$$

（Ⅱ）求 $t_{R,l}$

查附表 5 得

$$t_{1-\gamma}^{*}(R) = t_{0.10}^{*}(0.95) = -2.789$$

把 μ^{*}、σ^{*} 和 $t_{1-\gamma}^{*}(R)$ 代入（5.154）式得

$$t_{R,l} = 7.9087 + 1.0845 \times (-2.789) = 4.884$$

（Ⅲ）求 $R_l(t_0)$

$$\frac{t_0 - \mu^{*}}{\sigma^{*}} = \frac{5 - 7.9087}{1.0845} = -2.6821$$

查附表 5 填入表 5.11 中。

表 5.11

$t_{1-\gamma}^{*}(R)$	−2.182	−2.6821	−2.789
R	0.90	$R_l(t_0)$ =?	0.95

用线性插值法得

$$R_l(t_0) = 0.90 + \frac{0.95 - 0.90}{-2.789 - (-2.182)} \times [-2.6821 - (-2.182)] = 0.9412$$

【例 5.14】在例 5.12 基础上改为 T_0 =12.15。

解：

$$n' = 6 + (8 - 6) \times \frac{12.15}{8.1} = 9$$

表 5.12

序号	失效时间	$C'(n,r,j)$	$D'(n,r,j)$	$C'(n,r,j)t_j$	$D'(n,r,j)t_j$
1	6.43	−0.379 7	0.010 4	−2.441 5	0.066 9
2	6.77	−0.193 6	0.066 0	−1.310 7	0.446 8
3	7.07	−0.104 6	0.092 3	−0.739 5	0.652 6
4	7.40	−0.033 3	0.113 3	−0.246 4	0.838 4
5	7.66	0.031 7	0.132 0	0.242 8	1.011 1
6	8.10	0.679 7	0.586 0	5.505 6	4.746 6
求和				1.010 3	7.762 4

于是从表 5.12 的最后一行可知

$$\mu^* = \sum_{j=1}^{r} D'(n,r,j)t_j = 7.762\ 4$$

$$\sigma^* = \sum_{j=1}^{r} C'(n,r,j)t_j = 1.010\ 3$$

（Ⅰ）求 $t_{R,l}$

查附表 5 得

$$t_{1-\gamma}^*(R) = t_{0.10}^*(0.95) = -2.834$$

把 μ^* 、σ^* 和 $t_{1-\gamma}^*(R)$ 代入（5.154）式得

$$t_{R,l} = 7.762\ 4 + 1.010\ 3 \times (-2.834) = 4.899\ 2$$

（Ⅱ）求 $R_l(t_0)$

$$\frac{t_0 - \mu^*}{\sigma^*} = \frac{5 - 7.762\ 4}{1.010\ 3} = -2.734\ 2$$

查附表 5 填入表 5.13 中。

表 5.13

$t^*_{1-\gamma}(R)$	-2.232	$-2.734\,2$	-2.834
R	0.90	$R_l(t_0)=?$	0.95

用线性插值法得

$$R_l(t_0)=0.90+\frac{0.95-0.90}{-2.834-(-2.232)}\times[-2.734\,2-(-2.232)]=0.941\,7$$

从例 5.12（定数截尾）$R_l=0.945\,6$、例 5.13（定时截尾 $T_0=16.2$）$R_l=0.941\,2$、例 5.14（定时截尾 $T_0=12.15$）$R_l=0.941\,7$ 的计算结果来看，将定时截尾转换成定数截尾来处理偏于保守；且从例 5.13 及例 5.14 可以看出，试验时间增加、失效情况不变、$R_l(t_0)$ 反而变低的情况也不合常理。

5.4.3　结构可靠性

结构可靠性是指所研究部件在受应力超过其强度时发生故障的概率。由于应力和强度都可能具有多种不同的分布类型，因此结构可靠性涉及的范围很广。这里仅讨论应力和强度均为正态分布的这类模型。

在以往的型号可靠性评定中总结出了一种方法，即应力-强度模型；在文献［14］中也给出了另一种方法，即结构可靠性估计。这两种方法都属于近似方法。下面将分别给出介绍并通过一个案例来比较这两种方法的计算结果。

5.4.3.1　应力－强度模型

（1）应力和强度的均值和标准偏差均未知的情况

① 原始数据

强度 x 的 n 个观察值为 $x_1, x_2, \cdots, x_n$；

应力 y 的 m 个观察值为 $y_1, y_2, \cdots, y_m$；

置信度为 γ。

② 评定公式

可靠度 R 的置信下限 R_l 为

$$R_l = \Phi\left(v - k_\gamma \hat{\sigma}_v - \frac{3v}{4(s_x^2 + s_y^2)^2}\left(\frac{s_x^4}{n-1} + \frac{s_y^4}{m-1}\right)\right) \quad (5.157)$$

式中

$$v = \frac{\bar{x} - \bar{y}}{\sqrt{s_x^2 + s_y^2}} \quad (5.158)$$

$$\begin{aligned}\hat{\sigma}_v^2 =& \frac{1}{s_x^2 + s_y^2}\left(\frac{s_x^2}{n} + \frac{s_y^2}{m}\right) + \frac{1}{2(s_x^2 + s_y^2)^3}\left[(\bar{x} - \bar{y})^2 + \frac{s_x^2}{n} + \frac{s_y^2}{m}\right] \times \\ & \left(\frac{s_x^4}{n-1} + \frac{s_y^4}{m-1}\right) - \frac{3v^2}{(s_x^2 + s_y^2)^3}\left(\frac{s_x^6}{(n-1)^2} + \frac{s_y^6}{(m-1)^2}\right) + \\ & \frac{9v^2}{8(s_x^2 + s_y^2)^4}\left[\frac{(n+5)s_x^8}{(n-1)^3} + \frac{(m+5)s_y^8}{(m-1)^3} + \frac{2s_x^4 s_y^4}{(n-1)(m-1)}\right]\end{aligned} \quad (5.159)$$

$$\bar{x} = \frac{1}{n}\sum_{i=1}^{n} x_i \quad (5.160)$$

$$\bar{y} = \frac{1}{m}\sum_{i=1}^{m} y_i \quad (5.161)$$

$$s_x^2 = \frac{1}{n-1}\sum_{i=1}^{n}(x_i - \bar{x})^2 \quad (5.162)$$

$$s_y^2 = \frac{1}{m-1}\sum_{i=1}^{m}(y_i - \bar{y})^2 \quad (5.163)$$

k_γ ——下侧概率为 γ 的标准正态分布分位数。

(2) 应力的均值和标准偏差已知而强度的均值和标准偏差未知的情况

① 原始数据

强度 x 的 n 个观察值为 $x_1, x_2, \cdots, x_n$；

应力的均值为 μ_y，标准偏差为 σ_y；

置信度为 γ。

② 评定公式

可靠度 R 的置信下限 R_l 为

$$R_l=\Phi\left(v-k_\gamma\hat{\sigma}_v-\frac{3vs_x^4}{4(n-1)(s_x^2+\sigma_y^2)^2}\right) \tag{5.164}$$

式中

$$v=\frac{\bar{x}-\mu_y}{\sqrt{s_x^2+\sigma_y^2}} \tag{5.165}$$

$$\hat{\sigma}_v^2=\frac{s_x^2}{n(s_x^2+\sigma_y^2)}+\frac{\left[(\bar{x}-\mu_y)^2+\frac{s_x^2}{n}\right]s_x^4}{2(n-1)(s_x^2+\sigma_y^2)^3}-$$
$$\frac{3v^2s_x^6}{(n-1)^2(s_x^2+\sigma_y^2)^3}+\frac{9(n+5)v^2s_x^8}{8(n-1)^3(s_x^2+\sigma_y^2)^4} \tag{5.166}$$

$$\bar{x}=\frac{1}{n}\sum_{i=1}^{n}x_i \tag{5.167}$$

$$s_x^2=\frac{1}{n-1}\sum_{i=1}^{n}(x_i-\bar{x})^2 \tag{5.168}$$

k_γ ——下侧概率为 γ 的标准正态分布分位数。

5.4.3.2 结构可靠性估计

(1) 应力和强度的均值和标准偏差均未知的情况

① 原始数据

强度 x 的 n_s 个观察值为 $x_1,x_2,\cdots,x_{n_s}$；

应力 y 的 n_l 个观察值为 $y_1,y_2,\cdots,y_{n_l}$；

置信度为 γ。

② 评定公式

可靠度 R 的置信下限 R_l 为

$$R_l=\Phi\left(\sqrt{\frac{n_z}{n}}\Phi^{-1}(R')\right) \tag{5.169}$$

式中 n_z ——综合试验数，

$$n_z \approx \frac{(s_s^2 + s_l^2)}{\frac{s_s^4}{n_s - 1} + \frac{s_l^4}{n_l - 1}} + 1 \tag{5.170}$$

n——折合试验数，

$$n \approx \frac{s_z^2}{\frac{s_s^2}{n_s} + \frac{s_l^2}{n_l}} \tag{5.171}$$

R'——根据 γ、n_z 和 k'，反查正态分布完全样本可靠度单侧置信下限表，并用线性插值法得到。

$$k' = k\sqrt{\frac{n}{n_z}} \tag{5.172}$$

$$k = \frac{\bar{z}}{s_z} \tag{5.173}$$

$$\bar{z} = \bar{x}_s - \bar{y}_l \tag{5.174}$$

$$\bar{x}_s = \frac{1}{n_s}\sum_{i=1}^{n_s} x_i \tag{5.175}$$

$$\bar{y}_l = \frac{1}{n_l}\sum_{i=1}^{n_l} y_i \tag{5.176}$$

$$s_z^2 = s_s^2 + s_l^2 \tag{5.177}$$

$$s_s^2 = \frac{1}{n_s - 1}\sum_{i=1}^{n_s}(x_i - \bar{x}_s)^2 \tag{5.178}$$

$$s_l^2 = \frac{1}{n_l - 1}\sum_{i=1}^{n_l}(y_i - \bar{y}_l)^2 \tag{5.179}$$

(2) 应力的均值和标准差已知而强度的均值和标准偏差未知，或强度的均值和标准差已知而应力的均值和标准差未知。

这两种情况是上述应力和强度的均值和标准差均未知的特例，只需将已知的母体参数作为子样数量趋于 ∞ 的子样处理，其余处理方法同上。

【例 5.15】某部件强度、应力均服从正态分布，已取得了强度的 $n=12$ 个子样，其均值 $\bar{x}=45\ \text{kg/cm}^2$，标准偏差 $s_x=2.8\ \text{kg/cm}^2$；应力的 $m=8$ 个子样，其均值 $\bar{y}=36.5\ \text{kg/cm}^2$，标准偏差 $s_y=2.0$

kg/cm^2。试求该部件的可靠度置信下限。置信度为 $\gamma=0.90$。

解：

（Ⅰ）用结构可靠性估计方法

$$\bar{z}=\bar{x}-\bar{y}=45-36.5=8.5$$

$$s_z^2=s_x^2+s_y^2=2.8^2+2.0^2=11.84$$

由（5.170）得

$$n_z\approx\frac{(s_x^2+s_y^2)^2}{\dfrac{s_x^4}{n-1}+\dfrac{s_y^4}{m-1}}+1$$

$$=\frac{11.84^2}{\dfrac{2.8^4}{12-1}+\dfrac{2.0^4}{8-1}}+1$$

$$=18.8$$

由（5.171）式得

$$n\approx\frac{s_z^2}{\dfrac{s_x^2}{n}+\dfrac{s_y^2}{m}}$$

$$=\frac{11.84}{\dfrac{2.8^2}{12}+\dfrac{2.0^2}{8}}$$

$$=10.266$$

由（5.173）式得

$$k=\frac{\bar{z}}{s_z}=\frac{8.5}{\sqrt{11.84}}=2.47$$

由（5.172）式得

$$k'=k\sqrt{\frac{n}{n_z}}$$

$$=2.47\sqrt{\frac{10.266}{18.8}}$$

$$=1.825$$

根据 $\gamma=0.90$，$n_z=18.8$，$k'=1.825$，反查正态分布完全样本

可靠度单侧置信下限表填入表 5.14 中。

用线性插值法得

$$R' = 0.90 + \frac{0.95 - 0.90}{2.2314 - 1.7856} \times (1.825 - 1.7856)$$

$$= 0.9044$$

表 5.14

n_z \ k' \ R'	0.90	$R'=?$	0.95
18	1.800		2.249
18.8	1.785 6	$k'=1.825$	2.231 4
19	1.782		2.227

查正态分布函数表得

$$\Phi^{-1}(0.9032) = 1.3$$

$$\Phi^{-1}(0.9049) = 1.31$$

用线性插值法得

$$\Phi^{-1}(0.9044) = 1.3 + \frac{1.31 - 1.3}{0.9049 - 0.9032} \times (0.9044 - 0.9032)$$

$$= 1.307$$

代入（5.169）式得

$$R_l = \Phi\left(\sqrt{\frac{n_z}{n}}\Phi^{-1}(R')\right)$$

$$= \Phi\left(\sqrt{\frac{18.8}{10.266}}\Phi^{-1}(0.9044)\right)$$

$$= 0.961$$

（Ⅱ）用应力-强度模型方法

首先由（5.158）式和（5.159）式计算出下列各值：

$$v = \frac{\bar{x} - \bar{y}}{\sqrt{s_x^2 + s_y^2}}$$

$$= \frac{45 - 36.5}{\sqrt{2.8^2 + 2^2}}$$

$$= 2.47$$

$$\hat{\sigma}_v^2 = \frac{1}{7.84+4} \times \left(\frac{7.84}{12}+\frac{4}{8}\right) + \frac{1}{2\times(7.84+4)^3} \times \left[(45-36.5)^2+\frac{7.84}{12}+\frac{4}{8}\right] \times \left(\frac{7.84^2}{11}+\frac{4^2}{7}\right) - \frac{3\times(2.47)^2}{(7.84+4)^3} \times \left(\frac{(7.84)^3}{(11)^2}+\frac{4^3}{7^2}\right) + \frac{9\times(2.47)^2}{8\times(7.84+4)^4} \times \left[\frac{(12+5)\times 7.84^4}{11^3}+\frac{(8+5)\times 4^4}{7^3}+\frac{2\times 7.84^2\times 4^2}{11\times 7}\right]$$

$$= 0.2313$$

$$\frac{3v}{4(s_x^2+s_y^2)^2}\left(\frac{s_x^4}{n-1}+\frac{s_y^4}{m-1}\right) = \frac{3\times 2.47}{4\times(7.84+4)^2} \times \left(\frac{7.84^2}{11}+\frac{4^2}{7}\right) = 0.1040$$

然后代入（5.157）式得

$$R_l = \Phi(2.47 - 1.281\sqrt{0.2313} - 0.1040) = \Phi(1.7499) = 0.9599$$

5.4.4 极小子样可靠性

在以往的型号可靠性评定中对某些材料的结构可靠性，在极小子样情况下（子样数量 $n=1\sim3$ 时）给出了这种评定方法。

5.4.4.1 原始数据

已知：

应力的均值为 μ_y，应力的标准偏差为 σ_y；

强度的观察值 $x_1, x_2, \cdots, x_n$，为 1～3 个，强度的标准偏差 $\sigma_x \approx (0.1\sim0.2)\bar{x}$；

置信度为 γ。

5.4.4.2 评定公式

可靠度 R 的置信下限 R_l 为

$$R_l = \Phi\left(\frac{\mu_l}{\sqrt{\sigma_x^2 + \sigma_y^2}}\right) \tag{5.180}$$

式中

$$\mu_l = \bar{x} - \mu_y - \frac{k_\gamma \sigma_x}{\sqrt{n}} \tag{5.181}$$

k_γ——下侧概率为 γ 的标准正态分布分位数。

【例 5.16】已知某部件的强度和应力均服从正态分布，应力的均值 $\mu_y = 175\ \text{kg/cm}^2$，标准偏差 $\sigma_y = 50\ \text{kg/cm}^2$；取得 3 个强度的子样，其均值 $\bar{x} = 300\ \text{kg/cm}^2$，标准偏差 $\sigma_x \approx 0.2\bar{x} = 60\ \text{kg/cm}^2$。求置信度 $\gamma = 0.90$ 的可靠度置信下限。

解：

查正态分布分位数表得

$$k_\gamma = 1.281$$

由（5.181）式得

$$\mu_l = 300 - 175 - 1.281 \times \frac{60}{\sqrt{3}} = 80.62$$

$$\sqrt{\sigma_x^2 + \sigma_y^2} = \sqrt{60^2 + 50^2} = 78.10$$

由（5.180）式得

$$R_l = \Phi\left(\frac{80.62}{78.10}\right) = 0.848$$

5.4.5 防热可靠性

在以往的型号可靠性评定中，针对防热结构的烧蚀厚度 x 服从正态分布 $N(\mu,\sigma^2)$、设计的最大容许烧蚀厚度为 v 的情况给出了一种评定方法。

5.4.5.1 原始数据

有 k 个单元，第 i 个单元有 n_i 个烧蚀厚度的测点，现已获得 k 组观察值 $x_{ij}(i = 1,2,\cdots,k, j = 1,2,\cdots,n_i)$，各组间无差异；

置信度为 γ。

5.4.5.2　评定公式

首先根据（5.182）式～（5.185）式计算出 n 和 k 的值，即

$$n=\sum_{i=1}^{k}n_i \tag{5.182}$$

$$k=\frac{v-\hat{\mu}}{\hat{\sigma}} \tag{5.183}$$

式中

$$\hat{\mu}=\frac{1}{n}\sum_{i=1}^{k}\sum_{j=1}^{n_i}x_{ij} \tag{5.184}$$

$$\hat{\sigma}^2=\frac{1}{n-1}\sum_{i=1}^{k}\sum_{j=1}^{n_i}(x_{ij}-\hat{\mu})^2 \tag{5.185}$$

v——最大容许烧蚀厚度。

然后根据 n、γ 和 k，反查正态分布完全样本可靠度单侧置信下限表，并用线性插值法即可求得可靠度 R 的置信下限 R_l。

【例5.17】某防热结构其烧蚀厚度 x 服从正态分布 $N(\mu,\sigma^2)$，其最大容许烧蚀厚度 $v=9$；经过试验，在4个单元18个测点测得其烧蚀厚度（见表5.15）。

各单元之间无差异；现要求置信度 $\gamma=0.90$ 的可靠度置信下限 R_l。

解：

首先计算出下列各值：

$$\hat{\mu}=\frac{1}{n}\sum_{i=1}^{k}\sum_{j=1}^{n_i}x_{ij}$$

$$=\frac{1}{18}\sum_{i=1}^{4}\sum_{j=1}^{n_i}x_{ij}$$

$$=7.1867$$

$$\hat{\sigma}^2=\frac{1}{n-1}\sum_{i=1}^{k}\sum_{j=1}^{n_i}(x_{ij}-\hat{\mu})^2$$

$$=\frac{1}{18-1}\sum_{i=1}^{4}\sum_{j=1}^{n_i}(x_{ij}-\hat{\mu})^2$$

$$=0.530\ 9$$

$$k=\frac{\upsilon-\hat{\mu}}{\hat{\sigma}}$$

$$=\frac{9-7.186\ 7}{0.530\ 9}$$

$$=3.415\ 5$$

表 5.15 烧蚀厚度测量值

单元＼测点	1	2	3	4	5	6
1	6.50	7.08	7.88			
2	6.75	7.04	7.42	7.89		
3	6.41	6.76	7.05	7.41	7.65	
4	6.43	6.77	7.07	7.40	7.66	8.10

根据 n、γ 和 k，反查正态分布完全样本可靠度单侧置信下限表填入表 5.16 中。

表 5.16

R	0.99	$R=?$	0.995
k	3.105	3.4155	3.422

用线性插值法得

$$R_l=0.99+\frac{0.995-0.99}{3.422-3.105}\times(3.415\ 5-3.105)$$

$$=0.994\ 9$$

第 6 章　系统可靠性评定

对于由多个单元组成的系统可靠性评定，可以像单元一样直接利用系统的试验信息进行评定。但是，系统的试验信息，特别是大型复杂系统的试验信息一般都很有限，有的甚至只进行一两次试验，其评定结果可靠度置信下限很低，置信度也不高，没有反映这类系统固有可靠性水平。然而，对组成复杂系统的各级功能单元分别进行试验却相对容易办到，复杂系统及其组成复杂系统的各级功能单元级别愈低，试验件数和次数愈多。因此，发展了系统可靠性的金字塔式试验程序，即所谓金字塔模型。这样，下一级各功能单元试验信息向上一级折合，再把折合信息与上一级试验信息综合，进行各级系统可靠性综合评定。这样，就可能用极少次数整个复杂系统试验对复杂系统的高可靠性做出高置信度的评定。这就是金字塔式的可靠性综合评定方法的基本思想，其要点在于所有各级试验信息逐级向上折合并被充分利用。

用精确置信限法对系统进行可靠性综合评定是大家所期望的，但问题很复杂，目前尚需进一步研究。而系统可靠性近似置信限方法可以解决目前精确置信限方法还没有完全解决的计算烦杂、工程化困难、不便于不同类型试验数据的折合转换等问题。下面将逐一介绍。

6.1　不同成败型单元串联系统

系统由 l 个不同成败型单元串联组成，各单元试验了 N_i 次，成功 S_i 次，失败 F_i 次，下面分别介绍 3 种系统可靠性评定方法。

6.1.1 MML 方法[10,15,47]

系统可靠度函数 R 的极大似然估计为

$$\hat{R}=\prod_{i=1}^{l}\hat{R}_i=\prod_{i=1}^{l}\frac{S_i}{N_i} \tag{6.1}$$

则 $\hat{R}$ 的渐近方差 $D(\hat{R})$ 的极大似然估计 D 为

$$D=\sum_{i=1}^{l}\left[\frac{\partial\hat{R}}{\partial\hat{R}_i}\right]_0^2\hat{D}(\hat{R}_i)=\sum_{i=1}^{l}\frac{\hat{R}^2(1-\hat{R}_i)}{\hat{R}_iN_i} \tag{6.2}$$

6.1.1.1 成败型近似置信下限

当 $F_i\neq0$，$1\leqslant i\leqslant l$ 或 $F_i=0$，$1\leqslant i\leqslant l'$；$F_i\neq0$，$l'+1\leqslant i\leqslant l$，且 $S_{(1)}=\min\limits_{1\leqslant i\leqslant l'}S_i\geqslant S_{(2)}=\min\limits_{l'+1\leqslant i\leqslant l}S_i$ 时，有

$$\left.\begin{aligned}&N=\frac{\prod\limits_{i=1}^{l}\dfrac{N_i}{S_i}-1}{\sum\limits_{i=1}^{l}\dfrac{F_i}{S_iN_i}}\\&F=N\left(1-\prod_{i=1}^{l}\frac{S_i}{N_i}\right)\\&\sum_{i=s}^{N}\binom{N}{i}R_l^i(1-R_l)^{N-i}=1-\gamma\end{aligned}\right\} \tag{6.3}$$

当 $F_i=0$，$1\leqslant i\leqslant l$ 时，有

$$\left.\begin{aligned}&N=\eta=\min N_i\\&F=0\\&R_l=(1-\gamma)^{\frac{1}{N}}\end{aligned}\right\} \tag{6.4}$$

当存在 $F_i=0$，$1\leqslant i\leqslant l'$；$F_i\neq0$，$l'+1\leqslant i\leqslant l$，且 $S_{(1)}<S_{(2)}$ 时，记与 $S_{(2)}$ 同一单元的 N_i 为 $N_{(2)}$，进行一次信息压缩，即用 $\left(S_{(1)},\dfrac{S_{(1)}}{S_{(2)}}N_{(2)}\right)$ 代替（$S_{(2)}$，$N_{(2)}$），与其他单元信息一起代入 (6.3) 式中的 N 公式和 F 公式，求解 R_l。

6.1.1.2 指数寿命型近似置信下限

指数寿命型近似置信下限的计算公式为

$$\left.\begin{aligned}
\eta &= \frac{\ln\prod\limits_{i=1}^{l}\dfrac{N_i}{S_i}}{\sum\limits_{i=1}^{l}\dfrac{F_i}{S_iN_i}} \\
r &= \eta\ln\prod_{i=1}^{l}\frac{N_i}{S_i} \\
R_l &= \exp\frac{-\chi_\gamma^2(2r+2)}{2\eta}
\end{aligned}\right\} \tag{6.5}$$

6.1.2　L－M 方法[31,45]

在工程应用中有一种比 MML 方法计算简便，公式更易理解的方法称为 L－M 法。其置信下限的计算公式为

$$\left.\begin{aligned}
&N = \min\{N_1, N_2, \cdots, N_i, \cdots, N_l\} \\
&S = N\prod_{i=1}^{l}\frac{S_i}{N_i} \\
&\sum_{i=s}^{N}\binom{N}{i}R_2^i(1-R_l)^{N-i} = 1-\gamma
\end{aligned}\right\} \tag{6.6}$$

6.1.3　修正的 L－M 方法[5,44]

L－M 方法简单易行，但所得到的置信下限一般偏于保守，郑忠国等人提出了修正的 L－M 方法来克服上述保守的缺点。其置信下限的计算公式为

$$\left.\begin{aligned}
&\hat{R}_i = \frac{S_i}{N_i} \qquad (i=1,\cdots,l) \\
&\hat{R}_0 = \prod_{i=1}^{l}\hat{R}_i \\
&\frac{1}{m_0}\cdot\frac{1-\hat{R}_0}{\hat{R}_0} = \sum_{i=1}^{l}\frac{1}{N_i}\cdot\frac{1-\hat{R}_i}{\hat{R}_i} \\
&S_* = m_0\,\hat{R}_0
\end{aligned}\right\} \tag{6.7}$$

首先把整个系统想象为进行了 m_0 次试验，成功了 S_* 次（m_0 是虚拟试验次数，S_* 是虚拟成功次数，两者不一定是整数，可用最接近的整数替代）；然后使用熟知的三次插值方法求得系统可靠度的置信下限。

【例 6.1】系统由 3 个不同的成败型单元串联组成，各单元的试验数和成功数分别为 $N_1 = 50, S_1 = 50; N_2 = 50, S_2 = 48; N_3 = 40, S_3 = 39$。求置信度为 0.90 时的可靠度置信下限（用 4 种方法计算）。

解：

（Ⅰ）用 MML 方法求成败型近似置信下限

由（6.3）式得

$$N = \frac{\frac{50}{50} \times \frac{50}{48} \times \frac{40}{39} - 1}{\frac{0}{50 \times 50} + \frac{2}{48 \times 50} + \frac{1}{39 \times 40}} \approx 46.39$$

$$S = 46.39 \times \frac{50}{50} \times \frac{48}{50} \times \frac{39}{40} \approx 43.42$$

$$F = N - S = 2.97$$

查二项分布可靠度单侧置信下限表（GB 4087.3），将 $\gamma = 0.90$，$N = 46, 47, F = 2, 3$ 的置信下限 R_l 值及其三次插入值填入表 6.1。

表 6.1 R_l 三次插值数据

N	F		
	2	2.97	3
46	0.888 41		0.860 50
46.39	0.889 30	0.862 44	0.861 61
47	0.890 70		0.863 35

得

$$R_{l1} = 0.862\,44$$

（Ⅱ）用 MML 方法求指数寿命型近似置信下限

由（6.5）式得

$$\eta = \frac{\ln\left(\frac{50}{50}\times\frac{50}{48}\times\frac{40}{39}\right)}{\frac{0}{50\times 50}+\frac{2}{48\times 50}+\frac{1}{39\times 40}} = 44.87$$

$$r = 44.87\ln\left(\frac{50}{50}\times\frac{50}{48}\times\frac{40}{39}\right) = 2.96$$

查 χ^2 分布分位数表（GB 4086.2）得

$$\chi^2_{0.90}(8) = 13.361\,57$$

$$\chi^2_{0.90}(7) = 12.017\,04$$

用线性插值法得

$$\chi^2_{0.90}(2r+2) = \chi^2_{0.90}(7.92) = 12.124\,6$$

则有

$$R_{l2} = \exp\frac{-12.124\,6}{2\times 44.87} = 0.873\,6$$

（Ⅲ）用 L－M 方法求近似置信下限

由（6.6）式得

$$N = \min\{50,50,40\} = 40$$

$$S = 40\times\frac{50}{50}\times\frac{48}{50}\times\frac{39}{40} = 37.44$$

$$F = 40 - 37.44 = 2.56$$

查二项分布可靠度单侧置信下限表得

$$\text{当 } N = 40, F = 2 \text{ 时}, R_1 = 0.872\,37$$

$$\text{当 } N = 40, F = 3 \text{ 时}, R_2 = 0.840\,55$$

用线性插值法得

$$R_{l3} = 0.858\,3$$

（Ⅳ）用修正 L－M 方法求近似置信下限

由（6.7）式得

$$\hat{R}_1 = \frac{50}{50} = 1$$

$$\hat{R}_2 = \frac{48}{50} = 0.96$$

$$\hat{R}_3 = \frac{39}{40} = 0.975$$

$$\hat{R}_0 = 1 \times 0.96 \times 0.975 = 0.936$$

$$\frac{1}{m_0} \times \frac{1-0.936}{0.936} = \frac{1}{50} \times \frac{1-1}{1} + \frac{1}{50} \times \frac{1-0.96}{0.96} + \frac{1}{40} \times \frac{1-0.975}{0.975}$$

解得

$$m_0 = 46.32$$

$$S_* = 46.32 \times 0.936 = 43.35$$

$$F_* = 46.32 - 43.35 = 2.97$$

查二项分布可靠度单侧置信下限表，将 $\gamma = 0.90, N = 46,47$，$F = 2,3$ 的置信下限 R_l 值及其三次插入值填入表 6.2 中。

表 6.2　R_l 三次插入值数据

N	F		
	2	2.97	3
46	0.888 41		0.860 50
46.32	0.889 14	0.862 18	0.861 41
47	0.890 70		0.863 35

得

$$R_{l4} = 0.862\ 18$$

从例 6.1 可以看出，用 L－M 方法得到的可靠度近似置信下限 $R_{l3} = 0.858\ 3$，与用 MML 方法得到的成败型近似置信下限 $R_{l1} = 0.862\ 44$ 和寿命型近似置信下限 $R_{l2} = 0.873\ 6$ 相比，确实保守了一些；而用修正 L－M 方法得到的近似置信下限 $R_{l4}=0.862\,18$，则克服了这一缺点。

6.2　相同成败型单元串联系统

系统由 l 个相同成败型单元串联组成，此单元共试验了 N_1 次，成功 S_1 次同，失败 F_1 次；求系统可靠度在置信度为 γ 时的置信下限的方法如下。

6.2.1　成败型近似置信下限

系统可靠度成败型近似置信下限的计算公式为

$$\left.\begin{aligned} &N=\frac{N_1S_1}{l^2F_1}\left[\left(\frac{N_1}{S_1}\right)^l-1\right]\\ &S=N\left(\frac{S_1}{N_1}\right)^l\\ &\sum_{i=S}^{N}\binom{N}{i}R_l^i(1-R_l)^{N-i}=1-\gamma \end{aligned}\right\}\tag{6.8}$$

当 $F_1=0$ 时，有

$$R_l=(1-\gamma)^{\frac{l}{N_1}}\tag{6.9}$$

6.2.2　指数寿命型近似置信下限

系统可靠度指数寿命型近似置信下限的计算公式为

$$\left.\begin{aligned} &\eta=\frac{N_1S_1\ln\dfrac{N_1}{S_1}}{lF_1}\\ &r=l\eta\ln\frac{N_1}{S_1}\\ &R_l=\exp\frac{-\chi_\gamma^2(2r+2)}{2\eta} \end{aligned}\right\}\tag{6.10}$$

【例 6.2】系统由 4 个相同的成败型单元串联组成，此单元共进

行试验 $N_1=50$ 次，成功 $S_1=49$ 次，失败 $F_1=1$ 次。求置信度水平为 0.60 的可靠度置信下限。

解：

（Ⅰ）求成败型近似置信下限

由（6.8）式得

$$N=\frac{50\times 49}{4^2\times 1}\times\left[\left(\frac{50}{49}\right)^4-1\right]=12.888$$

$$S=12.888\times\left(\frac{49}{50}\right)^4=11.887$$

$$F=12.888-11.887=1.001$$

查二项分布可靠度单侧置信下限表，将 $\gamma=0.60$，$N=12,13$，$F=1,2$ 的置信下限 R_l 值及其三次插入值填入表 6.3 中。

表 6.3　R_l 三次插值数据

N	F		
	1	1.001	2
12	0.838 51		0.752 99
12.888	0.849 10	0.849 02	0.769 13
13	0.850 44		0.771 17

得

$$R_{l1}=0.849\ 02$$

（Ⅱ）求指数寿命型近似置信下限

由（6.10）式得

$$\eta=\frac{50\times 49\ln\dfrac{50}{49}}{4\times 1}=12.374$$

$$r=4\times 12.374\ln\frac{50}{49}=0.999\ 95\approx 1$$

查 χ^2 分布分位数表得

$$\chi_{\gamma}^{2}(2r+2)=\chi_{0.60}^{2}(4)=4.04463$$

计算得

$$R_{l2}=\exp\frac{-4.04463}{2\times12.374}=0.84922$$

6.3 不同指数寿命型串联系统

系统由 l 个不同指数寿命型单元串联组成，根据各单元的试验数据求系统可靠度的置信下限有许多方法，且与试验数据的类型有关，下面将分别介绍。

6.3.1 R 的加权－算术平均近似置信下限[16]

系统由 l 个不同指数寿命型单元串联组成，对各单位分别独立进行定总时寿命试验；第 i 个单元的截止总时间是 T_i，共失败 r_i 次。对这种数据类型在以往的型号评定中推荐使用 R 的加权-算术求平均近似置信下限。

在明确了该次任务中各单元的任务时间 $t_0=(t_1,t_2,\cdots,t_l)$ 时，首先求得各单元的等效任务数 $\eta_i=\dfrac{T_i}{t_i}$（$i=1,2,\cdots,l$），然后根据(6.11)式计算系统可靠度的置信下限 $R_l(t_0)$（置信度为 γ），即

$$R_l(t_0)=\begin{cases}(1-\gamma)^{\frac{1}{\eta_{\min}}} & \sum\limits_{i=1}^{l}r_i=0\\ \exp\left\{-\dfrac{r+1}{\eta}\left[1-\dfrac{1}{9(r+1)}+\dfrac{U_\gamma}{3\sqrt{r+1}}\right]^3\right\} & \sum\limits_{i=1}^{l}r_i>0\end{cases}\tag{6.11}$$

式中

$$\eta_{\min}=\min\{\eta_1,\eta_2,\cdots,\eta_l\}$$

$$\eta=\min\left\{\frac{\sum_{i=1}^{l}r_i\eta_i}{\sum_{i=1}^{l}r_i},\frac{\sum_{i=1}^{l}\eta_i}{l}\right\}\qquad(\sum_{i=1}^{l}r_i\neq 0)$$

$$r=\eta\sum_{i=1}^{l}\frac{r_i}{\eta_i}$$

U_γ ——下侧概率 γ 的标准正态分布分位数，可查正态分布分位数表（GB 4086.1）。

6.3.2 M 法

文献［5］介绍了一种针对有替换定总时寿命试验，求系统可靠度置信下限的方法。这种通过“置信集”上取极值从而得到置信限的方法，一般称为 M 法。其计算公式为

$$R_l(t_0)=\exp\left(-\frac{A}{T^*}t_0\right)\tag{6.12}$$

式中

$$T^*=\min\{T_1,\cdots,T_l\}$$

$$A=\frac{1}{2}\chi^2_{1-\alpha}(2r+2)$$

$$r=\sum_{i=1}^{l}r_i$$

t_0 ——预先给定的任务时间。

6.3.3 近似最优置信下限[5]

系统由 l 个不同指数寿命型单元串联组成，对各单元分别独立进行定数截尾试验；第 i 个单元投入 n_i 个样品试验，试验到 $r_i\geqslant 1$ 个样品故障为止，$i=1,2,\cdots,l$；记 $t_{1,i}\leqslant t_{2,i}\leqslant\cdots\leqslant t_{r_i,i}$ 为观察到的 r_i 个故障时间，即

$$\tau_i=\sum_{j=1}^{r_i}t_{j,i}+(n_i-r_i)t_{r_i,i}\tag{6.13}$$

式中　τ_i ——第 i 个单元的 n_i 个样品的总试验时间。

对这种数据类型，在以往的型号评定中推荐使用近似最优置信下限法，其计算公式为

$$R_l(t_0)=\exp\left[-t_0 m\left(1-\frac{\upsilon}{9m^2}+U_\gamma\frac{\sqrt{\upsilon}}{3m}\right)^3\right] \tag{6.14}$$

式中

$$m=\sum_{i=1}^{l}\frac{r_i-1}{\tau_i}+\tau_{(1)}^{-1}$$

$$\upsilon=\sum_{i=1}^{l}\frac{r_i-1}{\tau_i^2}+\tau_{(1)}^{-2}$$

$$\tau_{(1)}=\min\{\tau_1,\tau_2,\cdots,\tau_l\}$$

t_0 ——预先给定的任务时间；

U_γ ——下侧概率为 γ 的标准正态分布分位数。

6.3.4 定数截尾 M 法

文献［5］介绍了对定数截尾试验求系统可靠度置信下限的方法，它与定总时试验的 M 法在原理上是相同的，可称为定数截尾 M 法。其计算公式为

$$R_l=\exp\left(-\frac{A}{\tau^*}t_0\right) \tag{6.15}$$

式中

$$\tau^*=\min\{\tau_1,\tau_2,\cdots,\tau_l\}$$

$$A=\frac{1}{2}\chi_{1-\alpha}^2(2r)$$

$$r=\sum_{i=1}^{l}r_i$$

t_0 ——预先给定的任务时间。

6.3.5 不同指数寿命型单元串联系统的 MML 法[10]

系统由 m 个不同指数寿命型单元串联组成，各单元总试验时间

为 T_k，失败数为 r_k，等效任务时间为 t_{0k}，等效任务数为 $\eta_k = \dfrac{T_k}{t_{0k}}$。

6.3.5.1 成败型近似置信下限

当 $r_k \neq 0$，$1 \leqslant k \leqslant m$ 或 $r_k = 0$，$1 \leqslant k \leqslant m'$；$r_k \neq 0$，$m'+1 \leqslant k \leqslant m$，$\eta_{(1)} = \min\limits_{1 \leqslant k \leqslant m'} \eta_k \geqslant \eta_{(2)} = \min\limits_{m'+1 \leqslant k \leqslant m} \eta_k$ 时，有

$$\left.\begin{aligned} N &= \frac{\prod\limits_{k=1}^{m} \exp \dfrac{r_k}{\eta_k} - 1}{\sum\limits_{k=1}^{m} \dfrac{r_k}{\eta_k^2}} \\ F &= N\left[1 - \exp\left(-\sum_{k=1}^{m} \frac{r_k}{\eta_k}\right)\right] \\ \sum_{i=S}^{N} &\binom{N}{i} R_l^i (1-R_l)^{N-i} = 1-\gamma \end{aligned}\right\} \tag{6.16}$$

当 $r_k = 0$，$1 \leqslant k \leqslant m$ 时，有

$$\left.\begin{aligned} N &= \eta = \min \eta_k \\ F &= 0 \\ R_l &= (1-\gamma)^{\frac{1}{N}} \end{aligned}\right\} \tag{6.17}$$

当存在 $r_k = 0$，$1 \leqslant k \leqslant m'$；$r_k \neq 0$，$m'+1 \leqslant k \leqslant m$，且 $\eta_{(1)} < \eta_{(2)}$ 时，对与 $\eta_{(2)} = \min\limits_{m'+1 \leqslant k \leqslant m} \eta_k$ 取值的单元 k' 进行一次信息压缩，即用 $\left(\eta_{(1)}, r_{k'} \dfrac{\eta_{(1)}}{\eta_{k'}}\right)$ 代替第 k' 个单元的信息，与其他单元信息一起代入（6.16）式。

6.3.5.2 指数寿命型近似置信下限

指数寿命型近似置信下限的计算公式由（6.18）式给出，其信息压缩情况与成败型相同。

$$\left.\begin{aligned} \eta &= \frac{\ln \prod_{k=1}^{m} \exp \frac{r_k}{\eta_k}}{\sum_{k=1}^{m} \frac{r_k}{\eta_k^2}} \\ r &= \eta \ln \prod_{k=1}^{m} \exp \frac{r_k}{\eta_k} \\ R_l &= \exp \frac{-\chi_\gamma^2(2r+2)}{2\eta} \end{aligned}\right\} \tag{6.18}$$

【例 6.3】系统由 5 个不同指数寿命型单元串联组成，对各单元分别独立进行定总时寿命试验；各单元的截止总时间为 $T_1 = 56.3$，$T_2 = 460.9$，$T_3 = 2\,104.5$，$T_4 = 2\,532.8$，$T_5 = 1\,141.9$；各单元的试验失败次数为 $r_1 = 1$，$r_2 = 2$，$r_3 = 2$，$r_4 = 3$，$r_5 = 3$；系统的任务时间为 $t_0 = 5$。求系统可靠度在置信度为 0.90 时的置信下限。

解：

（Ⅰ）R 的加权—算术平均近似置信下限

计算各单元的置信任务数得

$$\eta_1 = \frac{56.3}{5} = 11.26$$

$$\eta_2 = \frac{460.9}{5} = 92.18$$

$$\eta_3 = \frac{2\,104.5}{5} = 420.9$$

$$\eta_4 = \frac{2\,532.8}{5} = 506.56$$

$$\eta_5 = \frac{1\,141.9}{5} = 228.38$$

$$\begin{aligned} \eta &= \min\left\{\frac{\sum_{i=1}^{5} r_i \eta_i}{\sum_{i=1}^{5} r_i},\ \sum_{i=1}^{5} \frac{\eta_i}{5}\right\} \\ &= \min\{294.75, 251.856\} \\ &= 251.856 \end{aligned}$$

$$r = \eta \sum_{i=1}^{5} \frac{r_i}{\eta_i} = 251.856 \times 0.134\ 3 = 33.82$$

查标准正态分布分位数表得

$$U_{0.90} = 1.281\ 6$$

代入（6.11）式得

$$R_{l1}(t_0) = \exp\left[-\frac{33.82+1}{251.86} \times \left(1 - \frac{1}{9 \times 34.82} + \frac{1.281\ 6}{3\sqrt{34.82}}\right)^3\right]$$

$$= \exp(-0.168\ 92)$$

$$= 0.844\ 5$$

（Ⅱ）M 法

计算下列各值

$$T^* = \min\{T_1, T_2, T_3, T_4, T_5\}$$

$$= \min\{56.3, 460.9, 2\ 104.5, 2\ 532.8, 1\ 141.9\}$$

$$= 56.3$$

$$r = \sum_{i=1}^{5} r_i = 1 + 2 + 2 + 3 + 3 = 11$$

查 χ^2 分布分位数表得

$$\chi^2_{1-\alpha}(2r+2) = \chi^2_{0.90}(24) = 33.196\ 24$$

$$A = \frac{1}{2}\chi^2_{1-\alpha}(2r+2) = 16.598\ 12$$

代入（6.12）式得

$$R_{l2}(t_0) = \exp\left(-\frac{A}{T^*} t_0\right)$$

$$= \exp\left(-\frac{16.598\ 12}{56.3} \times 5\right)$$

$$= \exp(-1.474\ 0)$$

$$= 0.229$$

（Ⅲ）MML 法成败型近似置信下限

由（6.16）式得

$$N=\frac{\prod_{i=1}^{5}\exp\frac{r_i}{\eta_i}-1}{\sum_{i=1}^{5}\frac{r_i}{\eta_i^2}}$$

$$=\frac{1.14376-1}{0.008203}$$

$$=17.52$$

$$F=N\left[1-\exp\left(-\sum_{i=1}^{5}\frac{r_i}{\eta_i}\right)\right]$$

$$=17.52\times[1-\exp(-0.1343)]$$

$$=2.2$$

查二项分布可靠度单侧置信下限表，将 $\gamma=0.90$，$N=17,18$，$F=2,3$ 的置信下限及其三次插入值填入表 6.4 中。

表 6.4　R_l 三次插值数据

N	F		
	2	2.2	3
17	0.716 30		0.648 13
17.52	0.723 47	0.710 22	0.657 21
18	0.730 58		0.665 59

得

$$R_{l3}=0.71022$$

（Ⅳ）MML 法指数寿命型近似置信下限

由（6.18）式得

$$\eta=\frac{\ln\prod_{i=1}^{5}\exp\frac{r_i}{\eta_i}}{\sum_{i=1}^{5}\frac{r_i}{\eta_i^2}}$$

$$=\frac{\ln 1.143\ 76}{0.008\ 203}$$

$$=\frac{0.134\ 32}{0.008\ 203}$$

$$=16.37$$

$$r=\eta\ln\prod_{i=1}^{5}\exp\frac{r_i}{\eta_i}$$

$$=16.37\times 0.134\ 32$$

$$=2.198\ 8$$

$$\approx 2.2$$

查 χ^2 分布分位数表得

$$\chi^2_{0.90}(6)=10.644\ 64$$

$$\chi^2_{0.90}(7)=12.017\ 04$$

$$\chi^2_{0.90}(6.4)=10.644\ 64+(12.017\ 04-10.644\ 64)\times 0.4$$

$$=11.193\ 6$$

$$R_{l4}=\exp\frac{-\chi^2_{\gamma}(2r+2)}{2\eta}$$

$$=\exp\frac{-11.193\ 6}{2\times 16.37}$$

$$=0.710\ 42$$

从例 6.3 可以看出，用 M 法得出的结果偏低，说明 M 法很保守，可能是因为（6.12）式只用到 $T_1,\cdots,T_l$ 的最小值，而未用到 $T_1,\cdots,T_l$ 提供的全部信息。

【例 6.4】与例 6.3 的情况相同，只是各单元进行的是定数截尾试验，各单元的预定故障数为 $r_1=1$，$r_2=2$，$r_3=2$，$r_4=3$，$r_5=3$；各单元的总试验时间分别为 $T_1=56.3$，$T_2=460.9$，$T_3=2\ 104.5$，$T_4=2\ 532.8$，$T_5=1\ 141.9$；系统的任务时间为 $t_0=5$。求系统可靠度在置信度为 0.90 时的置信下限。

解：

（Ⅰ）近似最优置信下限

计算下列各值

$$T_{(1)} = \min\{T_1, T_2, \cdots, T_5\} = 56.3$$

$$T_{(1)}^{-1} = 0.017\ 76$$

$$T_{(1)}^{-2} = 0.000\ 315\ 4$$

$$m = \sum_{i=1}^{5} \frac{r_i - 1}{T_i} + T_{(1)}^{-1}$$
$$= 0.005\ 185\ 9 + 0.017\ 76$$
$$= 0.022\ 946$$

$$\upsilon = \sum_{i=1}^{5} \frac{r_i - 1}{T_i^2} + T_{(1)}^{-2}$$
$$= 0.000\ 006\ 778\ 8 + 0.000\ 315\ 4$$
$$= 0.000\ 322\ 18$$

查标准正态分布分位数表得

$$U_{0.90} = 1.281\ 6$$

代入（6.14）式得

$$R_{l5} = \exp\left[-t_0 m\left(1 - \frac{\upsilon}{9m^2} + U_\gamma \frac{\sqrt{\upsilon}}{3m}\right)^3\right]$$
$$= \exp\left[-5 \times 0.022\ 946 \times \left(1 - \frac{0.000\ 322\ 18}{9 \times 0.022\ 946^2} + 1.281\ 8 \times \frac{\sqrt{0.000\ 322\ 18}}{3 \times 0.022\ 946}\right)^3\right]$$
$$= 0.864\ 7$$

（Ⅱ）定数截尾 M 法

计算下列各值

$$T^* = \min\{T_1, T_2, \cdots, T_5\} = 56.3$$

$$r = \sum_{i=1}^{5} r_i = 11$$

查 χ^2 分布分位数表得

$$\chi_{1-\alpha}^2(2r) = \chi_{0.90}^2(22)$$
$$= 30.813\ 28$$

$$A = \frac{1}{2}\chi_{1-\alpha}^2(2r)$$

$$= \frac{30.81328}{2}$$

$$= 15.40664$$

代入（6.15）式得

$$R_{l6} = \exp\left(-\frac{A}{T^*}t_0\right)$$

$$= \exp\left(-\frac{15.40664}{56.3}\times 5\right)$$

$$= 0.2545$$

对定数截尾试验的数据类型，也可采用上述的 MML 法来求可靠度置信下限，其结果与定总时试验相同。

6.4 相同指数寿命型单元串联系统[10]

系统由 l 个相同指数寿命型单元串联组成，此单元试验时间为 T_1，失败数为 r_1，任务时间为 t_0，等效任务数 $\eta_1 = \frac{T_1}{t_0}$；求系统可靠度在置信度为 γ 时的置信下限的方法如下。

6.4.1 成败型近似置信下限

系统可靠度成败型近似置信下限的计算公式为

$$\left.\begin{aligned} N &= \frac{\eta_1^2}{l^2 r_1}\left(\exp\frac{l r_1}{\eta_1} - 1\right) \\ F &= N\left(1 - \exp\frac{-l r_1}{\eta_1}\right) \\ R_l &= \left(1 + \frac{F+1}{S}F_\gamma(2F+2,2S)\right)^{-1} \end{aligned}\right\} \quad (6.19)$$

式中　$F_\gamma(2F+2,2S)$ —— F 分布。

当 $r_1 = 0$ 时，有

$$\left.\begin{aligned} &N = \eta = \frac{\eta_1}{l} \\ &F = r_1 = 0 \\ &R_l = (1-\gamma)^{\frac{1}{N}} = (1-\gamma)^{\frac{l}{\eta_1}} \end{aligned}\right\} \tag{6.20}$$

6.4.2　指数寿命型近似置信下限

系统可靠度指数寿命型近似置信下限的计算公式为

$$\left.\begin{aligned} &\eta = \frac{\eta_1}{l} \\ &r = r_1 \\ &R_l = \exp\frac{-\chi_\gamma^2(2r+2)}{2\eta} \end{aligned}\right\} \tag{6.21}$$

【例 6.5】相同指数寿命型单元串联系统，已知 $l = 2$ ，$r_1 = 2$ ，$\eta_1 = 50$ ；求系统可靠度在置信度为 0.60 时的置信下限。

解：

（Ⅰ）求成败型近似置信下限

由（6.19）式得

$$\begin{aligned} N &= \frac{\eta_1^2}{l^2 r_1}\left(\exp\frac{lr_1}{\eta_1} - 1\right) \\ &= \frac{50^2}{2^2 \times 2}\left(\exp\frac{2\times 2}{50} - 1\right) \\ &= 26.03 \end{aligned}$$

$$\begin{aligned} F &= N\left(1 - \exp\frac{-lr_1}{\eta_1}\right) \\ &= 26.03 \times \left(1 - \exp\frac{-2\times 2}{50}\right) \\ &= 2.001 \end{aligned}$$

$$\begin{aligned} S &= N - F \\ &= 26.03 - 2.001 \\ &= 24.029 \end{aligned}$$

查 F 分布分位数表（GB 4086.4），将 $\gamma = 0.60$ ，$S = 24,25$ ，

$F=2,3$ 的分位数 $F_{\gamma}(2F+2,2S)$ 及其三次插入值填入表 6.5 中。

表 6.5　$F_{\gamma}(2F+2,2S)$ 三次插值数据

F	S		
	24	24.029	25
2	1.059 21		1.058 18
2.001	1.059 22	1.059 19	1.058 19
3	1.069 54		1.068 44

计算得

$$\begin{aligned} R_{l1} &= \left(1+\frac{F+1}{S}F_{\gamma}(2F+2,2S)\right)^{-1} \\ &= \left(1+\frac{2.001+1}{24.029}\times 1.059\ 19\right)^{-1} \\ &= 0.883\ 17 \end{aligned}$$

如果仍用查二项分布可靠性单侧置信下限表的办法，则将 $\gamma=0.60$，$N=26,27$，$F=2,3$ 的置信下限及其三次插入值填入表 6.6 中。

表 6.6　R_l 三次插值数据

N	F		
	2	2.001	3
26	0.883 09		0.843 04
26.03	0.883 22	0.883 18	0.843 21
27	0.887 33		0.848 72

得

$$R_{l2}=0.883\ 18$$

则两者一致。

（Ⅱ）求指数寿命型近似置信下限

由（6.21）式得

$$\eta = \frac{\eta_1}{l} = \frac{50}{2} = 25$$

$$r = r_1 = 2$$

查 χ^2 分布分位数表得

$$\chi_\gamma^2(2r+2) = \chi_{0.60}^2(6) = 6.210\ 76$$

则有

$$\begin{aligned} R_{l3} &= \exp \frac{-\chi_\gamma^2(2r+2)}{2\eta} \\ &= \exp \frac{-6.210\ 76}{2\times 25} \\ &= 0.883\ 19 \end{aligned}$$

6.5　不同正态型单元串联系统[10]

系统由 m 个不同正态型单元串联组成，各单元分别独立进行了 n_i 次试验；测得其参数值为 $x_{i,1}, x_{i,2}, \cdots, x_{i,n_i}$，各单元参数的允许下限为 l_i，$(i=1,2,\cdots,m)$。该系统可靠度的置信下限可按下列步骤求得。

1）根据（6.22）式计算各单元参数均值 $\bar{x}_i$ 和标准偏差 S_i，即

$$\left.\begin{aligned} \bar{x}_i &= \frac{1}{n_i}\sum_{j=1}^{n_i} x_{i,j} \\ S_i &= \left[\frac{1}{n_i-1}\sum_{j=1}^{n_i}(x_{i,j}-\bar{x}_i)^2\right]^{\frac{1}{2}} \\ S'_i &= \sqrt{\frac{n_i-1}{n_i}}\cdot S_i \\ E_i &= \Phi\left(\frac{\bar{x}_i - l_i}{S'_i}\right) \\ D_i &= \phi^2\left(\frac{\bar{x}_i - l_i}{S'_i}\right)\left[\frac{1}{n_i} + \left(\frac{\bar{x}_i - l_i}{S'_i}\right)^2 \cdot \frac{n_i-1}{2n_i^2}\right] \end{aligned}\right\} \quad (6.22)$$

式中 E_i ——第 i 个单元可靠度 R 的极大似然估计；

D_i —— E_i 的渐近方差的极大似然估计；

$\Phi\left(\frac{\bar{x}-l}{S'}\right)$ ——正态分布函数；

$\phi\left(\frac{\bar{x}-l}{S'}\right)$ ——正态分布密度函数。

2）根据（6.23）式和（6.24）式计算成败型近似置信下限和指数寿命型近似置信下限，即

成败型近似置信下限为

$$\left.\begin{aligned}N &= \frac{\prod_{i=1}^{m}\frac{1}{E_i}-1}{\sum_{i=1}^{m}\frac{D_i}{E_i^2}}\\F &= N\left(1-\prod_{i=1}^{m}E_i\right)\\R_l &= \left(1+\frac{F+1}{S}F_\gamma(2F+2,2S)\right)^{-1}\end{aligned}\right\}\tag{6.23}$$

指数寿命型近似置信下限为

$$\left.\begin{aligned}\eta &= -\frac{\ln\prod_{i=1}^{m}E_i}{\sum_{i=1}^{m}\frac{D_i}{E_i^2}}\\r &= -\eta\ln\prod_{i=1}^{m}E_i\\R_l &= \exp\frac{-\chi_\gamma^2(2r+2)}{2\eta}\end{aligned}\right\}\tag{6.24}$$

【例 6.6】不同正态型单元串联系统，$m=2$，$E_1=0.999$，$D_1=7\times10^{-6}$；$E_2=0.99$，$D_2=2\times10^{-5}$。求置信度为 0.60 和 0.90 时的系统可靠度置信下限 R_l。

解：

（Ⅰ）求成败型近似置信下限

由（6.23）式得

$$N=\frac{\prod_{i=1}^{2}\frac{1}{E_i}-1}{\sum_{i=1}^{2}\frac{D_i}{E_i^2}}=\frac{\frac{1}{0.999}\times\frac{1}{0.99}-1}{\frac{7\times10^{-6}}{0.999^2}+\frac{2\times10^{-5}}{0.99^2}}=405.26$$

$$\begin{aligned}F&=N\left(1-\prod_{i=1}^{2}E_i\right)\\&=405.26\times(1-0.999\times0.99)\\&=4.45\end{aligned}$$

$$\begin{aligned}S&=N-F\\&=405.26-4.45\\&=400.81\end{aligned}$$

$$2F+2=8.9$$

$$2S=801.62$$

查 F 分布分位数表（$\gamma=0.60,0.90;\upsilon_1=8,9;\upsilon_2=801,802$）得

$$F_{0.60}(8,\infty)=1.043\ 82$$

$$F_{0.60}(9,\infty)=1.045\ 96$$

$$\begin{aligned}F_\gamma(2F+2,2S)&=F_{0.60}(8.9,\infty)\\&=1.043\ 82+(1.045\ 96-1.043\ 82)\times0.90\\&=1.045\ 75\end{aligned}$$

$$\begin{aligned}R_{l1}&=\left(1+\frac{F+1}{S}F_\gamma(2F+2,2S)\right)^{-1}\\&=\left(1+\frac{4.45+1}{400.81}\times1.045\ 75\right)^{-1}\\&=0.986\ 0\end{aligned}$$

$$F_{0.90}(8,\infty)=1.670\ 20$$

$$F_{0.90}(9,\infty)=1.631\ 52$$

$$\begin{aligned}F_{0.90}(8.9,\infty)&=1.631\ 52+(1.670\ 20-1.631\ 52)\times0.1\\&=1.635\ 39\end{aligned}$$

$$\begin{aligned}R_{l2}&=(1+\frac{4.45+1}{400.81}\times1.635\ 39)^{-1}\\&=0.978\ 2\end{aligned}$$

（Ⅱ）求指数寿命型近似置信下限

由（6.24）式得

$$\eta = -\frac{\ln\prod_{i=1}^{2}E_i}{\sum_{i=1}^{2}\frac{D_i}{E_i^2}}$$

$$= -\frac{\ln(0.999\times0.99)}{\frac{7\times10^{-6}}{0.999^2}+\frac{2\times10^{-5}}{0.99^2}}$$

$$= 403.02$$

$$r = -\eta\ln\prod_{i=1}^{2}E_i$$

$$= -403.02\ln(0.999\times0.99)$$

$$= 4.45$$

由 χ^2 分布分位数表查得

$$\chi^2_{0.60}(10) = 10.473\ 24$$

$$\chi^2_{0.60}(11) = 11.529\ 81$$

$$\chi^2_{0.90}(10) = 15.987\ 18$$

$$\chi^2_{0.90}(11) = 17.275\ 01$$

$$\chi^2_{0.60}(2r+2) = \chi^2_{0.60}(10.9)$$

$$= 10.473\ 24 + (11.529\ 83 - 10.473\ 24)\times0.90$$

$$= 11.424\ 2$$

$$\chi^2_{0.90}(10.9) = 15.987\ 18 + (17.275\ 01 - 15.987\ 18)\times0.90$$

$$= 17.146\ 2$$

$\gamma = 0.60$ 时

$$R_{l3} = \exp\frac{-\chi^2_{\gamma}(2r+2)}{2\eta}$$

$$=\exp\frac{-11.4242}{2\times 403.02}$$

$$=0.9859$$

$\gamma=0.90$ 时

$$R_{l4}=\exp\frac{-17.1462}{2\times 403.02}$$

$$=0.9789$$

6.6　相同正态型单元串联系统[10]

系统由 m 个相同正态型单元串联组成，此单元可靠度函数 R_1 的极大似然估计值为 E_1，其渐近方差 $D(E_1)$ 的极大似然估计为 D_1。求系统可靠度在置信度为 γ 时的置信下限的方法如下。

6.6.1　成败型近似置信下限

系统可靠度成败型近似置信下限的计算公式为

$$\left.\begin{aligned} N &= \frac{E_1^{-m}-1}{m^2E_1^{-2}D_1} \\ F &= N(1-E_1^m) \\ R_l &= \left(1+\frac{F+1}{S}F_\gamma(2F+2,2S)\right)^{-1} \end{aligned}\right\} \tag{6.25}$$

6.6.2　指数寿命型近似置信下限

系统可靠度指数寿命型近似置信下限的计算公式为

$$\left.\begin{aligned} \eta &= \frac{E_1^2\ln E_1^{-m}}{m^2D_1} \\ r &= -\eta\ln E_1^m \\ R_l &= \exp\frac{-\chi_\gamma^2(2r+2)}{2\eta} \end{aligned}\right\} \tag{6.26}$$

【例 6.7】相同正态型单元串联系统，$m=3$，此单元 $E_1=0.97725$，$D_1=0.0008162$。求置信度为 0.60 和 0.90 时的系统可靠度置信下限 R_l。

解：

（Ⅰ）求成败型近似置信下限

由（6.25）式得

$$N=\frac{E_1^{-m}-1}{m^2E_1^{-2}D_1}$$

$$=\frac{0.97725^{-3}-1}{3^2\times0.97725^{-2}\times0.0008162}$$

$$=9.293$$

$$F=N(1-E_1^m)$$

$$=9.293\times(1-0.97725^3)$$

$$=0.6199$$

$$S=N-F=9.293-0.6199=8.6731$$

$$2F+2=3.2398$$

$$2S=17.3462$$

查 F 分布分位数表，将 $\upsilon_1=3,4$，$\upsilon_2=17,18$，$\gamma=0.60,0.90$ 的分位数及其三次插值结果填入表 6.7 和表 6.8 中。

表 6.7　$F_{0.60}(\upsilon_1,\upsilon_2)$ 三次插值数据

υ_2	υ_1		
	3	3.239 8	4
17	1.040 22		1.073 88
17.346 2	1.039 07	1.047 12	1.072 64
18	1.036 89		1.070 29

表 6.8　$F_{0.90}(\upsilon_1, \upsilon_2)$ 三次插值数据

υ_2	υ_1		
	3	3.239 8	4
17	2.437 43		2.307 75
17.346 2	2.430 01	2.398 87	2.300 14
18	2.416 01		2.285 77

计算得

$$R_{l1} = \left(1 + \frac{F+1}{S} F_\gamma(2F+2, 2S)\right)^{-1}$$
$$= \left(1 + \frac{0.619\ 9 + 1}{8.673\ 1} \times 1.047\ 12\right)^{-1}$$
$$= 0.836\ 4$$

计算得

$$R_{l2} = \left(1 + \frac{F+1}{S} F_\gamma(2F+2, 2S)\right)^{-1}$$
$$= \left(1 + \frac{0.619\ 9 + 1}{8.673\ 1} \times 2.398\ 87\right)^{-1}$$
$$= 0.690\ 6$$

（Ⅱ）求指数寿命型近似置信下限

由（6.26）式得

$$\eta = \frac{E_1^2 \ln E_1^{-m}}{m^2 D_1}$$
$$= \frac{0.977\ 25^2 \ln 0.977\ 25^{-3}}{3^2 \times 0.000\ 816\ 2}$$
$$= 8.975\ 6$$
$$r = -\eta \ln E_1^m$$
$$= -8.975\ 6 \ln 0.977\ 25^3$$
$$= 0.619\ 7$$

$$2r+2=2\times 0.619\ 7+2$$
$$=3.239\ 4$$

由 χ^2 分布分位数表得

$$\chi^2_{0.60}(3)=2.946\ 17$$
$$\chi^2_{0.60}(4)=4.044\ 63$$
$$\chi^2_{0.90}(3)=6.251\ 39$$
$$\chi^2_{0.90}(4)=7.779\ 44$$

$$\chi^2_{0.60}(2r+2)=\chi^2_{0.60}(3.239\ 4)$$
$$=2.946\ 17+(4.044\ 63-2.946\ 17)\times 0.239\ 4$$
$$=3.209\ 1$$
$$\chi^2_{0.90}(3.239\ 4)=6.251\ 39+(7.779\ 44-6.251\ 39)\times 0.239\ 4$$
$$=6.617\ 2$$

计算得

$$\gamma=0.60\text{ 时}, R_{l3}=\exp\frac{-\chi^2_\gamma(2r+2)}{2\eta}$$
$$=\exp\frac{-3.209\ 1}{2\times 8.975\ 6}$$
$$=0.836\ 3$$
$$\gamma=0.90\text{ 时}, R_{l4}=\exp\frac{-6.617\ 2}{2\times 8.975\ 6}$$
$$=0.691\ 7$$

（Ⅲ）先利用（6.25）式求单元的成败型近似置信下限，再利用系统可靠性函数式求系统可靠度近似置信下限。

$$N_1=\frac{E_1^{-1}-1}{E_1^{-2}D_1}$$
$$=\frac{0.977\ 25^{-1}-1}{0.977\ 25^{-2}\times 0.000\ 816\ 2}$$
$$=27.239$$
$$F_1=N_1(1-E_1)$$
$$=27.239\times(1-0.977\ 25)$$
$$=0.619\ 7$$

查二项分布可靠度单侧置信下限表，将 $N=27,28$，$F=0,1$，

$\gamma=0.60, 0.90$ 的置信下限及其三次插入值填入表 6.9 和表 6.10。

利用串联系统可靠性函数式得

$$\gamma = 0.60\text{ 时}, R_{l5} = R_{l1}^{m} = 0.942\ 25^{3} = 0.836\ 56$$

$$\gamma = 0.90\text{ 时}, R_{l6} = 0.885\ 22^{3} = 0.693\ 7$$

表 6.9　R_l 三次插值数据（$\gamma = 0.60$）

N	F		
	0	0.619 7	1
27	0.966 63		0.926 50
27.239	0.966 91	0.942 25	0.927 12
28	0.967 80		0.929 08

表 6.10　R_l 三次插值数据（$\gamma = 0.90$）

N	F		
	0	0.619 7	1
27	0.918 25		0.863 43
27.239	0.918 92	0.885 22	0.864 54
28	0.921 06		0.868 06

6.7　相同成败型单元并联系统

系统由 l 个相同成败型单元并联组成，此单元试验了 N_1 次，成功 S_1 次，失败 F_1 次，

该系统可靠度的点估计为

$$\hat{R} = 1 - (1 - \hat{R}_1)^{l} \tag{6.27}$$

式中　$\hat{R}_1$——单元可靠度的点估计，$\hat{R}_1 = \dfrac{S_1}{N_1}$ 。

6.7.1　成败型近似置信下限

系统可靠度成败型近似置信下限的计算公式为

当 $F_1 \neq 0$ 时，有

$$\left.\begin{aligned} N &= \frac{N_1 F_1}{l^2 S_1}\left[\left(\frac{N_1}{F_1}\right)^l - 1\right] \\ F &= N\left(\frac{F_1}{N_1}\right)^l \\ \sum_{i=S}^{N}\binom{N}{i} & R_l^i (1-R_l)^{N-i} = 1-\gamma \end{aligned}\right\} \tag{6.28}$$

当 $F_1 = 0$ 时，有

$$R_l = 1 - [1-(1-\gamma)^{\frac{1}{N_1}}]^l \tag{6.29}$$

6.7.2　指数寿命型近似置信下限

系统可靠度指数寿命型近似置信下限的计算公式为

当 $F_1 \neq 0$ 时，有

$$\left.\begin{aligned} \eta &= -\frac{N_1 F_1}{l^2 S_1}\cdot\frac{\left[1-\left(\frac{F_1}{N_1}\right)^l\right]^2 \ln\left[1-\left(\frac{F_1}{N_1}\right)^l\right]}{\left(\frac{F_1}{N_1}\right)^{2l}} \\ r &= -\eta\ln\left[1-\left(\frac{F_1}{N_1}\right)^l\right] \\ R_l &= \exp\frac{-\chi_\gamma^2(2r+2)}{2\eta} \end{aligned}\right\} \tag{6.30}$$

【例 6.8】相同成败型单元的并联系统，$l = 2$，$N_1 = 50$，$F_1 = 1$。求置信度为 0.60 时的系统可靠度置信下限 R_l 。

解：

（Ⅰ）求成败型近似置信下限

由（6.28）式得

$$N=\frac{N_1F_1}{l^2S_1}\left[\left(\frac{N_1}{F_1}\right)^l-1\right]$$
$$=\frac{50\times1}{2^2\times49}\times\left[\left(\frac{50}{1}\right)^2-1\right]$$
$$=637.5$$
$$F=N\left(\frac{F_1}{N_1}\right)^l$$
$$=637.5\times\left(\frac{1}{50}\right)^2$$
$$=0.255$$

查二项分布可靠度单侧置信下限表，将 $N=600,650$，$F=0,1$，$\gamma=0.60$ 的置信下限及其三次插入值填入表 6.11 中。

表 6.11　R_l 三次插值数据

N	F		
	0	0.255	1
600	0.998 47		0.996 63
637.5	0.998 56	0.998 12	0.996 83
650	0.998 59		0.996 89

得

$$R_{l1}=0.998\ 12$$

（Ⅱ）求指数寿命型近似置信下限

由（6.30）式得

$$\eta=-\frac{N_1F_1}{l^2S_1}\times\frac{\left[1-\left(\frac{F_1}{N_1}\right)^l\right]^2\ln\left[1-\left(\frac{F_1}{N_1}\right)^l\right]}{\left(\frac{F_1}{N_1}\right)^{2l}}$$

$$=-\frac{50\times 1}{2^2\times 49}\times\frac{\left[1-\left(\frac{1}{50}\right)^2\right]^2\ln\left[1-\left(\frac{1}{50}\right)^2\right]}{(1\times 50^{-1})^{2\times 2}}$$

$$=637.37$$

$$r=-\eta\ln\left[1-\left(\frac{F_1}{N_1}\right)^l\right]$$

$$=637.37\ln\left[1-\left(\frac{1}{50}\right)^2\right]$$

$$=0.255$$

$$2r+2=2\times 0.255+2=2.51$$

查 χ^2 分布分位数表得

$$\chi^2_{0.60}(2)=1.832\ 58$$

$$\chi^2_{0.60}(3)=3.283\ 11$$

$$\chi^2_{0.60}(2.51)=1.832\ 58+(3.283\ 11-1.832\ 58)\times 0.51$$

$$=2.572\ 35$$

$$R_{l2}=\exp\frac{-\chi^2_\gamma(2r+2)}{2\eta}$$

$$=\exp\frac{-2.572\ 35}{2\times 637.37}$$

$$=0.997\ 98$$

6.8 相同指数寿命型单元并联系统

系统由 m 个相同指数寿命型单元并联组成，此单元试验时间为 T_1，失败数为 r_1，等效任务时间为 t_0，等效任务数 $\eta_1=\frac{T_1}{t_0}$，则系统可靠度的点估计为

$$\hat{R}=1-(1-\hat{R}_1)^m$$

$$=1-\left[1-\exp\left(-\frac{r_1}{\eta_1}\right)\right]^m \tag{6.31}$$

6.8.1　成败型近似置信下限

系统可靠度成败型近似置信下限的计算公式为

当 $r_1 \neq 0$ 时，有

$$\left.\begin{aligned} & N = \frac{\eta_1^2}{m^2 r_1}[(1-\hat{R}_1)^{2-m} - (1-\hat{R}_1)^2]\hat{R}_1^{-2} \\ & F = N(1-\hat{R}_1)^m \\ & \sum_{i=S}^{N}\binom{N}{i}R_l^i(1-R_l)^{N-i} = 1-\gamma \end{aligned}\right\} \tag{6.32}$$

当 $r_1 = 0$ 时，有

$$R_l = 1-[1-(1-\gamma)^{\frac{1}{\eta_1}}]^m \tag{6.33}$$

6.8.2　指数寿命型近似置信下限

系统可靠度指数寿命型近似置信下限的计算公式为

当 $r_1 \neq 0$ 时，有

$$\left.\begin{aligned} & \eta = -\frac{\eta_1^2 \hat{R}_1^{-2}}{m^2 r_1}[(1-\hat{R}_1)^{1-m} - (1-\hat{R}_1)]^2 \ln[1-(1-\hat{R}_1)^m] \\ & r = -\eta \ln[1-(1-\hat{R}_1)^m] \\ & R_l = \exp\frac{-\chi_r^2(2r+2)}{2\eta} \end{aligned}\right\} \tag{6.34}$$

【例 6.9】相同指数寿命型单元并联系统，$m=2, r_1=2, \eta_1=20$。求置信度为 0.60 时的系统可靠度置信下限 R_l 。

解：

$$\begin{aligned} \hat{R}_1 &= \exp\left(-\frac{r_1}{\eta_1}\right) \\ &= \exp\left(-\frac{2}{20}\right) \\ &= 0.904\ 8 \end{aligned}$$

（Ⅰ）求成败型近似置信下限

由（6.32）式得

$$N=\frac{\eta_1^2}{m^2 r_1}[(1-\hat{R}_1)^{2-m}-(1-\hat{R}_1)^2]\hat{R}_1^{-2}$$

$$=\frac{20^2}{2^2\times 2}\times[(1-0.904\ 8)^{2-2}-(1-0.904\ 8)^2]\times 0.904\ 8^{-2}$$

$$=60.52$$

$$F=N(1-\hat{R}_1)^m=60.52\times(1-0.904\ 8)^2=0.55$$

查二项分布可靠度单侧置信下限表，将 $N=60,61,F=0,1,\gamma=0.60$ 的置信下限及其三次插入值填入表 6.12 中。

表 6.12　R_l 三次插值数据

N	F		
	0	0.55	1
60	0.984 84		0.966 58
60.52	0.984 97	0.975 01	0.966 86
61	0.985 09		0.967 12

得

$$R_{l1}=0.975\ 01$$

（Ⅱ）求指数寿命型近似置信下限

由（6.34）式得

$$\eta=-\frac{\eta_1^2\hat{R}_1^{-2}}{m^2 r_1}[(1-\hat{R}_1)^{1-m}-(1-\hat{R}_1)]^2\ln[1-(1-\hat{R}_1)^m]$$

$$=-\frac{20^2\times 0.904\ 8^{-2}}{2^2\times 2}\times[(1-0.904\ 8)^{1-2}-(1-0.904\ 8)]^2\times$$

$$\ln[1-(1-0.904\ 8)^2]$$

$$=60.25$$

$$r=-\eta\ln[1-(1-\hat{R}_1)^m]$$

$$=-60.25\ln[1-(1-0.904\ 8)^2]=0.55$$

$$2r+2=2\times 0.55+2=3.1$$

查 χ^2 分布分位数表得

$$\chi^2_{0.60}(3)=2.946\ 17$$

$$\chi^2_{0.60}(4)=4.044\ 63$$

$$\chi^2_{0.60}(3.1)=2.946\ 17+(4.044\ 63-2\ 094\ 617)\times 0.1$$

$$=3.056\ 02$$

$$R_{l2}=\exp\frac{-\chi^2_\gamma(2r+2)}{2\eta}$$

$$=\exp\frac{-3.056\ 02}{2\times 60.25}=0.974\ 96$$

6.9　相同成败型单元的 $k/n(G)$ 系统[10]

相同成败型单元的 $k/n(G)$ 系统由 n 个相同成败型单元组成，只有当 k 个或 k 个以上单元成功，系统才能成功；此单元共试验了 N_1 次，成功 S_1 次，失败 F_1 次。

系统可靠度函数 R 的极大似然估计 $\hat{R}$ 为

$$\hat{R}=\sum_{i=k}^{n}\begin{pmatrix}n\\i\end{pmatrix}\left(\frac{S_1}{N_1}\right)^i\left(\frac{F_1}{N_1}\right)^{n-i} \tag{6.35}$$

可靠度函数极大似然估计值 $\hat{R}$ 的渐近方差 $D(\hat{R})$ 的极大似然估计 D 为

$$D=\frac{1}{N_1}\left[\frac{k\times n!}{(n-k)!k!}\right]^2\left(\frac{S_1}{N_1}\right)^{2k-1}\left(\frac{F_1}{N_1}\right)^{2(n-k)+1} \tag{6.36}$$

6.9.1　成败型近似置信下限

系统可靠度成败型近似置信下限的计算公式为

当 $F_1\neq 0$ 时，有

$$\left.\begin{aligned}N &= \frac{\hat{R}(1-\hat{R})}{D} \\ F &= \frac{\hat{R}(1-\hat{R})^2}{D} \\ \sum_{i=S}^{N}\binom{N}{i}&R_l^i(1-R_l)^{N-i} = 1-\gamma\end{aligned}\right\} \tag{6.37}$$

当 $F=0$ 时，有

$$\left.\begin{aligned}R_{1l} &= (1-\gamma)^{\frac{1}{N_1}} \\ R_l &= \sum_{i=k}^{n}\binom{n}{i}R_{1l}^i(1-R_{1l})^{n-i} \\ F &= 0 \\ N &= \frac{\ln(1-\gamma)}{\ln R_l}\end{aligned}\right\} \tag{6.38}$$

6.9.2 指数寿命型近似置信下限

系统可靠度指数寿命型近似置信下限的计算公式为

当 $F_1 \neq 0$ 时，有

$$\left.\begin{aligned}\eta &= -\frac{\hat{R}^2\ln\hat{R}}{D} \\ r &= -\eta\ln\hat{R} \\ R_l &= \exp\frac{-\chi_\gamma^2(2r+2)}{2\eta}\end{aligned}\right\} \tag{6.39}$$

【例 6.10】相同成败型单元的 $k/n(G)$ 系统，$n=100$，$k=98$，$N_1=1\ 000$，$F_1=1$。求置信度为 0.60 时的系统可靠度置信下限 R_l。

解：

由（6.35）式和（6.36）式得

$$\begin{aligned}\hat{R} &= \sum_{i=k}^{n}\binom{n}{i}\left(\frac{S_1}{N_1}\right)^i\left(\frac{F_1}{N_1}\right)^{n-i} \\ &= \sum_{i=98}^{100}\left[\frac{100}{i}\times\left(\frac{999}{1\ 000}\right)^i\times\left(\frac{1}{1\ 000}\right)^{n-i}\right] \\ &= 0.999\ 850\end{aligned}$$

$$D=\frac{1}{N_1}\left[\frac{k\times n!}{(n-k)!k!}\right]^2\left(\frac{S_1}{N_1}\right)^{2k-1}\left(\frac{F_1}{N_1}\right)^{2(n-k)+1}$$

$$=\frac{1}{1\ 000}\times\left[\frac{98\times 100!}{2!\times 98!}\right]^2\times\left(\frac{999}{1\ 000}\right)^{195}\times\left(\frac{1}{1\ 000}\right)^5$$

$$=0.000\ 000\ 193\ 6$$

（Ⅰ）求成败型近似置信下限

由（6.37）式得

$$N=\frac{\hat{R}(1-\hat{R})}{D}$$

$$=\frac{0.999\ 850\times(1-0.999\ 850)}{0.000\ 000\ 193\ 6}=774.7$$

$$F=N(1-\hat{R})$$

$$=774.7\times(1-0.999\ 85)$$

$$=0.116$$

查二项分布可靠度单侧置信下限表，将 $N=750,800,F=0,1,\gamma=0.60$ 的置信下限及其三次插入值填入表 6.13 中。

表 6.13　R_l 三次插值数据

N	F		
	0	0.116	1
750	0.998 78		0.997 31
774.7	0.998 82	0.998 65	0.997 39
800	0.998 86		0.997 47

得

$$R_{l1}=0.998\ 65$$

（Ⅱ）求指数寿命型近似置信下限

由（6.39）式得

$$\eta=-\frac{\hat{R}^2\ln\hat{R}}{D}$$

$$= -\frac{0.999\ 85^2 \ln 0.999\ 85}{0.000\ 000\ 193\ 6}$$

$$= 774.62$$

$$r = -\eta \ln \hat{R}$$

$$= -774.62 \ln 0.999\ 85$$

$$= 0.116$$

$$2r + 2 = 2.232$$

查 χ^2 分布分位数表得

$$\chi^2_{0.60}(2) = 1.832\ 58$$

$$\chi^2_{0.60}(3) = 2.946\ 17$$

$$\chi^2_{0.60}(2.232) = 1.832\ 58 + (2.946\ 17 - 1.862\ 58) \times 0.232$$

$$= 2.083\ 97$$

$$R_{l2} = \exp \frac{-\chi^2(2r+2)}{2\eta}$$

$$= \exp \frac{-2.083\ 97}{2 \times 774.62}$$

$$= 0.998\ 66$$

6.10 相同指数寿命型单元的 $k/m(G)$ 系统

系统由 m 个相同指数寿命型单元组成，只有当 k 个或 k 个以上单元成功，系统才能成功；此单元总试验时间为 T_1，失败数为 r_1，等效任务时间为 t_0，等效任务数 $\eta_1 = \dfrac{T_1}{t_0}$。该系统可靠度 R 的极大似然估计 $\hat{R}$ 及其渐近方差 $D(\hat{R})$ 的极大似然估计 D 为

$$\hat{R} = \sum_{i=k}^{m} \binom{m}{i} \exp \frac{-r_1 i}{\eta_1} \left(1 - \exp \frac{-r_1}{\eta_1}\right)^{m-i} \tag{6.40}$$

$$D = \frac{r_1}{\eta_1^2} \left[\frac{km!}{(m-k)!k!} \exp \frac{-r_1 k}{\eta_1} \left(1 - \exp \frac{-r_1}{\eta_1}\right)^{m-k} \right]^2 \tag{6.41}$$

6.10.1　成败型近似置信下限

系统可靠度成败型近似置信下限的计算公式为

当 $r_1 \neq 0$ 时，有

$$\left.\begin{aligned} N &= \frac{\hat{R}(1-\hat{R})}{D} \\ F &= \frac{\hat{R}(1-\hat{R})^2}{D} \\ \sum_{i=S}^{N} \binom{N}{i} & R_l^i (1-R_l)^{N-i} = 1-\gamma \end{aligned}\right\} \tag{6.42}$$

当 $r_1 = 0$ 时，有

$$\left.\begin{aligned} R_{1l} &= (1-\gamma)^{\frac{1}{\eta_1}} \\ R_l &= \sum_{i=k}^{m} \binom{m}{i} R_{1l}^i (1-R_{1l})^{(m-i)} \\ F &= r = 0 \\ N &= \eta = \frac{\ln(1-\gamma)}{\ln R_l} \end{aligned}\right\} \tag{6.43}$$

6.10.2　指数寿命型近似置信下限

系统可靠度指数寿命型近似置信下限的计算公式为

$$\left.\begin{aligned} \eta &= -\frac{\hat{R}^2 \ln \hat{R}}{D} \\ r &= -\eta \ln \hat{R} \\ R_l &= \exp \frac{-\chi_\gamma^2(2r+2)}{2\eta} \end{aligned}\right\} \tag{6.44}$$

【例 6.11】相同指数寿命型单元的 $k/m(G)$ 系统，$m=3$，$k=2$，$r_1=2$，$\eta_1=20$。求置信度为 0.60 时的系统可靠度置信下限 R_l 。

解：

$$\hat{R} = \sum_{i=k}^{m} \binom{m}{i} \exp\frac{-r_1 i}{\eta_1}\left(1-\exp\frac{-r_1}{\eta_1}\right)^{m-i}$$

$$=\frac{3!}{(3-2)!2!}\exp\frac{-2\times 2}{20}\times\left(1-\exp\frac{-2}{20}\right)^{3-2}+$$

$$\exp\frac{-2\times 3}{20}\times\left(1-\exp\frac{-2}{20}\right)^{3-3}$$

$$=0.974\ 56$$

$$D=\frac{r_1}{\eta_1^2}\left[\frac{km!}{(m-k)!k!}\exp\frac{-r_1k}{\eta_1}\left(1-\exp\frac{-r_1}{\eta_1}\right)^{m-k}\right]^2$$

$$=\frac{2}{20^2}\left[\frac{2\times 3!}{2!}\exp\frac{-2\times 2}{20}\times\left(1-\exp\frac{-2}{20}\right)\right]^2$$

$$=0.001\ 092\ 665$$

（Ⅰ）求成败型近似置信下限

由（6.42）式得

$$N=\frac{\hat{R}(1-\hat{R})}{D}$$

$$=\frac{0.974\ 56\times(1-0.974\ 56)}{0.001\ 092\ 665}$$

$$=22.69$$

$$F=N(1-\hat{R})$$

$$=22.69\times(1-0.974\ 56)$$

$$=0.557$$

查二项分布可靠度单侧置信下限表，将 $N=22,23,F=0,1$，$\gamma=0.60$ 的置信下限及其三次插入值填入表 6.14 中。

表 6.14　R_l 三次插值数据

N	F		
	0	0.577	1
22	0.959 21		0.910 19
22.69	0.960 40	0.932 95	0.912 83
23	0.960 94		0.914 01

得

$$R_{l1} = 0.932\ 95$$

（Ⅱ）求指数寿命型近似置信下限

由（6.44）式得

$$\eta = -\frac{\hat{R}^2 \ln \hat{R}}{D}$$

$$= -\frac{0.974\ 56^2 \ln 0.974\ 56}{0.001\ 092\ 665}$$

$$= 22.399$$

$$r = -\eta \ln \hat{R}$$

$$= -22.399 \ln 0.974\ 56$$

$$= 0.577$$

$$2r + 2 = 3.154$$

查 χ^2 分布分位数表得

$$\chi^2_{0.60}(3) = 2.946\ 17$$

$$\chi^2_{0.60}(4) = 4.044\ 63$$

$$\chi^2_{0.60}(3.154) = 2.946\ 17 + (4.044\ 63 - 2.946\ 17) \times 0.154$$

$$= 3.115\ 33$$

$$R_{l2} = \exp \frac{-\chi^2_\gamma(2r+2)}{2\eta}$$

$$= \exp \frac{-3.115\ 33}{2 \times 22.399}$$

$$= 0.932\ 82$$

6.11　不同单元组成的系统与相同单元组成的系统的对比

利用不同成败型单元串联系统近似置信下限公式（(6.3) 式），可推导出相同成败型单元串联系统近似置信下限，即当 $F_1 \neq 0$ 时有

$$\left.\begin{aligned} N &= \frac{S_1 N_1}{lF_1}\left[\left(\frac{N_1}{S_1}\right)^l - 1\right] \\ F &= N\left[1 - \left(\frac{S_1}{N_1}\right)^l\right] \\ \sum_{i=S}^{N} &\binom{N}{i} R_l^i (1-R_l)^{N-i} = 1-\gamma \end{aligned}\right\} \tag{6.45}$$

(6.45) 式中 N 的公式与直接推导的相同成败型单元串联系统近似置信下限公式（(6.8) 式）中的 N 公式相比，N 增加 l 倍，显然 F 也增加 l 倍。

从概念上理解，利用不同成败型单元串联系统近似置信下限公式推导的相同成败型单元串联系统近似置信下限公式是表示各个单元都进行相同数量的试验并有相同失败数；而直接推导的相同成败型单元串联系统近似置信下限公式表示只进行一个单元的试验，并代表各个单元的试验数和失败数，但并不表示各单元都进行了试验。这就是说，用不同成败型单元串联系统近似置信下限公式简化成的相同成败型单元串联系统近似置信下限公式（(6.45) 式）的信息量是直接推导的相同成败型单元串联系统近似置信下限公式（(6.8) 式）的信息量的 l 倍。因此，必须针对各自的情况使用这两组公式，不能混淆使用。下面通过例子来进一步说明。

【例 6.12】4 个相同成败型单元串联系统，即 $l=4$，表 6.15 按顺序分别得出：(1) 同一单元共进行 50 次试验($N_1=50$)，失败 1 次($F_1=1$)；(2) 每个单元进行 50 次试验($N_1=N_2=N_3=N_4=50$)，失败 1 次($F_1=F_2=F_3=F_4=1$)；(3) 同一单元进行 100 次试验($N_1=100$)，失败 2 次($F_1=2$)；(4) 同一单元进行 200 次试验($N_1=200$)，失败 4 次($F_1=4$)；(5) 每个单元进行 50 次试验($N_1=N_2=N_3=N_4=50$)，失败数为($F_1=2,F_2=1,F_3=1,F_4=0$)；(6) 每个单元进行 50 次试验，失败数为 $F_1=3,F_2=1,F_3=F_4=0$。求 $\gamma=0.60$ 的可靠度置信下限 R_l。

表 6.15　已知条件和计算结果

序号	试验方法及相关信息	应用公式	R_l
1	同一单元试验 50 次，$N_1=50$，$F_1=1$	式（6.8）	0.849 10
2	每个单元试验 50 次，$N_1=N_2=N_3=N_4=50$，$F_1=F_2=F_3=F_4=1$	式（6.45）式（6.3）	0.899 63
3	同一单元试验 100 次，$N_1=100$，$F_1=2$	式（6.8）	0.882 06
4	同一单元试验 200 次，$N_1=200$，$F_1=4$	式（6.8）	0.899 63
5	每个单元试验 50 次，$F_1=2$，$F_2=1$，$F_3=1$，$F_4=0$	式（6.3）	0.899 13
6	每个单元试验 50 次，$F_1=3$，$F_2=1$，$F_3=F_4=0$	式（6.3）	0.898 11

(1) $N_1=50$，$F_1=1$

$$N=\frac{50\times 49}{4^2}\times\left[\left(\frac{50}{49}\right)^4-1\right]=12.887\ 9$$

$$F=N\left[1-\left(\frac{S_1}{N_1}\right)^l\right]=1.000\ 5$$

$$R_{l1}=0.819\ 10$$

(2) $N_1=N_2=N_3=N_4=50$，$F_1=F_2=F_3=F_4=1$

$$N=4\times 12.888=51.552$$

$$F=4$$

$$R_{l2}=0.899\ 63$$

(3) $N_1=100\qquad F_1=2$

$$N=\frac{100\times 98}{4^2\times 2}\times\left[\left(\frac{100}{98}\right)^4-1\right]$$

$$=25.776$$

$$F=25.776\times\left[1-\left(\frac{98}{100}\right)^4\right]$$

$$=2.001$$

$$R_{l3}=0.882\ 06$$

(4) $N_1=200$, $F_1=4$

$$N=\frac{200\times196}{4^2\times4}\times\left[\left(\frac{200}{196}\right)^4-1\right]$$

$$=51.552$$

$$F=51.552\times\left[1-\left(\frac{196}{200}\right)^4\right]$$

$$=4$$

$$R_{l4}=0.899\ 63$$

(5) $N_1=N_2=N_3=N_4=50;F_1=2,F_2=1,F_3=1,F_4=0$

$$N=\frac{\frac{50}{48}\times\frac{50}{49}\times\frac{50}{49}\times\frac{50}{50}-1}{\frac{1}{50\times49}+\frac{1}{50\times49}+\frac{2}{50\times48}}$$

$$=51.294$$

$$F=51.294\times\left(1-\frac{49}{50}\times\frac{49}{50}\times\frac{48}{50}\right)$$

$$=4.002$$

$$R_{l5}=0.899\ 13$$

(6) $N_1=N_2=N_3=N_4=50;F_1=3,F_2=1,F_3=F_4=0$

$$N=\frac{\frac{50}{47}\times\frac{50}{49}-1}{\frac{3}{47\times50}+\frac{1}{49\times50}}$$

$$=50.773$$

$$F=50.773\times\left(1-\frac{47}{50}\times\frac{49}{50}\right)$$

$$=4.000\ 9$$

$$R_{l6}=0.898\ 11$$

对比（1）、（3）、（4）可以看出试验次数少，信息量少，R_l 就低。对比（2）、（4）可以看出试验总次数和总失败数相同的情况下，应用不同成败型单元串联系统近似置信下限公式（6.1）或其简化成的相同成败型单元串联系统近似置信下限公式（6.38）计算结果与用直接推导的相同成败型串联系统近似置信下限公式（6.6）的计算结果是一致的，这也证明了各公式的正确性。对比（4）、（5）、（6）可以看出，如果明明是相同成败型单元，而偏要按不同成败型单元来安排试验，这就没有充分利用相同成败型单元这一信息，其评定结果可能会偏低。因此，对相同成败型单元串联系统、相同指数寿命型串联系统、相同正态型单元串联系统，都要应用直接推导的相同型串联系统近似置信下限公式来计算其近似置信下限。

6.12　不同类型可靠性数据计算与转换

6.12.1　利用产品可靠度 R 的极大似然估计 $E=\hat{R}$ 及其渐近方差的极大似然估计 D 进行转换

6.12.1.1　正态型数据的转换

已知正态分布产品的 n 个试验数据 $x_1, x_2, \cdots, x_u$ 及其允许界限 l，根据（6.22）式可计算其 E 与 D。

（1）正态型数据转换为成败型数据

$$\left.\begin{aligned} N &= \frac{E(1-E)}{D} \\ F &= N(1-E) \end{aligned}\right\} \qquad (6.46)$$

（2）正态型数据转换为指数寿命型数据

$$\left.\begin{aligned} \eta &= -\frac{E^2 \ln E}{D} \\ r &= -\eta \ln E \end{aligned}\right\} \qquad (6.47)$$

6.12.1.2　指数寿命型数据的转换

指数寿命型产品可靠度 R 的极大似然估计 $E=\hat{R}$ 及其渐近方差的极大似然估计为

$$\left.\begin{aligned}\hat{R} &= \exp\frac{-r}{\eta}\\ D &= \hat{R}^2\eta^{-2}r\end{aligned}\right\}\tag{6.48}$$

（1）指数寿命型数据转换成为成败型数据

当 $r \neq 0$ 时，将（6.41）式代入（6.39）式得

$$\left.\begin{aligned}N &= \frac{\eta^2}{r}\left(\exp\frac{r}{\eta}-1\right)\\ F &= N\left(1-\exp\frac{-r}{\eta}\right)\end{aligned}\right\}\tag{6.49}$$

当 $r = 0$ 时，有

$$N = \eta$$
$$F = 0$$

（2）成败型数据转换为指数寿命型数据

当 $F \neq 0$ 时，有

$$\left.\begin{aligned}\eta &= \frac{NS}{F}\ln\frac{N}{S}\\ r &= \eta\ln\frac{N}{S}\end{aligned}\right\}\tag{6.50}$$

当 $F = 0$ 时，有

$$\left.\begin{aligned}\eta &= N\\ r &= 0\end{aligned}\right\}\tag{6.51}$$

其他类型数据若能给定 E 值和 D 值，也可按（6.46）式或（6.47）式转换为 N、F 或 η、r。

6.12.2 利用产品置信度为 0.50 和其置信下限 $R_{0.50}$，R_γ 转换为成败型数据[22]

转换公式为

$$\left.\begin{aligned}&n-f = nR_{0.50}\\ &\int_0^{R_\gamma}x^{n-f-1}(1-x)^f\mathrm{d}x = (1-\gamma)\int_0^1 x^{n-f-1}(1-x)^f\mathrm{d}x\end{aligned}\right\}\tag{6.52}$$

6.13　一般复杂串联系统

系统由 l 个成败型单元、m 个指数寿命型单元及 q 个其他型单元串联组成。成败型各单元试验次数为 N_j，成功次数为 S_j，失败次数为 $F_j(j=1,\cdots,l)$；指数寿命型各单元的等效任务数为 η_k，失败数为 $r_k(k=1,\cdots,m)$；其他型单元可靠度 R_i 的极大似然估计值 $\hat{R}_i$ 及其方差 $D(\hat{R}_i)$ 的极大似然估计值 $\hat{D}(\hat{R}_i)$ 分别为 E_i 和 $D_i(i=1,\cdots,q)$，则系统的极大似然估计 $\hat{R}$ 及其渐近方差 $D(\hat{R})=D$ 的极大似然估计为

$$\hat{R}=E=\prod_{j=1}^{l}\frac{S_j}{N_j}\cdot\prod_{k=1}^{m}\exp\frac{-r_k}{\eta_k}\cdot\prod_{i=1}^{q}E_i \tag{6.53}$$

$$D=\hat{R}^2\left(\sum_{j=1}^{l}\frac{1-\hat{R}_j}{N_j\hat{R}_j}+\sum_{k=1}^{m}\frac{r_k}{\eta_k^2}+\sum_{i=1}^{q}\frac{D_i}{E_i^2}\right) \tag{6.54}$$

6.13.1　成败型近似置信下限

当 $F_j\neq0$，$1\leqslant j\leqslant l$ 或 $F_j=0$，$1\leqslant j\leqslant l'$；$F_j\neq0$，$l'+1\leqslant j\leqslant l$ 且 $S_{(1)}=\min\limits_{1\leqslant j\leqslant l'}S_j\geqslant S_{(2)}=\min\limits_{l'+1\leqslant j\leqslant l}S_j$，同时存在 $r_k\neq0$，$1\leqslant k\leqslant m$ 或 $r_k=0$，$1\leqslant k\leqslant m'$；$r_k\neq0$，$m'+1\leqslant k\leqslant m$，且 $\eta_{(1)}=\min\limits_{1\leqslant k\leqslant m'}\eta_k\geqslant\eta_{(2)}=\min\limits_{m'+1\leqslant k\leqslant m}\eta_k$ 时有

$$\left.\begin{aligned}
&N=\frac{\prod\limits_{j=1}^{l}\frac{N_j}{S_j}\cdot\prod\limits_{k=1}^{m}\exp\frac{r_k}{\eta_k}\cdot\prod\limits_{i=1}^{q}\frac{1}{E_i}-1}{\sum\limits_{j=1}^{l}\frac{F_j}{S_jN_j}+\sum\limits_{k=1}^{m}\frac{r_k}{\eta_k^2}+\sum\limits_{i=1}^{q}\frac{D_i}{E_i^2}}\\
&F=N\left(1-\prod_{j=1}^{l}\frac{S_j}{N_j}\cdot\prod_{k=1}^{m}\exp\frac{-r_k}{\eta_k}\cdot\prod_{i=1}^{q}E_i\right)\\
&\sum_{i=S}^{N}\binom{N}{i}R_l^i(1-R_l)^{N-i}=1-\gamma
\end{aligned}\right\} \tag{6.55}$$

因为 $F_j=0,1\leqslant j\leqslant l';F_j\neq0,l'+1\leqslant j\leqslant l$，且 $S_{(1)}<S_{(2)}$，或

$r_k=0,1\leqslant k\leqslant m'$；$r_k\neq 0,m'+1\leqslant k\leqslant m$，且 $\eta_{(1)}<\eta_{(2)}$ 时用$\left(S_{(1)},\dfrac{S_{(1)}}{S_{(2)}}N_{(2)}\right)$代替$(S_{(2)},N_{(2)})$或用$\left(\eta_{(1)},r_{(2)}\dfrac{\eta_{(1)}}{\eta_{(2)}}\right)$代替$(\eta_{(2)},r_{(2)})$，与其他单元的信息一起代入(6.55)式；当两者同时存在时，首先将指数寿命型数据转换成成败型数据，然后对成败型数据统一排序，用$\left(S_{(1)},\dfrac{S_{(1)}}{S_{(2)}}N_{(2)}\right)$代替$(S_{(2)},N_{(2)})$，与其他单元信息一起代入（6.55）式。

6.13.2 指数寿命型近似置信下限

系统可靠度指数寿命型近似置信下限的计算公式为

$$\left.\begin{aligned}&\eta=\frac{\ln\left(\prod\limits_{j=1}^{l}\dfrac{N_j}{S_j}\cdot\prod\limits_{k=1}^{m}\exp\dfrac{r_k}{\eta_k}\cdot\prod\limits_{i=1}^{q}\dfrac{1}{E_i}\right)}{\sum\limits_{j=1}^{l}\dfrac{F_j}{S_jN_j}+\sum\limits_{k=1}^{m}\dfrac{r_k}{\eta_k^2}+\sum\limits_{i=1}^{q}\dfrac{D_i}{E_i^2}}\\&r=\eta\ln\left(\prod\limits_{j=1}^{l}\frac{N_j}{S_j}\cdot\prod\limits_{k=1}^{m}\exp\frac{r_k}{\eta_k}\cdot\prod\limits_{i=1}^{q}E_i^{-1}\right)\\&R_l=\exp\frac{-\chi_\gamma^2(2r+2)}{2\eta}\end{aligned}\right\}\tag{6.56}$$

式中 N_j、S_j、r_k 和 η_k 是否进行信息压缩，如何进行信息压缩，按成败型近似置信下限中的方法处理。

指数寿命型近似置信下限也可按（6.50）式将由（6.55）式获得的 N 和 F 转换成 η 和 r，设定为有替换定时截尾信息，然后按（6.57）式或（6.58）式计算置信下限。

当 $r\neq0$ 时，有

$$R_l=\exp\frac{-\chi_\gamma^2(2r+2)}{2\eta}\tag{6.57}$$

当 $r=0$ 时，有

$$R_l=(1-\gamma)^{\frac{1}{\eta}}\tag{6.58}$$

【例 6.13】系统由 l 个成败型、m 个指数寿命型及 q 个正态型单元串联组成，$l=4,j=1,\cdots,4,N_1=40,S_1=40,F_1=0;N_2=50,$

$S_2=50, F_2=0; N_3=61, S_3=60, F_3=1; N_4=60, S_4=58, F_4=2$。$m=4, k=1,\cdots,4, \eta_1=40, r_1=0; \eta_2=50, r_2=0; \eta_3=61, r_3=1$; $\eta_4=60, r_4=2$。$q=2, i=1,2$,由给定正态分布试验参数,应用(6.20)式计算出 $E_1=0.999, D_1=7\times10^{-6}$;$E_2=0.99, D_2=3\times10^{-5}$。求置信度为 0.80 时的系统可靠度置信下限 R_l 。

解:

$$
\begin{aligned}
S_{(1)} &= \min\{S_1, S_2\} \\
&= \min\{40, 50\} \\
&= 40 \\
S_{(2)} &= \min\{S_3, S_4\} \\
&= \min\{60, 58\} \\
&= 58 \\
\eta_{(1)} &= \min\{\eta_1, \eta_2\} \\
&= \min\{40, 50\} \\
&= 40 \\
\eta_{(2)} &= \min\{\eta_3, \eta_4\} \\
&= \min(61, 60) \\
&= 60
\end{aligned}
$$

由于

$$S_{(1)} = 40 < S_{(2)} = 58$$

且

$$\eta_{(1)} = 40 < \eta_{(2)} = 60$$

将指数寿命型数据按 (6.49) 式转换成成败型数据，即

$$
\begin{gathered}
N_5 = \eta_1 = 40 \\
S_5 = 40 \\
F_5 = r_1 = 0 \\
N_6 = \eta_2 = 50 \\
S_6 = 50 \\
F_6 = r_2 = 0
\end{gathered}
$$

$$N_7 = \frac{\eta_3^2}{r_3}\left(\exp\frac{r_3}{\eta_3} - 1\right)$$

$$= \frac{61^2}{1} \times \left(\exp\frac{1}{61} - 1\right)$$

$$= 61.503$$

$$F_7 = N_7\left(1 - \exp\frac{-r_3}{\eta_3}\right)$$

$$= 61.503 \times \left(1 - \exp\frac{-1}{61}\right)$$

$$= 1.000$$

$$S_7 = 60.503$$

$$N_8 = \frac{\eta_4^2}{r_4}\left(\exp\frac{r_4}{\eta_4} - 1\right)$$

$$= \frac{60^2}{2} \times \left(\exp\frac{2}{60} - 1\right)$$

$$= 61.011$$

$$F_8 = N_8\left(1 - \exp\frac{-r_4}{\eta_4}\right)$$

$$= 61.011 \times \left(1 - \exp\frac{-2}{60}\right)$$

$$= 2.000$$

$$S_8 = 59.011\,1$$

统一考虑信息压缩，即

$$S_{(1)} = \min\{S_1, S_2, S_5, S_6\}$$

$$= \min\{40, 50, 40, 50\}$$

$$= 40$$

$$S_{(2)} = \min\{S_3, S_4, S_7, S_8\}$$

$$= \min\{60, 58, 60.503, 59.011\}$$

$$= 58$$

用 $\left(S_1, \frac{S_1}{S_4}N_4\right) = \left(40, \frac{40}{58} \times 60\right)$ 代替 $(S_4, N_4) = (58, 60)$，与其他单元信息数据一起代入（6.55）式得

$$N=\frac{\frac{40}{40}\times\frac{50}{50}\times\frac{61}{60}\times(\frac{40}{58}\times\frac{60}{40})\frac{40}{40}\times\frac{50}{50}\times\frac{61.503}{60.503}\times\frac{61.011}{59.011}\times\frac{1}{0.999}\times\frac{1}{0.99}-1}{0+0+\frac{1}{60\times 61}+\frac{1}{40\times\frac{40}{58}\times 60}+0+0+\frac{1}{60.503\times 61.503}+\frac{2}{59.011\times 61.011}+\frac{7\times 10^{-6}}{0.999^2}+\frac{3\times 10^{-5}}{0.99^2}}$$

$$=67.63$$

$$F=67.63\times\left(1-\frac{1}{1.117\ 623\ 998}\right)$$

$$=7.12$$

查二项分布可靠度单侧置信下限表，将 $N=67,68,F=7,8$，$\gamma=0.80$ 的置信下限及其三次插入值填入表 6.16 中。

表 6.16　R_l 三次插值数据

N	F		
	7	7.12	8
67	0.850 98		0.834 47
67.63	0.852 33	0.850 37	0.835 96
68	0.853 12		0.836 84

得

$$R_l=0.850\ 37$$

故成败型近似置信下限为 0.850 37。

将以上获得的 N 和 F 由（6.50）式转换成 η 和 r 得

$$\eta=\frac{NS}{F}\ln\frac{N}{S}$$

$$=\frac{67.63\times 60.51}{7.12}\ln\frac{67.63}{60.51}$$

$$=63.94$$

$$r=\eta\ln\frac{N}{S}$$

$$=63.94\ln\frac{67.63}{60.51}$$

$$=7.11$$

$$2r+2=16.22$$

查 χ^2 分布分位数表得

$$\chi^2_{0.80}(16)=20.465\ 08$$

$$\chi^2_{0.80}(17)=21.614\ 56$$

$$\chi^2_{0.80}(16.12)=20.465\ 08+(21.614\ 56-20.465\ 08)\times 0.22$$

$$=20.717\ 97$$

$$R_l=\exp\frac{-\chi^2_\gamma(2r+2)}{2\eta}$$

$$=\exp\frac{-20.717\ 97}{2\times 63.94}$$

$$=0.850\ 43$$

故指数寿命型近似置信下限为 0.850 43。

第 7 章　可靠性评定中的假设检验

从本书第 5 章和第 6 章中可以看出，针对产品不同的失效概率分布，其评定方法是不一样的。因此，在对产品的可靠性进行评定前，确定产品的失效概率分布是十分重要的。统计假设检验就是根据子样对母体的各种统计特性做出推断，其中包括母体的失效概率分布。在可靠性评定中所采集的信息可能会来自不同地域、不同环境、不同状态，甚至不同产品（是同类产品或相似产品）。这些在不同条件下获得的子样是否是相同的失效分布类型，或者失效分布类型虽然相同但是否可看作来自同一母体呢？这就是分布的相容性检验。此外，收集到的数据除由于上述所属的不同条件下，还可能由于测试样本的误差（测试设备未校验，测试人员操作不当等）及信息传递过程中带来的误差（测试人员判读误差、书写误差或书写太潦草造成后来人员判读误差等）而产生数据异常。这就需要进行异常数据检验。关于分布的假设检验、分布的相容性检验及异常数据检验，构成了可靠性评定中假设检验的主要内容，下面将逐一介绍。

7.1　分布的假设检验

7.1.1　皮尔逊 χ^2 检验法[13]

假设产品的失效概率分布函数为 $H_0: F(x) = F_0(x)$，其分布类型及参数均已知，$x_1, x_2, \cdots, x_n$ 为该产品的试验样本。

为了寻找检验的统计量，首先将母体的取值范围分成 k 个区间 $(a_0, a_1]$，$(a_1, a_2]$，$\cdots$，(a_{k-1}, a_k)，要求 a_i 是分布函数 $F_0(x)$ 的连

续点，a_0 可以取 $-\infty$，a_k 可以取 $+\infty$，记为

$$P_i = F_0(a_i) - F_0(a_{i-1}) \qquad (i = 1,2,\cdots,k) \tag{7.1}$$

则 P_i 代表母体 x 落入第 i 个区间的概率（要求 $P_i > 0$），当子样的容量为 n 时，nP_i 是随机变量 x 落入 $(a_{i-1},a_i]$ 的理论频数。如 n 个观察值中落入区间 $(a_{i-1},a_i]$ 的实际频数为 n_i，则当 H_0 成立时，$(n_i - nP_i)^2$ 应是较小的值，$i = 1,2,\cdots,k$，因而这些量的和可以用来检验 H_0 是否成立。皮尔逊证明了在 H_0 成立下，当 $n \to \infty$ 时统计量

$$\chi^2 = \sum_{i=1}^{k} \frac{(n_i - nP_i)^2}{nP_i} \tag{7.2}$$

的极限分布是自由度为 $k-1$ 的 $\chi^2(k-1)$ 的分布。对于给定的显著水平 α，查 χ^2 分布分位数表（GB 4086.2）得到临界值

$$C = \chi_\alpha^2(k-1) \tag{7.3}$$

其检验规则是：

当 $\chi^2 > C$ 时，拒绝 H_0；

当 $\chi^2 \leqslant C$ 时，接受 H_0。

在实际工作中，通常可以认定要检验的母体类型，但参数 $\theta = (\theta_1,\theta_2,\cdots,\theta_m)$ 是未知的。在这种情况下，为计算统计量 χ^2 中的 P_i，用 θ 的极大似然估计 $\hat{\theta}$ 代替 θ，即

$$\hat{P}_i = F_0(a_i;\hat{\theta}) - F_0(a_{i-1};\hat{\theta}) \qquad (i = 1,2,\cdots,k) \tag{7.4}$$

此时检验统计量相应为

$$\hat{\chi}^2 = \sum_{i=1}^{k} \frac{(n_i - n\hat{P}_i)^2}{n\hat{P}_i} \tag{7.5}$$

费歇证明了当 $n \to \infty$ 时这个统计量的极限分布是自由度为 $k-m-1$ 的 χ^2 分布。因而对于给定的显著性水平 α，同样可由 χ^2 分布分位点求出临界值 $C = \chi_{1-\alpha}^2(k-m-1)$。当 $\hat{\chi}^2$ 的观察值大于临界值 $\chi_{1-\alpha}^2(k-m-1)$ 时，拒绝原假设。

【例 7.1】将 250 个产品进行寿命试验，每隔 100 h 测试检查一次，记下失效产品个数，直到全部产品失效为止。不同时间内失效产品个数列于表 7.1 中。问这批产品的寿命是否服从指数分布。

表 7.1　不同时间内失效产品个数

时间区间/h	失效个数	时间区间/h	失效个数
0～100	39	500～600	22
100～200	58	600～700	12
200～300	47	700～800	6
300～400	33	800～900	6
400～500	25	900～1000	2

解：

由于假设没有给出产品寿命的平均值，而仅说它服从指数分布，因此需先求它的极大似然估计值，即

$$\hat{\theta}=\frac{1}{n}\sum_{i=1}^{n}t_i$$

$$=\frac{1}{250}\sum_{i=1}^{10}\tilde{t}_i n_i$$

$$=\frac{1}{250}\times(50\times 39+150\times 58+\cdots+950\times 2)$$

$$=306.4(\mathrm{h})$$

式中　$\tilde{t}_i$ ——组中值，即每一组的中点。

下面的检验是对假设 $H_0：F(t)=1-\mathrm{e}^{-\frac{t}{300}}$ 进行的。为了使用 χ^2 检验法，首先要进行分组。一般组数在 7～20 为宜，每组中观察值个数应不少于 5 个。在这个例子中可按测试区间分组，而把最后两组合并成一组，然后分别计算下列各值：

$$\hat{P}_1=F_0(0;300)-F_0(100,300)$$

$$=1-\mathrm{e}^{-\frac{100}{306.4}}$$

$$=0.278\,46$$

$$\hat{P}_2=F_0(200;300)-F_0(100,300)$$

$$= (1 - e^{-\frac{200}{306.4}}) - (1 - e^{-\frac{100}{306.4}})$$
$$= 0.200\ 92$$

同理，可以计算得 $\hat{P}_3$ ，$\hat{P}_4$ ，…，$\hat{P}_9$ ，其结果列于表 7.2 的第 3 列中。

表 7.2　χ^2 观察值计算表

组号	n_i	$\hat{P}_i = F_0(t_i;\hat{\theta}) - F_0(t_{i-1};\hat{\theta})$	$n\hat{P}_i$	$n_i - n\hat{P}_i$	$(n_i - n\hat{P}_i)^2$	$\frac{(n_i - n\hat{P}_i)^2}{n\hat{P}_i}$
1	39	0.278 5	69.62	−30.62	937.31	13.46
2	58	0.200 9	50.23	7.77	60.37	1.20
3	47	0.144 9	36.24	10.76	115.71	3.19
4	33	0.104 6	26.15	6.85	46.91	1.79
5	25	0.075 5	18.87	6.13	37.59	1.99
6	22	0.054 5	13.61	8.38	70.32	5.16
7	12	0.039 3	9.82	2.18	4.74	0.48
8	6	0.028 4	7.09	−1.09	1.88	0.17
9	8	0.035 2	8.80	−0.80	0.65	0.073

最后，计算统计量 $\hat{\chi}^2$ 的观察值，即

$$\hat{\chi}^2 = \sum_{i=1}^{9} \frac{(n_i - n\hat{P}_i)^2}{n\hat{P}_i} = 27.532\ 5$$

如取显著性水平 $\alpha = 0.01$ ，查 χ^2 分布分位数表可得临界值为

$$\begin{aligned}\chi^2_{0.99}(k - m - 1) &= \chi^2_{0.99}(9 - 1 - 1) \\ &= \chi^2_{0.99}(7) \\ &= 18.475\end{aligned}$$

由于 $\hat{\chi}^2 > \chi^2_{0.99}(7)$ ，所以拒绝原假设，即不能说这批产品的寿命服从指数分布。

皮尔逊 χ^2 检验方法的使用范围广，不论母体是离散型随机变量，还是连续型随机变量；母体分布中的参数可以是已知的，也可以是未知的；还可以用于如例 7.1 的成群数据（即分组整理的数据），以及截尾的情况。由于是分组处理子样的观察值，有时虽然原假设 $F(x)=F_0(x)$ 不成立，但在某一种划分之下，可有

$$F(a_i)-F(a_{i-1})=F_0(a_i)-F_0(a_{i-1})=P_i \tag{7.6}$$

$$i=1,2,\cdots,k$$

此时虽然 $F(x)\neq F_0(x)$，但在这种划分之下，并不影响统计量 χ^2 的观察值，特别对于截尾子样，分布的后面一段可以完全不一样，但 χ^2 的数值都可以一样，因而很容易犯第二类错误，把不真的假设 H_0 接受下来。

7.1.2 柯尔莫哥洛夫检验

假设产品的失效概率分布函数为 $H_0: F(x)=F_0(x)$，其中 $F_0(x)$ 是完全确定的连续型分布函数。柯氏提出检验此假设的检验统计量是

$$D_n=\sup_{-\infty<x<\infty}|F_n(x)-F_0(x)| \tag{7.7}$$

式中 $F_n(x)$——容量为 n 的子样的经验分布函数；它是一个阶梯形函数，即

$$F_n(x)=\begin{cases}0 & (x<x_{(i)})\\ \dfrac{i}{n} & (x_{(i)}\leqslant x<x_{(i+1)})\\ 1 & (x\geqslant x_{(n)})\end{cases} \tag{7.8}$$

$x_{(1)}\leqslant x_{(2)}\leqslant\cdots\leqslant x_{(n)}$——子样 $(x_1,x_2,\cdots,x_n)$ 的次序统计量。

由于 $F_n(x)$ 和 $F_0(x)$ 都是 x 的单调非降函数，所以偏差 $|F_n(x)-F_0(x)|$ 的上确界可在 n 个点 $x_{(i)}$ 处找到，即求

$$\delta_i=\max\left\{F_0(x_{(i)})-\frac{i-1}{n},\frac{i}{n}-F_0(x_{(i)})\right\} \tag{7.9}$$

$$i=1,2,\cdots,n$$

这 n 个 δ_i 中最大的一个，就是柯氏统计量 D_n 的取值。可以理解，当 D_n 较小时，$F_n(x)$ 与 $F_0(x)$ 拟合得好；当 D_n 较大时，$F_n(x)$ 与 $F_0(x)$ 拟合得不好。因此，柯氏检验的检验规则是：

当 $D_n > K$ 时，拒绝 H_0 ；

当 $D_n < K$ 时，接受 H_0 。

统计量 D_n 的精确分布的分位点表见附表 11，对于给定的显著性水平 α 可查得临界值 $K = D_{n,\alpha}$ ，而当由子样计算得 D_n 的观察值大于 $D_{n,\alpha}$ 时，拒绝原假设 H_0 。

【例 7.2】对某产品进行寿命试验，记录 10 次无故障工作时间，并从小到大排列为 420 h，500 h，920 h，1 280 h，1 510 h，1 650 h，1 760 h，2 100 h，2 300 h，2 350 h。问该产品的寿命分布是否服从 $\theta = 1\ 500$ 的指数分布。

解：

假设产品的寿命分布为

$$H_0 : F(t) = 1 - \mathrm{e}^{-\frac{t}{1\,500}}$$

现在用柯氏检验来检验这个假设，为了计算统计量 D_n 的观察值，分别计算 $F_0(t)$ 、$F_n(t)$ 和 δ_i 在 $t_i(i = 1,2,\cdots,n)$ 的值，并列于表 7.3 中。

表 7.3 D_n 观察值计算表

序号 i	1	2	3	4	5	6	7	8	9	10
t_i	420	500	920	1 280	1 510	1 650	1 760	2 100	2 300	2 350
$F_0(t_i)$	0.24	0.28	0.46	0.57	0.63	0.67	0.69	0.75	0.78	0.79
$\frac{i-1}{n}$	0	0.10	0.20	0.30	0.40	0.50	0.60	0.70	0.80	0.90
$\frac{i}{n}$	0.10	0.20	0.30	0.40	0.50	0.60	0.70	0.80	0.90	1.00
δ_i	0.24	0.18	0.26	0.27	0.23	0.17	0.09	0.05	0.12	0.21

由表 7.3 中的计算结果可知，D_n 的观察值为

$$D_n = \sup_{0\leqslant t\leqslant\infty} |F_n(t) - F_0(t)| = 0.27$$

如取显著性水平 $\alpha = 0.10$，查附表 11 得 $D_{10,0.10} = 0.368\ 66$，即使取 $\alpha = 0.20$，$D_{10,0.20} = 0.322\ 60$，也比 D_n 大，即满足 $D_n < k$ 的条件；因此，接受原假设。

7.1.3　正态分布的柯氏检验

正态分布函数为

$$F(x) = \frac{1}{\sqrt{2\nu}\sigma}\int_{-\infty}^{x} \exp\left[-\frac{(t-\mu)^2}{2\sigma^2}\right]dt \tag{7.10}$$

通常参数 μ 和 σ^2 未知，此时可通过子样 $(x_1, x_2, \cdots, x_n)$，给出其无偏估计量

$$\hat{\mu} = \bar{x} = \frac{1}{n}\sum_{i=1}^{n} x_i \tag{7.11}$$

$$\sigma^2 = \frac{1}{n-1}\sum_{i=1}^{n}(x_i - \bar{x})^2 \tag{7.12}$$

来代替，则要检验的假设实际上是

$$\begin{aligned} H_0: F(x) &= F_0(x;\bar{x},\hat{\sigma}^2) \\ &= \frac{1}{\sqrt{2\nu}\sigma}\int_{-\infty}^{x} \exp\left[\frac{-(t-\bar{x})^2}{2\hat{\sigma}^2}\right]dt \end{aligned} \tag{7.13}$$

其检验统计量为

$$\hat{D}_n = \sup_{-\infty<x<\infty} |F_0(x;\bar{x},\hat{\sigma}^2) - F_n(x)| \tag{7.14}$$

其检验规则是：

当 $\hat{D}_n > K$ 时，拒绝 H_0；

当 $\hat{D}_n \leqslant K$ 时，接受 H_0。

为求临界值 K，需要知道统计量 $\hat{D}_n$ 的分布函数。此分布显然不同于统计量 D_n 的分布函数。对显著性水平 $\alpha = 0.01, 0.05, 0.10, 0.15, 0.20$，Lilliefors 计算了 $\hat{D}_n$ 的临界值 $\hat{D}_{n,\alpha}$（见附表 13），按检验规则，当子样计算得 $\hat{D}_n$ 的观察值大于临界值 $\hat{D}_{n,\alpha}$ 时，拒绝正态分布的假设。

【例 7.3】对 8 个产品进行强度试验，所得强度数据取自然对数后为 0.25，0.53，0.88，1.22，1.76，2.44，3.41，4.90。问这批强度数据是否来自对数正态分布。

解：

设强度数据为 x，且设 $y=\ln x$，则要检验 x 是否服从对数正态分布等价于检验 y 是否服从正态分布。

μ 和 σ^2 的无偏估计为

$$\begin{aligned}\hat{\mu}&=\bar{y}\\&=\frac{1}{8}\sum_{i=1}^{8}y_i\\&=\frac{1}{8}\times(0.25+0.53+0.88+1.22+1.76+2.44+3.41+4.90)\\&=1.92\end{aligned}$$

$$\begin{aligned}\hat{\sigma}^2&=\frac{1}{7}\sum_{i=1}^{8}(y_i-\bar{y})^2\\&=\frac{1}{7}\times[(0.25-1.92)^2+(0.53-1.92)^2+(0.88-1.92)^2+\\&\quad(1.22-1.92)^2+(1.76-1.92)^2+(2.44-1.92)^2+\\&\quad(3.41-1.92)^2+(4.90-1.92)^2]\\&=2.53\end{aligned}$$

$$\hat{\sigma}=1.59$$

利用正态分布的性质及正态分布表（GB 4086.1）计算 y_i 各点的分布函数值，以及 $F_n(y)$ 和 δ_i 各点值，列于表 7.4 中。

表 7.4 $\hat{D}_n$ 的观察值计算表

序号 i	1	2	3	4	5	6	7	8
y_i	0.25	0.53	0.88	1.22	1.76	2.44	3.41	4.90
$F_n(y_i)$	0.147	0.193	0.258	0.330	0.461	0.629	0.826	0.969
$\frac{i-1}{n}$	0	0.125	0.250	0.375	0.500	0.625	0.750	0.875

续表

序号 i	1	2	3	4	5	6	7	8
$\frac{i}{n}$	0.125	0.250	0.375	0.500	0.625	0.750	0.875	1.000
δ_i	0.147	0.068	0.117	0.170	0.164	0.121	0.076	0.094

δ_i 中最大的一个 0.170 即为统计量 $\hat{D}_n$ 的观察值。

如取显著性水平 $\alpha = 0.20$，查附表 3 知

$$\hat{D}_{n,\alpha} = 0.233$$

由于

$$\hat{D}_n = 0.170 < \hat{D}_{n,\alpha} = 0.233$$

因此，不能拒绝取自然对数后的 8 个强度数据来自正态分布的假设，也就是可以认为强度数据来自对数正态分布。

7.1.4　指数分布的柯氏检验

当需要通过子样 $(t_1, t_2, \cdots, t_n)$ 检验母体的分布是否服从单参数指数分布，而参数 θ 未知时，如用 θ 极大似然估计

$$\hat{\theta} = \bar{t} = \frac{1}{n}\sum_{i=1}^{n} t_i \tag{7.15}$$

代替 θ，则检验的假设实际上是

$$H_0: F(t) = F_0(t;\hat{\theta}) = 1 - e^{-\frac{t}{\hat{\theta}}} \quad (t > 0) \tag{7.16}$$

与柯氏检验类似，可以取其检验统计量为

$$D_n^* = \sup_{0 \leqslant t < \infty} \left| F_0(t;\hat{\theta}) - F_n(t) \right| = \max_{t \leqslant i \leqslant n} \delta_i \tag{7.17}$$

式中

$$\delta_i = \max\left\{ F_0(t_{(i)};\hat{\theta}) - \frac{i-1}{n}, \frac{i}{n} - F_0(t_{(i)};\hat{\theta}) \right\} \tag{7.18}$$

$t_{(1)} \leqslant t_{(2)} \leqslant \cdots \leqslant t_{(n)}$ ——子样 $(t_1, t_2, \cdots, t_n)$ 的次序统计量。

为提高检验的功效，Finklestein 和 Schafer 提出检验 H_0 的统计量为

$$S_n^* = \sum_{i=1}^{n} \delta_i \tag{7.19}$$

并对 $\alpha = 0.01, 0.05, 0.10, 0.15, 0.20$，求出了 S_n^* 的临界值表（见附表 14）。

显然，δ_i 值大（$i = 1, 2, \cdots, n$），S_n^* 的值也大，此时分布函数 $F_0(t;\hat{\theta})$ 的曲线与给验分布函数 $F_n(t)$ 拟合得不好，应拒绝原假设，因此其检验规则是：

当 $S_n^* > K$ 时，拒绝 H_0；

当 $S_n^* \leqslant K$ 时，接受 H_0。

对于给定的显著性水平 α，查附表 14 可得临界值 $K = S_{n,\alpha}^*$；当由子样计算得 S_n^* 的观察值大于 $S_{n,\alpha}^*$ 时，拒绝 H_0。

【例 7.4】记录一台计算机的无故障工作时间 7 次，数据为 540 h，450 h，120 h，540 h，600 h，650 h，460 h。问此台计算机的无故障工作时间是否服从指数分布。

解：

未知参数 θ 的极大似然估计值为

$$\begin{aligned}\hat{\theta} &= \frac{1}{7}\sum_{i=1}^{7} t_i \\ &= \frac{1}{7} \times (540 + 450 + 120 + 540 + 600 + 650 + 460) \\ &= 480\end{aligned}$$

按（7.17）式计算得

$$F_0(t_i) = 1 - \exp(-\frac{t_i}{480})$$

可计算 t_i 点的分布函数值以及 $F_n(t_i)$ 和 δ_i，列于表 7.5 中。

计算统计量 S_n^* 的观察值为

$$\begin{aligned}S_n^* &= 0.22 + 0.47 + 0.33 + 0.25 + 0.11 + 0.15 + 0.26 \\ &= 1.79\end{aligned}$$

如取显著性水平 $\alpha = 0.10$，查附表 14 得

$$S_{7,0.1}^* = 1.37$$

表 7.5　S_n^* 的观察值计算表

序号 i	1	2	3	4	5	6	7
t_i	120	450	460	540	540	600	650
$F_0(t_i)$	0.22	0.61	0.62	0.68	0.68	0.71	0.74
$\frac{i-1}{n}$	0	0.14	0.29	0.43	0.57	0.71	0.86
$\frac{i}{n}$	0.14	0.29	0.43	0.57	0.71	0.86	1.00
δ_i	0.22	0.47	0.33	0.25	0.11	0.15	0.26

因为 $S_n^* > S_{n,\alpha}^*$，所以拒绝原假设 H_0，即不能认为此计算机的无故障工作时间服从指数分布。

7.1.5　双参数威布尔分布的假设检验[9]

Mann 等研究了威布尔分布的假设检验，这里零假设为双参数威布尔分布。如果零假设被拒绝，则应当考虑其他的分布，包括三参数威布尔分布。

令 $t_1, t_2, \cdots, t_r$ 为投入 n 个样品中出现的 r 个故障时间，定义 x_i 为 $x_i = \ln t_i \ (i = 1, 2, \cdots, r)$，则其检验统计量为

$$\hat{S} = \frac{\sum\limits_{i=[\frac{r}{2}]+1}^{r-1} \frac{x_{i+1} - x_i}{M_i}}{\sum\limits_{i=1}^{r-1} \frac{x_{i+1} - x_i}{M_i}} \tag{7.20}$$

式中　$\left[\frac{r}{2}\right]$——表示不大于 $\frac{r}{2}$ 的最大整数；

M_i——其值可从附表 18 中查得。

其临界值 S 可从附表 18 中查得。

当观察值 $\hat{S}$ 大于临界值 S 时，拒绝假设。

【例 7.5】记录 8 台砂轮加工零件数的寿命数据为：22 000，

25 000，30 000，33 000，35 000，52 000，63 000，104 000。问砂轮的寿命是否服从双参数威布尔分布。

解：

将砂轮数据 $t_i(i = 1,\cdots,r)$ 填入表 7.6 的第 1 列。定义 x_i 为 $x_i = \ln t_i \ (i = 1,\cdots,r)$ 填入表 7.6 的第 2 列。从附表 18 中查得 M_i，填入表 7.6 的第 3 列。

表 7.6　计算表

t_i	$x_i = \ln t_i$	M_i	$x_{i+1} - x_i$	$\frac{x_{i+1} - x_i}{M_i}$
22 000	9.998 8	1.068 252	0.127 8	0.119 6
25 000	10.126 6	0.577 339	0.182 4	0.315 9
30 000	10.309 0	0.422 889	0.095 3	0.225 4
33 000	10.404 3	0.356 967	0.058 8	0.164 7
35 000	10.463 1	0.334 089	0.395 9	1.185 0
52 000	10.859 0	0.349 907	0.191 9	0.548 4
63 000	11.050 9	0.449 338	0.501 2	1.115 4
104 000	11.552 1			

已知

$$r = 8$$

则

$$\left[\frac{r}{2}\right] + 1 = 5$$

由（7.20）式得

$$\hat{S}=\frac{\sum\limits_{i=[\frac{r}{2}]+1}^{r-1}\frac{x_{i+1}-x_i}{M_i}}{\sum\limits_{i=1}^{r-1}\frac{x_{i+1}-x_i}{M_i}}=\frac{2.8488}{3.6744}=0.7753$$

对 $n=r=8$ 和 $\alpha=0.05$，由附表 18 查得临界值 S 为 0.71，由于 $\hat{S}=0.7753>S=0.71$，因此拒绝数据来自双参数威布尔分布的假设。

7.1.6　分布的似然比检验[13]

上述的分布检验没有考虑备择假设，这样检验的功效不高。如果能根据具体的原假设和备择假设寻找统计量和确定检验规则，则其功效会比不考虑备择假设的检验方法高。极大似然比检验方法就是一种考虑具体备择假设的功效较高的检验方法。

设母体 X 具有未知位置参数 a 和尺度参数 b 的连续型随机变量 $f(x;a,b)$ 是其概率密度函数，考虑检验问题：

$$\begin{aligned}H_0: f(x;a,b)&=f_0(x;a,b)\\ H_1: f(x;a,b)&=f_1(x;a,b)\end{aligned}\tag{7.21}$$

为检验该假设中哪一个成立，从母体中取一个容量为 n 的子样 $(x_1,x_2,\cdots,x_n)$，Lehmann 提出检验统计量采用极大似然比

$$\lambda=\frac{\max\limits_{a,b}\prod\limits_{i=1}^{n}f_1(x;a,b)}{\max\limits_{a,b}\prod\limits_{i=1}^{n}f_0(x;a,b)}=\frac{\prod\limits_{i=1}^{n}f_1(x;\hat{a},\hat{b})}{\prod\limits_{i=1}^{n}f_0(x;\hat{a},\hat{b})}\tag{7.22}$$

式中　$\hat{a}$——未知参数 a 的极大似然估计；

$\hat{b}$——未知参数 b 的极大似然估计。

根据极大似然原理，当 λ 取值极大时，说明（7.22）式的分子部分出现的可能性大，因而拒绝原假设 H_0，接受 H_1；反之，当 λ 取值极小时，说明其分母部分出现的可能性大，因而接受原假设 H_0，拒绝 H_1。由此可知，其检验规则是：

当 $\lambda>K$ 时，拒绝 H_0；

当 $\lambda \leqslant K$ 时，接受 H_0 。

对于给定的显著性水平，要求临界值 K ，必须知道统计量 λ 的取样分布，这是一件困难的事，没有一般的结论，只能针对具体的 $f_0(x;a,b)$ 和 $f_1(x;a,b)$ 予以解决。

7.1.6.1 区分正态分布和指数分布的检验

对于假设

$$H_0:f_0(x;\mu,\sigma^2)=\frac{1}{\sqrt{2\pi}\sigma}\exp\frac{-(x-\mu)^2}{2\sigma^2} \tag{7.23}$$

$$H_1:f_1(x;\gamma,\theta)=\frac{1}{\theta}\exp\frac{-(x_i-\gamma)}{\theta} \tag{7.24}$$

其极大似然比统计量为

$$\lambda=\frac{\max\limits_{\gamma,\theta}\prod\limits_{i=1}^{n}\frac{1}{\theta}\exp\frac{-(x_i-\gamma)}{\theta}}{\max\limits_{\mu,\sigma}\prod\limits_{i=1}^{n}\frac{1}{\sqrt{2\pi}\sigma}\exp\frac{-(x-\mu)^2}{2\sigma^2}} =\frac{(\frac{1}{\theta})^n\exp\left[-\frac{1}{\hat{\theta}}\sum\limits_{i=1}^{n}(x_i-\hat{\gamma})\right]}{\left(\frac{1}{\sqrt{2\pi}\hat{\sigma}}\right)^n\exp\left[-\frac{1}{2\hat{\sigma}^2}\sum\limits_{i=1}^{n}(x_i-\hat{\mu})^2\right]^n} \tag{7.25}$$

式中　$\hat{\gamma}$——未知参数 γ 的极大似然估计，

$$\hat{\gamma}=\min\{x_1,x_2,\cdots,x_n\}=x_{(1)} \tag{7.26}$$

$\hat{\theta}$——未知参数 θ 的极大似然估计，

$$\hat{\theta}=\frac{1}{n}\sum_{i=1}^{n}(x_i-x_{(1)}) \tag{7.27}$$

$\hat{\mu}$——未知参数 μ 的极大似然估计，

$$\hat{\mu}=\frac{1}{n}\sum_{i=1}^{n}x_i \tag{7.28}$$

$\hat{\sigma}^2$——未知参数 σ^2 的极大似然估计，

$$\hat{\sigma}^2=\frac{1}{n}\sum_{i=1}^{n}(x_i-\bar{x})^2=\frac{1}{n}\sum_{i=1}^{n}(x_i-\hat{\mu})^2 \tag{7.29}$$

将 (7.26) 式～ (7.29) 式代入 (7.25) 式，化简后得

$$\lambda = \sqrt{2\pi}\exp\left(-\frac{n}{2}\right)\left(\frac{\hat{\sigma}}{\hat{\theta}}\right)^n$$
$$= \sqrt{2\pi}\exp\left(-\frac{n}{2}\right)D^n \tag{7.30}$$

式中

$$D = \frac{\hat{\sigma}}{\hat{\theta}} = \frac{\sqrt{n\sum_{i=1}^{n}(x_i - \bar{x})^2}}{\sum_{i=1}^{n}(x_i - x_{(1)})} \tag{7.31}$$

由于 $\lambda > K$ 等价于 $D > K$，所以统计量 D 可以作检验的统计量。Antle 等计算了统计量 D 的临界值表，对于给定显著性水平 α，由表 7.7 可查临界值 $K = D_\alpha$，当由子样计算得的观察值 $D > D_\alpha$ 时拒绝 H_0，接受 H_1；而当 $D \leqslant D_\alpha$ 时，拒绝 H_1，接受 H_0。

表 7.7　对于假设 H_0:正态分布 H_1:二参数指数分布 检验的临界值及功效

显著性水平	$\alpha = 0.01$		$\alpha = 0.05$		$\alpha = 0.10$	
样本容量 n	D_α	g	D_α	g	D_α	g
10	1.01	0.39	0.87	0.65	0.80	0.77
15	0.88	0.65	0.77	0.86	0.72	0.93
20	0.80	0.86	0.71	0.96	0.67	0.98
25	0.76	0.94	0.68	0.99	0.64	0.99
30	0.72	0.98	0.65	1.00	0.61	1.00

【例 7.6】测量 20 个某产品的强度，得数据为 35.15，44.62，40.85，45.32，36.08，38.07，32.48，34.36，38.05，26.84，33.68，42.90，33.57，36.64，33.82，42.26，37.88，38.57，

32.05，41.50。试问这批数据是来自正态分布母体还是来自双参数指数分布母体。

解：

假如这批数据来自正态分布母体 $f_0(x;\mu,\sigma^2)$，则可计算 μ 和 σ^2 的极大似然估计，即

$$\hat{\mu} = \bar{x} = 37.23$$

$$\hat{\sigma}^2 = \frac{1}{n}\sum_{i=1}^{n}(x_i - \bar{x})^2 = 21.0825$$

$$\hat{\sigma} = 4.59$$

假如这批数据来自双参数指数分布母体 $f_1(x;\gamma,\theta)$，则可计算 γ 和 θ 的极大似然估计，即

$$\hat{\gamma} = x_{(1)} = 26.84$$

$$\hat{\theta} = \frac{1}{n}\sum_{i=1}^{n}(x_i - x_{(1)}) = 10.39$$

根据例题要求，需要对假设

$$H_0: f(x) = f_0(x;\hat{\mu},\hat{\sigma}^2)$$

$$H_1: f(x) = f_1(x;\hat{\gamma},\hat{\theta})$$

作出判断，为此计算统计量 D 的观察值，即

$$D = \frac{\hat{\sigma}}{\hat{\theta}} = \frac{4.59}{10.39} = 0.44$$

如取显著性水平 $\alpha = 0.10$，查表 7.7 知

$$D_{0.10} = 0.67$$

由于

$$D = 0.44 < D_{\alpha} = 0.67$$

所以接受 H_0，拒绝 H_1。这意味着相对于双参数指数分布而言，认为产品的强度数据服从正态分布是妥当的。

此检验方法可以用于区分双参数指数分布和正态分布，亦可用于区分双参数指数分布和对数正态分布（应将数据取对数后，再进行检验）。

7.1.6.2 区分对数正态分布和威布尔分布

对于假设

$$H_0: f_0(x;\mu,\sigma) = \frac{1}{\sqrt{2\pi}\sigma x}\exp\left[-\frac{(\ln x-\mu)^2}{2\sigma^2}\right] \quad (x>0) \tag{7.32}$$

$$H_1: f_1(x;m,\eta) = \frac{m}{\eta}(\frac{x}{\eta})^{m-1}\exp\left[-\left(\frac{x}{\eta}\right)^m\right] \quad (x>0) \tag{7.33}$$

其极大似然比统计量为

$$\lambda = \frac{\max\limits_{m,\eta}\prod\limits_{i=1}^{n}\frac{m}{\eta}\left(\frac{x_i}{\eta}\right)^{m-1}\exp\left[-\left(\frac{x_i}{\eta}\right)^m\right]}{\max\limits_{\mu,\sigma}\prod\limits_{i=1}^{n}\frac{1}{\sqrt{2\pi}\sigma x_i}\exp\left[-\frac{(\ln x_i-\mu)^2}{2\sigma^2}\right]}$$

$$= \frac{\left(\frac{\hat{m}}{\hat{\eta}}\right)^n\prod\limits_{i=1}^{n}\left(\frac{x_i}{\hat{\eta}}\right)^{\hat{m}-1}\exp\left[-\left(\frac{x_i}{\hat{\eta}}\right)^{\hat{m}}\right]}{\left(\frac{1}{\sqrt{2\pi}\hat{\sigma}}\right)^n\prod\limits_{i=1}^{n}\frac{1}{x_i}\exp\left[-\frac{(\ln x_i-\hat{\mu})^2}{2\hat{\sigma}^2}\right]} \tag{7.34}$$

式中　$\hat{\mu}$——参数 μ 的极大似然估计，

$$\hat{\mu} = \frac{1}{n}\sum_{i=1}^{n}\ln x_i \tag{7.35}$$

$\hat{\sigma}^2$——参数 σ^2 的极大似然估计，

$$\hat{\sigma}^2 = \frac{1}{n}\sum_{i=1}^{n}(\ln x_i-\hat{\mu})^2 \tag{7.36}$$

$\hat{m}$——威布尔分布中的未知参数 m 的极大似然估计，可通过 (7.37) 式和 (7.38) 式迭代而得到；

$\hat{\eta}$——威布尔分布中的未知参数 η 的极大似然估计，可通过 (7.37) 式和 (7.38) 式迭代而得到。

$$\hat{\eta}^{\hat{m}} = \frac{1}{n}\sum_{i=1}^{n}x_i^{\hat{m}} \tag{7.37}$$

$$\sum_{i=1}^{n}x_i^{\hat{m}}\ln x_i - \frac{1}{\hat{m}}\sum_{i=1}^{n}x_i^{\hat{m}} = \frac{1}{n}\left(\sum_{i=1}^{n}\ln x_i\right)\left(\sum_{i=1}^{n}x_i^{\hat{m}}\right) \tag{7.38}$$

方程 (7.37) 中的 $\hat{m}$ 是由方程 (7.38) 经迭代而确定的 m 值。方程 (7.38) 中与 η 无关而迭代的起始值可用杰什的估值。

杰什的估值方法只需使用最小寿命 x_1 和次小寿命 x_2 用（7.39）式求出，即

$$\hat{m} = \frac{1}{\ln \frac{x_2}{x_1}} \tag{7.39}$$

将 μ 、σ 、m 、η 的极大似然估计代入（7.34）式中，并化简得

$$\lambda = \frac{\prod_{i=1}^{n} f_1(x_i;\hat{m},\hat{\eta})}{\left(\frac{1}{\sqrt{2\pi\hat{\sigma}}}\right)^n \prod_{i=1}^{n} \frac{1}{x_i} \exp\left[-\frac{\sum_{i=1}^{n}(\ln x_i - \hat{\mu})^2}{\frac{2}{n}\sum_{i=1}^{n}(\ln x_i - \hat{\mu})^2}\right]}$$

$$= (2\pi e\hat{\sigma})^{\frac{n}{2}} \prod_{i=1}^{n} x_i f_1(x_i;\hat{m},\hat{\eta}) \tag{7.40}$$

如设

$$E = (2\pi e\hat{\sigma}^2)^{\frac{1}{2}} \left(\prod_{i=1}^{n} x_i f_1(x_i;\hat{m},\hat{\eta})\right)^{\frac{1}{n}} \tag{7.41}$$

则 $\lambda > K$ 等价于 $E > K$ ，因此统计量 E 可以作为检验的统计量，其检验规则是：

当 $E > K$ 时，拒绝 H_0 ，接受 H_1 ；

当 $E \leqslant K$ 时，拒绝 H_1 ，接受 H_0 。

为求临界值 K ，必须知道统计量 E 的分布，表 7.8 给出了临界值 E_α 。

对于给定的显著性水平 α ，从表 7.8 中可查得相应的临界值 E_α ，当由子样计算所得的统计量 E 的观察值 $E > E_\alpha$ 时，拒绝 H_0 ，接受 H_1 ，即相对于对数正态分布认为此子样来自威布尔分布较为妥当；而当 $E \leqslant E_\alpha$ ，拒绝 H_1 ，接受 H_0 ，即相对于威布尔分布认为此子样来自对数正态分布较为妥当。

表 7.8　对于假设 H_0:对数正态分布 H_1:威布尔分布 检验的临界值及功效

显著性水平	$\alpha=0.20$		$\alpha=0.10$		$\alpha=0.05$		$\alpha=0.01$	
样本容量 n	E_α	g	E_α	g	E_α	g	E_α	g
20	1.015	0.75	1.038	0.61	1.082	0.48	1.144	0.22
30	0.995	0.86	1.020	0.75	1.044	0.63	1.095	0.39
40	0.984	0.93	1.007	0.85	1.028	0.76	1.070	0.53
50	0.976	0.96	0.998	0.91	1.014	0.83	1.054	0.63

【例 7.7】要判定一批球轴承的使用寿命是威布尔分布还是对数正态分布，为此从这批球轴承中任取 23 个进行寿命试验，得数据如下：17.88，28.92，33.00，41.52，42.12，45.60，48.48，51.84，51.96，54.12，55.56，67.80，68.64，68.64，68.88，84.12，93.12，98.64，105.12，105.84，127.92，128.04，173.40。

解：

假如这批数据来自对数正态分布母体 $f_0(x;\mu,\sigma)$，则可计算 μ 和 σ 的极大似然估计，即

$$\hat{\mu}=\frac{1}{n}\sum_{i=1}^{n}\ln x_i=4.15$$

$$\hat{\sigma}^2=\frac{1}{n}\sum_{i=1}^{n}(\ln x_i-\hat{\mu})^2=0.272$$

由（7.39）式得 $\hat{m}$ 的初值为

$$\hat{m}_0=\frac{1}{\ln\dfrac{28.92}{17.88}}=2.0796$$

由（7.38）式经迭代解得

$$\hat{m}=2.102$$

由（7.37）式解得

$$\hat{\eta} = 81.88$$

则有

$$\eta^m = 10\ 507.509\ 9$$

$$\frac{m}{\eta^m} = 0.000\ 200\ 047\ 39$$

$$(2\pi e \times 0.272)^{\frac{1}{2}} = 2.155\ 368\ 974$$

分别计算 $\ln x_i$、$x_i^{\hat{m}}$、$x_i^{\hat{m}}\ln x_i$ 和 $x_i f_1(x_i;\hat{m},\hat{\eta})$ 值列于表 7.9 中。

表 7.9 计算表

i	x_i	$\ln x_i$	$x_i^{\hat{m}}$	$x_i^{\hat{m}}\ln x_i$	$x_i f_1(x_i;\hat{m},\hat{\eta})$
1	17.88	2.883 7	429.018 989	1 237.162 058	0.082 390 487 9
2	28.92	3.364 5	1 178.796 4	3 966.060 487	0.210 789 851 2
3	33.00	3.496 5	1 555.665 79	5 439.385 434	0.268 380 217 8
4	41.52	3.726 2	2 521.023 76	9 393.838 734	0.396 744 704 6
5	42.12	3.740 5	2 598.211 72	9 718.610 938	0.405 899 408 9
6	45.60	3.819 9	3 070.040 46	11 727.247 55	0.458 549 729
7	48.48	3.881 2	3 491.826 12	13 552.475 53	0.501 027 753 5
8	51.84	3.948 2	4 019.997 8	1 587.755 31	0.548 535 442 6
9	51.96	3.950 5	4 039.583 01	15 958.372 68	0.550 181 424 3
10	54.12	3.991 2	4 400.662 58	17 563.924 48	0.579 113 090 2
11	55.56	4.017 5	4 650.399 06	18 682.978 22	0.597 603 965 9
12	67.80	4.216 6	7 067.158 25	29 799.379 47	0.721 570 908
13	68.64	4.228 9	7 288.042 51	30 820.402 97	0.728 644 260 2

续表

i	x_i	$\ln x_i$	$x_i^{\hat{m}}$	$x_i^{\hat{m}}\ln x_i$	$x_i f_1(x_i;\hat{m},\hat{\eta})$
14	68.64	4.228 9	7 288.042 51	30 820.402 97	0.728 644 260 2
15	68.88	4.232 4	7 305.867 26	30 921.352 59	0.729 188 312 2
16	84.12	4.432 2	11 120.856 9	49 289.861 95	0.772 014 964 2
17	93.12	4.533 9	13 769.821 7	62 430.994 6	0.742 898 109 3
18	98.64	4.591 5	15 541.736 4	71 359.882 68	0.708 376 295 5
19	105.12	4.665 1	17 765.711 7	82 701.164 53	0.655 278 849 1
20	105.84	4.661 9	18 022.454 8	84 018.882 03	0.648 702 879 8
21	127.92	4.851 4	26 840.130 5	130 212.201 9	0.417 412 971 4
22	128.04	4.852 3	26 893.082 8	130 493.305 6	0.416 134 087 2
23	173.40	5.155 6	50 872.279	262 277.121 6	0.080 347 086 8

假如这批数据来自威布尔分布 $f_1(x;\hat{m},\hat{\eta})$，则可计算 m 和 η 的极大似然估计。根据例题要求，需对假设

$$H_0: f(x) = f_0(x;\hat{\mu},\hat{\sigma})$$

$$H_1: f(x) = f_1(x;\hat{m},\hat{\eta})$$

作出判断，为此计算统计量 E 的观察值，即

$$\begin{aligned} E &= (2\pi e \times 0.272)^{\frac{1}{2}}\left(\prod_{i=1}^{23} x_i f_1(x_i;2.102,81.88)\right)^{\frac{1}{23}} \\ &= 2.155\ 368\ 924 \times (1.212\ 698\ 0 \times 10^{-8})^{\frac{1}{23}} \\ &= 0.975\ 746\ 406\ 2 \\ &\approx 0.976 \end{aligned}$$

查表 7.8 中 $n = 20,30$ 时不同显著性水平下的 E_α，都大于

0.976，所以有 $E < E_\alpha$，接受 H_0，拒绝 H_1，即在这两个分布中认为对数正态分布是球轴承的使用寿命分布较为妥当。

7.1.7 截尾子样下的柯氏检验

在可靠性试验中，由于产品寿命较长，而且离散度较大，所以对不少寿命试验、疲劳试验要做到全部产品失效得到全子样数据，需要很长的试验时间，因此常采用截尾试验，得到的只是截尾数据。如何用截尾数据对产品的寿命分布进行拟合检验，是可靠性中特有的问题。在本节及以后两节将介绍几种截尾子样下的检验方法。截尾子样下的柯式检验就是在柯氏提出的检验统计量（7.7）式的基础上进行改进。Barr 和 Davidson 建议：

对定时截尾子样检验 H_0 的统计量采用

$$D_0 = \sup_{t \leqslant t_0} |F_0(t) - F_n(t)| \tag{7.42}$$

式中 t_0——试验截止时间。

对定数截尾子样，检验 H_0 的统计量采用

$$D_r = \sup_{t \leqslant t_r} |F_0(t) - F_n(t)| \tag{7.43}$$

式中 r——规定截尾子样个数；

t_r——第 r 个失效产品的失效时间，也就是试验截止时间。

检验规则与完全子样一样，即对于定时截尾子样为：

当 $D_0 > D_{0,\alpha}$ 时，拒绝 H_0；

当 $D_0 \leqslant D_{0,\alpha}$ 时，接受 H_0。

对于定数截尾子样，只要将 D_0 改为 D_r 即可。

在给定显著性水平 α 下，要求临界值 $D_{0,\alpha}$ 或 $D_{r,\alpha}$，必须知道在原假设 H_0 成立下统计量 D_0 和 D_r 的分布函数，附表 15 对子样容量 $n = 5,10,15,20,25,30$，截尾数 $r = 1,2,\cdots,n$，给出了 $k = 1,2,\cdots,10$ 时，统计量 D_r 的分布函数值，即 $P_0(D_r \leqslant \frac{k}{n}) = F_k$，$P_0(D_r > \frac{k}{n}) = 1 - F_k$。

可见，如取检验的临界值 $D_{r,\alpha} = \frac{k}{n}$ ，则在原假设成立下，拒收的概率为 $1 - F_k$ ，即犯第一类错误的概率为 $1 - F_k$ 。

对于给定的显著性水平 α ，可在附表 15 中找到 $1-\alpha$ 最接近的 F_k 值，并查到相应的 k 值，取检验的临界值 $D_{r,\alpha} = \frac{k}{n}$ 。此时实际显著性水平为 $1 - F_k$ 。

例如，有 10 个产品参加寿命试验，获得前 5 个失效产品的失效时间，要根据这 5 个数据检验产品是否服从某一已知分布 $F_0(t_0)$ 。如检验统计量用定数截尾柯氏检验统计量 D_r ，取显著性水平 α 为 0.05，由附表 15 可以求出临界值和实际显著性不平。找附表 15 中 $n = 10$ ，$r = 5$ 与 $1 - \alpha = 0.95$ 最接近的分布函数值 0.969 53，此数据所在的列对应的 $k=4$，则取临界值 $D_{r,\alpha} = \frac{k}{n} = \frac{4}{10} = 0.4$ ，则此时检验的实际显著性水平 $\alpha = 1 - 0.969\,53 = 0.030\,47$ 。如取临界值 $D_{r,\alpha} = \frac{3}{10} = 0.3$ ，即取 $k=3$，则此时实际显著性水平 $\alpha = 1 - 0.839\,88 = 0.160\,12$ 。

在定时截尾试验中，如 t_0 为试验截止时间，它可能取各种各样值，因而使求定时截尾下柯氏检验统计量 $D_0 = \sup\limits_{t\leqslant t_0}|F_0(t) - F_n(t)|$ 的分布函数问题复杂化。为此，设法把定时截尾问题转化为定数截尾问题。在原假设 H_0 成立时，母体分布函数 $F(t) = F_0(t)$ ，求 $F_0(t)$ 在截尾时刻 t_0 处的值 $F_0(t_0)$ 。它是到 t_0 为止，H_0 成立时理论上的累积失效概率，而 $R_c = nF_0(t_0)$ 是 n 个样品中，理论上的累积失效个数，所以称其为理论截尾数。引入了理论截尾数 R_c 这个概念，就可以在 H_0 成立下把在 t_0 时截止试验的定时截尾问题转化为有 $R_c = nF_0(t_0)$ 个失效时截止试验的定数截尾问题；进而可以求在 H_0 成立下，定时截尾寿命试验下柯氏检验统计量 D_0 的分布函数。附表 16 对于子样容量 $n = 5,10,15,20,25,30$ 以及理论截尾数 $R_c = 1,2,\cdots,n$ ，给出了 $k = 1,2,\cdots,10$ 时统计量 D_0 的分布

函数值，即 $P(D_0 \leqslant \frac{k}{n}) = F_{0,k}$ ，$P(D_0 > \frac{k}{n}) = 1 - F_{0,k}$ ，与定数截尾时一样，如取检验的临界值为 $D_{0,\alpha} = \frac{k}{n}$ ，则检验的显著性水平 $\alpha = 1 - F_{0,k}$ 。

对于大子样情况，由于 $n \to \infty$ 时，$t_r \to t_0$ ，因而统计量 D_0 和 D_r 趋向一致。对于统计量 D_0 的极限分布函数的某些值，截尾时间 t_0 时理论累积失效概率 $F_0(t_0) = 0.1, 0.2, \cdots, 1.0$ ，附表 17 给出了对应的分位点值，可在大子样场合用于求检验的临界值。例如 $n = 50$ ，$F_0(t_0) = 0.4$ ，取显著性水平 $\alpha = 0.10$ ，查 $F_0(t_0) = 0.4$ 这一列，累积概率 $G(Z) = 0.90$ 这一行，临界值为 1.0616。

【例 7.8】20 个产品进行寿命试验，到 $t_0 = 22$ 停止试验，其间共失效 7 个产品，失效时间分别是 1，2，3，4，7，10，14。问这类产品的寿命分布是否是平均寿命为 100 的指数分布。

解：

根据题意可建立假设

$$H_0 : F_0(t) = 1 - e^{-\frac{t}{100}} \qquad (t > 0)$$

列表计算统计量 $D_0 = \sup\limits_{t \leqslant 22} \left| F_0(t) - F_n(t) \right|$ 的观察值（见表 7.10）。

表 7.10 D_0 的观察值计算表

序号 i	1	2	3	4	5	6	7	8
t_i	1	2	3	4	7	10	14	22
$F_0(t_i)$	0.01	0.019 8	0.029 6	0.039 2	0.067 6	0.095 2	0.130 6	0.197 5
$\frac{i-1}{n}$	0	0.05	0.10	0.15	0.20	0.25	0.30	0.35
$\frac{i}{n}$	0.05	0.10	0.15	0.20	0.25	0.30	0.35	0.40
δ_i	0.04	0.080 2	0.120 4	0.160 8	0.182 4	0.204 8	0.219 4	0.152 5

可得

$$D_0 = 0.219\ 4$$

如取显著性水平 $\alpha = 0.05$ ，为求临界值，计算理论截尾数，即

$$\begin{aligned} R_c &= nF_0(t_0) \\ &= 20 \times (1 - e^{-\frac{22}{100}}) \\ &= 3.949\ 6 \approx 4 \end{aligned}$$

找附表 16 中 $n = 20$ ，$R_c = 4$ 与 $1 - \alpha = 0.95$ 最接近的值 0.945 14，它所对应的是 $k=4$。因此，如取检验的临界值为

$$D_{0,\alpha} = \frac{k}{n} = \frac{4}{20} = 0.2$$

对应的显著性水平为

$$\alpha = 1 - 0.945\ 14 = 0.054\ 86$$

由于 $D_0 = 0.219\ 4 > D_{0,\alpha} = 0.2$ ，所以拒绝 H_0 ，即不能认为这批产品寿命分布是平均寿命为 100 的指数分布。

截尾子样下的柯式检验中，$F_0(t)$ 可以是各种类型的寿命分布，但是要求 $F_0(t)$ 中不能含有未知参数。在实际应用中，很难满足这一要求，如指数分布中至少有一个未知参数，威布尔分布中至少有两个未知参数。下面就这两种常用寿命分布，介绍几种特殊的检验方法。

7.1.8　指数分布的拟合检验[13]

设产品的寿命分布为 $F(t)$ ，利用截尾子样对假设

$$H_0 : F(t) = 1 - e^{-\frac{t}{\theta}} \qquad (t > 0) \tag{7.44}$$

式中　θ——未知参数。

作检验。

7.1.8.1　小数量失效检验法

为检验假设 H_0 ，从一批产品中抽取 n 个样品进行寿命试验，得定时截尾子样 $t_1 \leqslant t_2 \leqslant \cdots \leqslant t_r$ ，当 r 较小时，计算每次失效发生时的累积试验时间和总试验时间。

累积试验时间为

$$T_k = \sum_{i=1}^{k} t_i + (n-k)t_k \qquad (k = 1,2,\cdots,r) \tag{7.45}$$

总试验时间为

$$T^* = \begin{cases} \sum_{i=1}^{r} t_i + (n-r)t_0 & (\text{定时截尾寿命试验}) \\ \sum_{i=1}^{r} t_i + (n-r)t_r & (\text{定数截尾寿命试验}) \end{cases} \tag{7.46}$$

则检验 H_0 的统计量为

$$\chi^2 = 2\sum_{i=1}^{d} \ln \frac{T^*}{T_k} \tag{7.47}$$

式中

$$d = \begin{cases} r-1 & (\text{定数截尾子样或定时截尾子样中 } t_0 = t_r) \\ r & (\text{定时截尾子样中 } t_r < t_0) \end{cases} \tag{7.48}$$

在 H_0 成立下，利用指数分布的无记忆性，可以证明统计量 χ^2 服从自由度为 $2d$ 的 χ^2 分布。它的取值不能太大，也不能太小。如果 $\chi^2 = 2\sum_{i=1}^{d} \ln \frac{T^*}{T_k}$ 的观察值太大，则说明总试验时间 T^* 不“正常地”比累积试验时间 T_k 大，产品的失效率可能是递减的，而不是常数；如果 χ^2 的观察值太小，则说明总试验时间 T^* 不“正常地”比累积试验时间 T_k 小，产品的失效率可能是递增的，也不是常数。因而，对于给定的显著性水平 α，查 χ^2 分布分位数表，其检验规则是：

当 $\chi^2 < \chi^2_{\frac{\alpha}{2}}(2d)$ 或 $\chi^2 < \chi^2_{1-\frac{\alpha}{2}}(2d)$ 时，拒绝 H_0；

当 $\chi^2_{\frac{\alpha}{2}}(2d) \leqslant \chi^2 \leqslant \chi^2_{1-\frac{\alpha}{2}}(2d)$ 时，接受 H_0。

【例 7.9】容量为 10 的子样中前 5 个次序统计量的观察值为 7.602，14.341，15.180，27.526，32.586。问这批数据是否来自指数分布。

解：

这是一个截尾数 $r = 5$ 的定数截尾寿命试验，故有

$$d = r - 1 = 5 - 1 = 4$$

计算统计量 χ^2 的观察值，即

$$T^* = 7.602 + 14.341 + 15.180 + 27.526 + 6 \times 32.586 = 260.165$$

$$T_1 = 7.602 \times 10 = 76.02$$

$$T_2 = 7.602 + 14.341 \times 9 = 136.671$$

$$T_3 = 7.602 + 14.341 + 15.180 \times 8 = 143.383$$

$$T_4 = 7.602 + 14.341 + 15.180 + 27.526 \times 7 = 229.805$$

$$\chi^2 = 2\sum_{i=1}^{4} \ln \frac{T^*}{T_k} = 2(4\ln T^* - \sum_{i=1}^{4} \ln T_k) = 2 \times (4 \times 5.561 - 19.651) = 5.186$$

如取显著性水平 $\alpha = 0.10$，查 χ^2 分布分位数表得

$$\chi^2_{0.05}(8) = 2.7326$$

$$\chi^2_{0.95}(8) = 15.5073$$

因为 $\chi^2_{0.05}(8) < \chi^2 < \chi^2_{0.95}(8)$，所以接受原假设，可以认为这批数据来自指数分布。

对于指数分布，这个检验方法功效是很高的，而且可以用于定时截尾式定数截尾试验、有替换或无替换试验，对中断试验或中间新增加试验样品等情况，都可以由总试验时间及累积试验时间计算 χ^2 的观察值，因此使用范围广。但当失效数 r 较大时，此检验方法计算较麻烦，此时可采用另一种计算较方便、功效也较高的格涅坚科检验方法。

7.1.8.2　格涅坚科检验法

对检验假设

$$H_0: F(t) = 1 - e^{-\frac{t}{\theta}} \quad (t > 0) \tag{7.49}$$

从一批产品中任取 n 个样品的寿命试验，到有 r 个失效时试验停止，得定数截尾子样 $t_1 \leqslant t_2 \leqslant \cdots \leqslant t_r$，则记为

$$S_i = (n - i + 1)(t_i - t_{i-1}) \quad (i = 1,2,\cdots,r) \tag{7.50}$$

取 $t_0=0$，$r_1=\left[\frac{r}{2}\right]$，则统计量

$$F=\frac{\sum_{i=1}^{r_1}\frac{S_i}{r_1}}{\sum_{i=r_1+1}^{r}\frac{S_i}{r-r_1}} \tag{7.51}$$

在原假设成立下，服从自由度为 $2r_1$，$2(r-r_1)$ 的 F 分布；它的取值就不能太大，也不能太小。如果 F 的观察值太小时，即分子取值比分母小，前面 r_1 个 S_i（$i=1,2,\cdots,r_1$）比后面 $r-r_1$ 个 S_i（$i=r_1+1,\cdots,r$）小，则反映寿命试验中失效时间有增长的趋势，产品的失效率可能是递减的，不是常数；相反，如果 F 的观察值太大时，则产品的失效率可能是递增的，也不是常数。因此，对于给定的显著性水平 α，查 F 分布分位数表，其检验规则是：

当 $F<F_{\frac{\alpha}{2}}(2r_1,2(r-r_1))$ 或 $F>F_{1-\frac{\alpha}{2}}(2r_1,2(r-r_1))$ 时，拒绝 H_0；

当 $F_{\frac{\alpha}{2}}(2r_1,2(r-r_1))\leqslant F\leqslant F_{1-\frac{\alpha}{2}}(2r_1,2(r-r_0))$ 时，接受 H_0。

【例 7.10】取 376 台电视机进行寿命试验，其中有 18 台发生故障，具体故障时间为 5.5 h，8.5 h，10 h，11.5 h，15 h，25 h，32 h，44 h，45 h，48 h，67.5 h，70 h，95 h，109 h，116 h，160 h，178 h，196 h。利用这些数据检验电视机的寿命是否服从指数分布。

解：

为计算 F 的观察值，先按公式 $S_i=(n-i+1)(t_i-t_{i-1})$ 计算 S_i，$i=1,2,\cdots,r$ 的值，即

$$S_1=(376-1+1)\times(5.5-0)=2\ 068$$

$$S_2=(376-2+1)\times(8.5-5.5)=1\ 125$$

$$S_3=(376-3+1)\times(10-8.5)=561$$

$$S_4=(376-4+1)\times(11.5-10)=559.5$$

$$S_5=(376-5+1)\times(15-11.5)=1\ 302$$

$$S_6=(376-6+1)\times(25-15)=3\ 710$$

$$S_7=(376-7+1)\times(32-25)=2\ 590$$

$$S_8 = (376-8+1)\times(44-32) = 4\ 428$$

$$S_9 = (376-9+1)\times(45-44) = 368$$

$$S_{10} = (376-10+1)\times(48-45) = 1\ 101$$

$$S_{11} = (376-11+1)\times(67.5-48) = 7\ 137$$

$$S_{12} = (376-12+1)\times(70-67.5) = 912.5$$

$$S_{13} = (376-13+1)\times(95-70) = 9\ 100$$

$$S_{14} = (376-14+1)\times(109-95) = 5\ 082$$

$$S_{15} = (376-15+1)\times(116-109) = 2\ 534$$

$$S_{16} = (376-16+1)\times(160-116) = 15\ 884$$

$$S_{17} = (376-17+1)\times(178-160) = 6\ 480$$

$$S_{18} = (376-18+1)\times(196-178) = 6\ 462$$

$$r_1 = \left[\frac{r}{2}\right] = \left[\frac{18}{2}\right] = 9$$

$$F = \frac{\sum_{i=1}^{9} \frac{S_i}{9}}{\sum_{i=10}^{18} \frac{S_i}{9}} = \frac{16\ 711.5}{54\ 692.5} = 0.305\ 6$$

如取显著性水平 $\alpha = 0.10$，查 F 分布分位数表得

$$F_{0.95}(18,18) = 2.217\ 2$$

$$F_{0.05}(18,18) = \frac{1}{F_{0.95}(18,18)} = \frac{1}{2.217\ 2} = 0.451\ 0$$

因为 $F < F_{\frac{\alpha}{2}}(18,18)$，所以拒绝 H_0，即不能认为此型号电视机的寿命分布是指数分布。由于 F 的观察值太小，所以电视机的失效率可能是递减的。

7.1.9　威布尔分布的拟合检验[13]

设产品的寿命分布为 $F(t)$，要检验假设

$$H_0: F_0(t;\eta,m) = 1 - e^{-(\frac{t}{\eta})^m} \tag{7.52}$$

式中 m，η——未知参数。

为检验此假设，从产品中任取 n 个进行寿命试验，到有 r 个失效试验停止。如果失效时间为 $t_1 \leqslant t_2 \leqslant \cdots \leqslant t_{r_1}$，则设 $x_i = \ln t_i$，$Z_i = \frac{x_i - \mu}{\sigma}$，$\mu = \ln\eta$，$\sigma = \frac{1}{m}$，则在原假设 H_0 成立下，$x_1 \leqslant x_2 \leqslant \cdots \leqslant x_r$ 是极值分布 $F_x(x) = 1 - \exp\left[-\exp\frac{-(x-\mu)}{\sigma}\right]$ 的前 r 个次序统计量，$Z_1 \leqslant Z_2 \leqslant \cdots \leqslant Z_r$ 是标准极值分布 $F_Z(Z) = 1 - \exp[-\exp(-Z)]$ 的前 r 个次序统计量，且 $E(Z_i)$（$i = 1,2,\cdots,r$）可从最好线性无偏估计有关数值表（参见文献［23］表一（B））查得。

令

$$l_i = \frac{x_{i+1} - x_i}{E(Z_{i+1}) - E(Z_i)} \qquad (i = 1,2,\cdots,r-1) \tag{7.53}$$

取 $r_1 = \left[\frac{r}{2}\right]$，则统计量

$$W = \frac{\sum\limits_{i=r_1+1}^{r-1} \frac{l_i}{r - r_1 - 1}}{\sum\limits_{i=1}^{r_1} \frac{l_i}{r_1}} \tag{7.54}$$

在原假设 H_0 成立下，渐近服从自由度为 $2(r - r_1 - 1)$、$2r_1$ 的 F 分布；它的取值不能太大，也不能太小。因此，对于给定的显著性水平 α，其检验规则是：

当 $W < F_{\frac{\alpha}{2}}(2(r-r_1-1),2r_1)$ 或 $W > F_{1-\frac{\alpha}{2}}(2(r-r_1-1),2r_1)$ 时，拒绝；

当 $F_{\frac{\alpha}{2}}(2(r-r_1-1),2r_1) \leqslant W \leqslant F_{1-\frac{\alpha}{2}}(2(r-r_1-1),2r_1)$ 时，接受 H_0。

【例 7.11】抽取 20 个产品进行寿命试验，记录受试样品中 13 个失效样品的失效时间（见表 7.11 中第 2 列）。要求用这些数据对产品寿命是否服从威布尔分布作检验。

解：

为检验假设

$$H_0: F_0(t;\eta,m) = 1 - \mathrm{e}^{-(\frac{t}{\eta})^m} \qquad (t > 0)$$

列表计算 l_i 的值。

表 7.11　l_i 值计算表

i	t_i	$x_i = \ln t_i$	$a_i = x_{i+1} - x_i$	$E(Z_i)$	$b_i = E(Z_{i+1}) - E(Z_i)$	$l_i = \frac{a_i}{b_i}$
1	543	6.297	0.440	−3.572 9	1.025 8	0.429
2	843	6.737	0.662	−2.547 1	0.527 1	1.256
3	1 634	7.399	0.059	−2.020 0	0.361 6	0.163
4	1 734	7.458	0.056	−1.658 4	0.279 8	0.200
5	1 834	7.514	0.053	−1.378 6	0.231 5	0.229
6	1 934	7.567	0.113	−1.147 1	0.199 9	0.565
7	2 164.5	7.680	0.057	−0.947 2	0.178 1	0.320
8	2 292	7.737	0.054	−0.769 1	0.162 7	0.332
9	2 419.5	7.791	0.273	−0.606 4	0.151 6	1.801
10	3 176.7	8.064	0.049	−0.454 8	0.143 6	0.341
11	3 338.3	8.113	0.094	−0.311 2	0.138 5	0.679
12	3 666.7	8.207	0.045	−0.172 7	0.135 6	0.332
13	3 833.4	8.252		−0.037 1		

表 7.11 中的 $E(Z_i)$（$i = 1,2,\cdots,13$）由最好线性无偏估计有关数值表查得，取 $r_1 = \left[\frac{13}{2}\right] = 6$，由（7.54）式，可计算观察值得

$$W=\frac{\sum_{i=7}^{12}\frac{l_i}{6}}{\sum_{i=1}^{6}\frac{l_i}{6}}=\frac{3.805}{2.842}=1.339$$

如取显著性水平 $\alpha=0.10$，查 F 分布分位数表可得检验临界值，即

$$F_{0.95}(12,12)=2.686\ 6$$

$$F_{0.05}(12,12)=\frac{1}{F_{0.95}(12,12)}=\frac{1}{2.686\ 6}=0.372\ 2$$

因为 $F_{0.05}(12,12)<W\leqslant F_{0.95}(12,12)$，所以接受 H_0，即可以认为该产品的寿命服从威布尔分布。

7.2 分布的相容性检验

7.2.1 两个指数分布的检验

一批产品的寿命 T_1 服从指数分布，其密度函数为

$$F_1(t_1)=\frac{1}{\theta_1}e^{-\frac{t_1}{\theta_1}}\qquad(t_1>0)\tag{7.55}$$

式中 θ_1 ——未知参数。

另一批产品寿命 T_2 服从指数分布，其密度函数为

$$F_2(t_2)=\frac{1}{\theta_2}e^{-\frac{t_2}{\theta_2}}\qquad(t_2>0)\tag{7.56}$$

式中 θ_2 ——未知参数。

现要比较两批产品是否属于同一分布，即平均寿命是否相等。因此，假设检验为 $H_0:\theta_1=\theta_2$。为检验此假设，从母体 T_1 中任取 n_1 个样品进行寿命试验，到有 r_1 个失效试验停止，得定数截尾子样 $t_{11}\leqslant t_{12}\leqslant\cdots\leqslant t_{1r_1}$；从母体 T_2 中任取 n_2 个样品进行寿命试验，到有 r_2 个失效试验停止，得定数截尾子样 $t_{21}\leqslant t_{22}\leqslant\cdots\leqslant t_{2r_1}$。用截尾

数据，分别求 θ_1 和 θ_2 的极大似然估计，即

$$\hat{\theta}_1=\begin{cases}\dfrac{1}{r_1}\left[\sum\limits_{i=1}^{r_1}t_{1i}+(n_1-r_1)t_{1r_1}\right] & \text{（无替换试验）}\\ \dfrac{1}{r_1}n_1t_{1r_1} & \text{（有替换试验）}\end{cases}\tag{7.57}$$

$$\hat{\theta}_2=\begin{cases}\dfrac{1}{r_2}\left[\sum\limits_{i=1}^{r_2}t_{2i}+(n_2-r_2)t_{2r_2}\right] & \text{（无替换试验）}\\ \dfrac{1}{r_2}n_2t_{2r_2} & \text{（有替换试验）}\end{cases}\tag{7.58}$$

在 H_0 成立下，统计量 $F=\dfrac{\hat{\theta}_1}{\hat{\theta}_2}$ 服从自由度为 $2r_1$，$2r_2$ 的 F 分布，它的取值不应太大或太小；因而对于给定的显著性水平 α，查 F 分布分位数表，其检验规则是：

当 $F<F_{\frac{\alpha}{2}}(2r_1,2r_2)$ 或 $F>F_{1-\frac{\alpha}{2}}(2r_1,2r_2)$ 时，拒绝 H_0；

当 $F_{\frac{\alpha}{2}}(2r_1,2r_2)\leqslant F\leqslant F_{1-\frac{\alpha}{2}}(2r_1,2r_2)$ 时，接受 H_0。

【例 7.12】从某一型号的两批电子产品中分抽 50 个作定数截尾试验，第一个子样到 6 个失效试验停止，由试验数据计算得平均寿命 $\hat{\theta}_1=2\times10^5$ h；第二个子样到 7 个失效试验停止，由试验数据计算得 $\hat{\theta}_2=5.5\times10^5$ h。试问两批产品的平均寿命是否一样？

解：

如果电子产品的寿命分布是单参数指数分布，则可用两个指数分布母体的检验。

假设问题为

$$H_0:\theta_1=\theta_2$$

检验统计量用 F 统计量，由第一母体取得的 $n_1=50$，$r_1=6$，定数截尾子样得 $\hat{\theta}_1=2\times10^5$；由第二个母体取得的 $n_2=50$，$r_2=7$，定数截尾子样得 $\hat{\theta}_2=5.5\times10^5$。由此可得统计量 F 的观察值为

$$F=\frac{\hat{\theta}_1}{\hat{\theta}_2}=\frac{2\times10^5}{5.5\times10^5}=0.363\ 6$$

如取显著性水平 $\alpha=0.10$，查 F 分布分位数表可得检验临界

值，即

$$F_{0.95}(12,14) = 2.534\,2$$

$$F_{0.05}(12,14) = \frac{1}{F_{0.95}(14,12)} = \frac{1}{2.637\,1} = 0.379\,2$$

由于统计量 F 的观察值 $F = 0.363\,6 < F_{0.05}(12,14)$，所以拒绝原假设，即不能认为两批产品的平均寿命无显著差异。

7.2.2 指数分布的似然比检验[17]

假设有两组数据（1 组和 2 组），分别有 n_1 个样本和 n_2 个样本。在 1 组中 $x_1,\cdots,x_{r_1}$ 为非删失值，$x_{r_1+1}^+,\cdots,x_{n_1}^+$ 为删失值。在 2 组中 $y_1,\cdots,y_{r_2}$ 为非删失值，$y_{r_2+1}^+,\cdots,y_{n_2}^+$ 为删失值。若已知两组的寿命时间遵从密度函数 $f_i(t) = \lambda_i e^{-\lambda_i t}$ （$i = 1,2$）的指数分布，检验两个指数分布相等，等价于检验假设 $H_0 : \lambda_1 = \lambda_2$ 。

零假设为

$$H_0 : \lambda_1 = \lambda_2 = \lambda \tag{7.59}$$

似然比检验的检验统计量是根据样本数据计算的两个似然函数的比，即

$$\Lambda = \frac{l(\hat{\lambda},\hat{\lambda})}{l(\hat{\lambda}_1,\hat{\lambda}_2)} \tag{7.60}$$

式中 $l(\hat{\lambda}_1,\hat{\lambda}_2)$ ——联合两个组的似然函数，

$$l(\hat{\lambda}_1,\hat{\lambda}_2) = \hat{\lambda}_1^{r_1}\hat{\lambda}_2^{r_2}\exp\left[-\hat{\lambda}_1\left(\sum_{i=1}^{r_1}x_i + \sum_{i=r_1+1}^{n_1}x_i^+\right) - \hat{\lambda}_2\left(\sum_{i=1}^{r_2}y_i + \sum_{i=r_2+1}^{n_2}y_i^+\right)\right] \tag{7.61}$$

$\hat{\lambda}_1$ ——从 1 组得到的 λ_1 的极大似然估计，

$$\hat{\lambda}_1 = \frac{r_1}{\sum_{i=1}^{r_1}x_i + \sum_{i=r_1+1}^{n_1}x_i^+} \tag{7.62}$$

$\hat{\lambda}_2$ ——从 2 组得到的 λ_2 的极大似然估计，

$$\hat{\lambda}_2 = \frac{r_2}{\sum_{i=1}^{r_2} y_i + \sum_{i=r_2+1}^{n_2} y_i^+} \tag{7.63}$$

$l(\hat{\lambda},\hat{\lambda})$ ——对于零假设下的联合样本的似然函数，

$$l(\hat{\lambda},\hat{\lambda}) = \hat{\lambda}^{r_1+r_2} \exp\left[-\lambda\left(\sum_{i=1}^{r_1} x_i + \sum_{i=r_1+1}^{n_1} x_i^+ + \sum_{i=1}^{r_2} y_i + \sum_{i=r_2+1}^{n_2} y_i^+\right)\right] \tag{7.64}$$

$\hat{\lambda}$ ——从联合样本得到的极大似然估计，

$$\hat{\lambda} = \frac{r_1 + r_2}{\sum_{i=1}^{r_1} x_i + \sum_{i=r_1+1}^{n_1} x_i^+ + \sum_{i=1}^{r_2} y_i + \sum_{i=r_2+1}^{n_2} y_i^+} \tag{7.65}$$

应当注意：

1）在零假设下对于至少 25 个样本（$n_1 + n_2 \geqslant 25$），$-2\ln\Lambda$ 近似服从一个自由度的 χ^2 分布。若 $-2\ln\Lambda$ 超过 χ^2 分布的分位点 $\chi^2_{1,\alpha}(1)$，则拒绝假设 H_0。

2）若在该数据中不存在删失观测值，也是适用的。

3）似然比检验主要用于双侧的检验而较难应用于单侧的检验。当样本量小时，它是近似的且使用时应当小心。类似于其他的似然比检验，该检验功效是不高的。

【例 7.13】有两组数据如下：

1 组：　$23, 16^+, 18^+, 20^+, 24^+$

2 组：　$15, 18, 19, 19, 20$

检验这两组数据是否服从指数分布。

解：

假设两个分布分别是含参数 λ_1 和 λ_2 的指数分布；取 $\alpha = 0.05$ 使用似然比检验，检验零假设

$$H_0: \lambda_1 = \lambda_2 = \lambda$$

取

$$n_1 = n_2 = 5$$

$$r_1 = 1$$

$$r_2 = 5$$

$$\sum_{i=1}^{r_1} x_i = 23$$

$$\sum_{i=r_1+1}^{n_1} x_i^+ = 78$$

$$\sum_{i=1}^{r_2} y_i = 91$$

$$\sum_{i=r_2+1}^{n_2} y_i^+ = 0$$

$$\hat{\lambda}_1 = \frac{1}{23+78} = 0.009\ 9$$

$$\hat{\lambda}_2 = \frac{5}{91} = 0.054\ 9$$

由（7.61）式和（7.65）式得

$$\begin{aligned} l(\hat{\lambda}_1,\hat{\lambda}_2) &= 0.009\ 9 \times 0.054\ 9^5 \times \\ &\quad \exp[-0.009\ 9 \times (23+78) - 0.054\ 9 \times 91] \\ &= 1.228\ 9 \times 10^{-11} \end{aligned}$$

$$\hat{\lambda} = \frac{1+5}{23+78+91} = 0.031\ 3$$

由（7.64）式和（7.60）式得

$$\begin{aligned} l(\hat{\lambda},\hat{\lambda}) &= 0.031\ 3^6 \times \exp[-0.031\ 3 \times 192] \\ &= 2.308\ 4 \times 10^{-12} \end{aligned}$$

$$\begin{aligned} \Lambda &= \frac{l(\hat{\lambda},\hat{\lambda})}{l(\hat{\lambda}_1,\hat{\lambda}_2)} \\ &= \frac{2.308\ 4 \times 10^{-12}}{1.228\ 9 \times 10^{-11}} \\ &= 0.187\ 8 \end{aligned}$$

$$-2\ln\Lambda = 3.344\ 8$$

由 χ^2 分布分位数表查得 $\chi^2_{0.95}(1) = 3.841\ 46$，由于观察值 <

$\chi^2_{0.95}(1)$，因此不能在 0.05 显著性水平下拒绝 H_0 假设。

7.2.3　指数分布的 F 检验[17]

对于类似于 7.2.2 节中的两组数据，Cox 提出用 F－检验来检验假设 $H_0: \lambda_1 = \lambda_2$，即令

$$\bar{t}_1 = \frac{\sum_{i=1}^{r_1} x_i + \sum_{i=r_1+1}^{n_1} x_i^+}{r_1} \tag{7.66}$$

$$\bar{t}_2 = \frac{\sum_{i=1}^{r_2} y_i + \sum_{i=r_2+1}^{n_2} y_i^+}{r_2} \tag{7.67}$$

则 $\bar{t}_1/\bar{t}_2$ 服从含 $(2r_1, 2r_2)$ 自由度的 F 分布。

在零假设下，比值 $\frac{\lambda_1}{\lambda_2}$ 的置信区间能从 $\frac{\lambda_1}{\lambda_2}\frac{\bar{t}_1}{\bar{t}_2}$ 服从 $(2r_1, 2r_2)$ 自由度的 F 分布得到，亦即其检验规则是：

当 $\frac{\hat{\lambda}_1}{\hat{\lambda}_2} < \frac{\bar{t}_2}{\bar{t}_1} F_{\frac{\alpha}{2}}(2r_1, 2r_2)$ 或 $\frac{\hat{\lambda}_1}{\hat{\lambda}_2} > \frac{\bar{t}_2}{\bar{t}_1} F_{1-\frac{\alpha}{2}}(2r_1, 2r_2)$ 时，拒绝 H_0；

当 $\frac{\bar{t}_2}{\bar{t}_1} F_{\frac{\alpha}{2}}(2r_1, 2r_2) \leqslant \frac{\hat{\lambda}_1}{\hat{\lambda}_2} \leqslant \frac{\bar{t}_2}{\bar{t}_1} F_{1-\frac{\alpha}{2}}(2r_1, 2r_2)$ 时，接受 H_0。

【例 7.14】有两组数据如下：

1 组：1，2，2，2，6，8，8，9，13，16，17，29，34，2^+，9^+，13^+，22^+，25^+，36^+，43^+，45^+

2 组：0，2，5，7，12，42，46，54，7^+，11^+，19^+，22^+，30^+，35^+，39^+

检验这两组数据是否服从指数分布。

解：

假定两个分布分别是含参数 λ_1 和 λ_2 的指数分布。检验原假设

$$H_0: \lambda_1 = \lambda_2$$

取

$$n_1 = 21$$

$$n_2 = 15$$

$$r_1 = 13$$

$$r_2 = 8$$

$$\sum x_i = 147$$

$$\sum x_i^+ = 195$$

$$\sum y_i = 168$$

$$\sum y_i^+ = 163$$

$$\bar{t}_1 = \frac{147 + 195}{13} = 26.308$$

$$\bar{t}_2 = \frac{168 + 163}{8} = 41.375$$

$$\frac{\bar{t}_1}{\bar{t}_2} = \frac{26.308}{41.375} = 0.636$$

$$\frac{\bar{t}_2}{\bar{t}_1} = \frac{41.375}{26.308} = 1.573$$

如取显著性水平 $\alpha = 0.10$，查 F 分布分位数表得

$$F_{0.95}(26,16) = 2.2194$$

$$F_{0.05}(26,16) = \frac{1}{F_{0.95}(16,26)} = \frac{1}{2.0518} = 0.4873$$

$$\frac{\bar{t}_2}{\bar{t}_1} F_{\frac{\alpha}{2}}(2r_1, 2r_2) = 1.573 \times 0.4873 = 0.7665$$

$$\frac{\bar{t}_2}{\bar{t}_1} F_{1-\frac{\alpha}{2}}(2r_1, 2r_2) = 1.573 \times 2.2194 = 3.4911$$

由（7.62）式和（7.63）式得

$$\hat{\lambda}_1 = 0.0380$$

$$\hat{\lambda}_2 = 0.6242$$

$$\frac{\hat{\lambda}_1}{\hat{\lambda}_2} = 1.570$$

由于

$$\frac{\bar{t}_2}{\bar{t}_1} F_{\frac{\alpha}{2}}(2r_1, 2r_2) \leqslant \frac{\hat{\lambda}_1}{\hat{\lambda}_2} \leqslant \frac{\bar{t}_2}{\bar{t}_1} F_{1-\frac{\alpha}{2}}(2r_1, 2r_2)$$

因此，接受零假设。

7.2.4 两个威布尔分布的检验[4]

一批产品的寿命 T_1 服从威布尔分布，其分布函数为

$$F_1(t_1) = 1 - \exp\left[-\left(\frac{t_1}{\eta_1}\right)^{m_1}\right] \qquad (t_1 > 0) \qquad (7.68)$$

式中　m_1，η_1 ——未知参数。

另一批产品的寿命 T_2 也服从威布尔分布，其分布函数为

$$F_2(t_2) = 1 - \exp\left[-\left(\frac{t_2}{\eta_2}\right)^{m_2}\right] \qquad (t_2 > 0) \qquad (7.69)$$

式中　m_2，η_2 ——未知参数。

要分析两批产品的形状参数是否相等，即要检验假设 $H_0: m_1 = m_2$；若作变换 $x = \ln T_1$，$y = \ln T_2$，则 x 和 y 都服从极值分布，其分布函数分别为

$$F_3(x) = 1 - \exp\left(-\exp\frac{x-\mu_1}{\sigma_1}\right) \qquad (7.70)$$

$$F_4(y) = 1 - \exp\left(-\exp\frac{y-\mu_2}{\sigma_2}\right) \qquad (7.71)$$

(7.70) 式和 (7.71) 式中的 $\sigma_i = \frac{1}{m_i}$，$\mu_i = \ln\eta_i$（$i = 1,2$），而假设等价为 $H_0: \sigma_1 = \sigma_2$。

为检验假设是否成立，从母体 T_1 和 T_2 独立地抽取 n_1 和 n_2 个样品，进行定数截尾寿命试验后可得两个独立的截尾子样 $t_{11} \leqslant t_{12} \leqslant \cdots \leqslant t_{1r_1}$ 和 $t_{21} \leqslant t_{22} \leqslant \cdots \leqslant t_{2r_2}$，经变换 $x_i = \ln t_{1i}$，$y_i = \ln t_{2i}$，分别可得极值分布 $F_3(x)$ 和 $F_4(x)$ 的截尾子样 $x_1 \leqslant x_2 \leqslant \cdots \leqslant x_{r_1}$ 和 $y_1 \leqslant y_2 \leqslant \cdots \leqslant y_{r_2}$。

如 $n_1 \geqslant 25$ ，$n_2 \geqslant 25$ ，利用截尾子样可以求出 σ_1 和 σ_2 的简单线性无偏估计（GLUE)，即

$$\left.\begin{aligned}\hat{\sigma}_1 &= \frac{(2S_1 - r_1)x_{S_1} - \sum_{i=1}^{S_1} x_i + \sum_{i=S_1+1}^{r_1} x_i}{n_1 k_{r_1 n_1}} \\ \mathrm{Var}\left(\frac{\hat{\sigma}_1}{\sigma_1}\right) &= l_{r_1 n_1} \\ \hat{\sigma}_2 &= \frac{(2S_2 - r_2)y_{S_2} - \sum_{i=1}^{S_2} y_i + \sum_{i=S_2+1}^{r_2} y_i}{n_2 k_{r_2 n_2}} \\ \mathrm{Var}\left(\frac{\hat{\sigma}_2}{\sigma_2}\right) &= l_{r_2 n_2}\end{aligned}\right\} \tag{7.72}$$

式中

$$S = \begin{cases} r & (2 \leqslant r \leqslant 0.90n) \\ n & (r = n, n \leqslant 15) \\ n-1 & (r = n, 16 \leqslant n \leqslant 24) \\ [0.892n]+1 & (r = n, n > 25) \end{cases} \tag{7.73}$$

$k_{r_1 n_1}$、$k_{r_2 n_2}$、$l_{r_1 n_1}$、$l_{r_2 n_2}$ 可从简单线性无偏估计表（参见文献［23］表二）中查到。

设 $h_1 = 2l_{r_1 n_1}^{-1}$ ，$h_2 = 2l_{r_2 n_2}^{-1}$ ，则 $h_1 \dfrac{\hat{\sigma}_1}{\sigma_1}$ 和 $h_2 \dfrac{\hat{\sigma}_2}{\sigma_2}$ 分别渐近服从 $\chi^2(h_1)$ 和 $\chi^2(h_2)$ 分布，又因为相互独立，因而在 H_0 成立下，统计量

$$F = \frac{\dfrac{h_1 \frac{\hat{\sigma}_1}{\sigma_1}}{h}}{\dfrac{h_2 \frac{\hat{\sigma}_2}{\sigma_2}}{h}} = \frac{\hat{\sigma}_1}{\hat{\sigma}_2} \tag{7.74}$$

渐近服从自由度为 h_1 和 h_2 的 F 分布。因而，对给定的显著性水平

α，查 F 分布分位数表，其检验规则是：

当 $F < F_{\frac{\alpha}{2}}(h_1, h_2)$ 或 $F > F_{1-\frac{\alpha}{2}}(h_1, h_2)$ 时，拒绝 H_0；

当 $F_{\frac{\alpha}{2}}(h_1, h_2) \leqslant F \leqslant F_{1-\frac{\alpha}{2}}(h_1, h_2)$ 时，接受 H_0。

【例 7.15】分别从两批产品中独立地各抽取 30 个样品进行定数截尾寿命试验，第一批中失效 10 个时停止试验，第二批中失效 17 个时停止试验。假定这两批产品分别服从参数为 m_1、η_1、m_2、η_2 的威布尔分布（子样具体数值已知，从略）。现要求分析两批产品的形状参数是否相等，即要求检验假设 $H_0: m_1 = m_2$，等价为 $H_0: \sigma_1 = \sigma_2$。

解：

首先对子样 $t_{11} \leqslant t_{12} \leqslant \cdots \leqslant t_{1r_1}$ 和 $t_{21} \leqslant t_{22} \leqslant \cdots \leqslant t_{2r_2}$ 作变换，即

$$x_i = \ln t_{1i}$$

$$y_i = \ln t_{2i}$$

对第一组子样 $n_1 = 30$，$r_1 = 10$，$S_1 = r_1$，由简单线性无偏估计表查得

$$l_{10,30}^{-1} = 9.9214$$

$$30k_{10,30} = 9.9128$$

$$h_1 = 2 \times 9.9214 = 19.84$$

对第二组子样，$n_2 = 30$，$r_2 = 17$，$S_2 = r_2$，由简单线性无偏估计表查得

$$l_{17,30}^{-1} = 19.0017$$

$$30k_{17,30} = 19.3781$$

$$h_2 = 2 \times 19.0017 = 38$$

根据已知子样值，由（7.72）式计算得

$$\hat{\sigma}_1 = 0.77$$

$$\hat{\sigma}_2 = 0.52$$

因而由（7.74）式计算出统计量为

$$F = \frac{\hat{\sigma}_1}{\hat{\sigma}_2} = \frac{0.77}{0.52} = 1.481$$

如取显著性水平 $\alpha = 0.10$，查 F 分布分位数表得

$$F_{0.95}(h_1,h_2)=F_{0.95}(20,38)$$
$$=1.8534$$
$$F_{0.05}(20,18)=\frac{1}{F_{0.95}(38,20)}$$
$$=\frac{1}{2.0011}$$
$$=0.4997$$

因统计量 $F=1.481$，在（0.499 7，1.856 4）之间，故接受原假设 H_0 。

7.2.5 两个威布尔分布的比较[17]

从两个威布尔分布 $F_1(t_1)$ 和 $F_2(t_2)$ 母体中独立地抽取相等数量的样品进行完全寿命试验。这里

$$F_i(t_i)=1-\exp\left[-\left(\frac{t_i}{\eta_i}\right)^{m_i}\right]\qquad(i=1,2)\tag{7.75}$$

要检验 $f_1(t_1)$ 和 $f_2(t_2)$ 相等，只要检验 $H_0: m_1=m_2$ 和 $\eta_1=\eta_2$ 就够了。

若假设 $m_1=m_2$ 被拒绝，就不需要检验假设 $\eta_1=\eta_2$ ；若假设 $m_1=m_2$ 未被拒绝，就再检验 $\eta_1=\eta_2$ 。

为了检验 $m_1=m_2$ ，可利用极大似然估计量 $\hat{m}$ 的性质及在 H_0 下 $(\frac{\hat{m}_1}{m_1})/(\frac{\hat{m}_2}{m_2})=\frac{\hat{m}_1}{\hat{m}_2}$ 这个事实。当 $\hat{m}_1>\hat{m}_2$ 时，统计量为 $\frac{\hat{m}_1}{\hat{m}_2}$ ，$\frac{\hat{m}_1}{\hat{m}_2}$ 的分位数可在附表 2 中查得 l_α ；若 $\frac{\hat{m}_1}{\hat{m}_2}>l_\alpha$ ，则在 α 水平拒绝 H_0。当 $\hat{m}_1<\hat{m}_2$ 时，统计量为 $\frac{\hat{m}_2}{\hat{m}_1}$ ，若拒绝 $H_0: m_1=m_2$ ，则两个威布尔分布是不相同的；若不拒绝假设，则需要检验两个尺度参数 η_1 和 η_2 相等，即提出 $H_0: \eta_1=\eta_2$ 。

当 $\hat{\eta}_1>\hat{\eta}_2$ 时，若

$$G=\frac{1}{2}(\hat{m}_1+\hat{m}_2)(\ln\hat{\eta}_1-\ln\hat{\eta}_2)>Z_\alpha\tag{7.76}$$

式中　Z_α ——可以从附表 3 中查得；

$\hat{m}_1$，$\hat{m}_2$，$\hat{\eta}_1$，$\hat{\eta}_2$ ——当样本数据获得后可由（7.37）式和（7.38）式解得。

则拒绝 H_0。

当 $\hat{\eta}_1 < \hat{\eta}_2$ 时，若

$$G = \frac{1}{2}(\hat{m}_1 + \hat{m}_2)(\ln \hat{\eta}_2 - \ln \hat{\eta}_1) > Z_\alpha \qquad (7.77)$$

则拒绝 H_0。

【例 7.16】从两个威布尔分布母体中独立地各抽取 40 个样品进行完全寿命检验得到两组数据，即

1 组：　5，10，17，32，32，33，34，36，43，44，44，48，48，61，64，65，65，66，67，68，82，85，90，92，92，102，103，106，107，114，114，116，117，124，139，142，143，151，158，195

2 组：　20.9，32.2，33.2，39.4，40.0，46.8，57.3，58.0，59.7，61.1，61.4，64.3，66.0，66.3，67.4，68.5，69.9，72.4，73.0，73.2，88.7，89.3，91.6，93.1，94.2，97.7，101.6，101.9，107.6，108.0，109.7，110.8，114.1，117.5，119.2，120.3，133.0，133.8，163.3，165.1

问这两个分布是否相等。

解：

由（7.37）式和（7.38）式解得参数的极大似然估计，即

$$\hat{m}_1 = 1.945$$

$$\hat{\eta}_1 = 92.7988$$

$$\hat{m}_2 = 2.715$$

$$\hat{\eta}_2 = 95.5019$$

检验 $H_0: m_1 = m_2$，计算统计量

$$\frac{\hat{m}_2}{\hat{m}_1} = \frac{2.715}{1.945} = 1.396$$

当取显著性水平 $\alpha = 0.05$ 时，查附表 2 得

$$l_{0.05} = 1.342$$

此时，因 $1.396 > 1.342$ ，是显著的；但在 $\alpha = 0.02$ 时 $l_{0.02} = 1.453$ ，因 $1.396 < 1.453$ ，不显著。

要说明尺度参数是否相等的过程，应假定不拒绝假设 $H_0 : m_1 = m_2$ ，并检验 $H_0 : \eta_1 = \eta_2$ ，计算统计量

$$\begin{aligned} G &= \frac{1}{2} \times (1.945 + 2.715) \times (\ln 95.5019 - \ln 92.7988) \\ &= 2.33 \times (4.5591 - 4.5304) \\ &= 0.0669 \end{aligned}$$

当取显著性水平 $\alpha = 0.05$ 时，查附表 3 得

$$Z_\alpha = 0.404$$

由于 $0.0669 < 0.404$ ，接受 $\eta_1 = \eta_2$ 的假设。

7.2.6 两个正态分布的检验[4]

母体 X 服从正态分布 $N(\mu_1, \sigma_1^2)$ ，母体 Y 服从正态分布 $N(\mu_2, \sigma_2^2)$ ，这里 μ_1 、μ_2 、σ_1^2 、σ_2^2 是未知参数；要检验这两个分布是否相等，只要检验 $H_0 : \mu_1 = \mu_2, \sigma_1^2 = \sigma_2^2$ 就够了。

为进行检验，独立地分别从两个母体中各取一个子样，分别为 $X_1, X_2, \cdots, X_{n_1}$ 和 $Y_1, Y_2, \cdots, Y_{n_2}$ ，计算子样平均值

$$\bar{X} = \frac{1}{n_1} \sum_{i=1}^{n_1} X_i \tag{7.78}$$

$$\bar{Y} = \frac{1}{n_2} \sum_{i=1}^{n_2} Y_i \tag{7.79}$$

检验假设 $H_0 : \sigma_1^2 = \sigma_2^2$ 。

由于统计量

$$F = \frac{\dfrac{\sum_{i=1}^{n_1} (X_i - \bar{X})^2}{(n_1 - 1)\sigma_1^2}}{\dfrac{\sum_{i=1}^{n_2} (Y_i - \bar{Y})^2}{(n_2 - 1)\sigma_2^2}} = \frac{\sum_{i=1}^{n_1} (X_i - \bar{X})^2 (n_2 - 1)}{\sum_{i=1}^{n_2} (Y_i - \bar{Y})^2 (n_1 - 1)} \tag{7.80}$$

在 H_0 成立下服从自由度为 (n_1-1)，(n_2-1) 的 F 分布，因而，对于给定的显著性水平 α，查 F 分布分位数表，其检验规则是：

当 $F < F_{\frac{\alpha}{2}}(n_1-1, n_2-1)$ 或 $F > F_{1-\frac{\alpha}{2}}(n_1-1, n_2-1)$ 时，拒绝 H_0；

当 $F_{\frac{\alpha}{2}}(n_1-1, n_2-1) \leqslant F \leqslant F_{1-\frac{\alpha}{2}}(n_1-1, n_2-1)$ 时，接受 H_0。

若拒绝 $H_0: \sigma_1^2 = \sigma_2^2$，则两个正态分布是不相同的；若不拒绝假设，则需要进一步检验两个均值是否相等，即提出 $H_0: \mu_1 = \mu_2$。此时，统计量

$$t = \frac{\dfrac{\bar{X}-\bar{Y}}{\sqrt{\dfrac{1}{n_1}+\dfrac{1}{n_2}}\,\sigma_1}}{\sqrt{\dfrac{\sum_{i=1}^{n_1}(X_i-\bar{X})^2+\sum_{i=1}^{n_2}(Y_i-\bar{Y})^2}{\sigma_1^2(n_1+n_2-2)}}} = \frac{\bar{X}-\bar{Y}}{\sqrt{\sum_{i=1}^{n_1}(X_i-\bar{X})^2+\sum_{i=1}^{n_2}(Y_i-\bar{Y})^2}}\sqrt{\frac{(n_1+n_2-2)n_1n_2}{n_1+n_2}} \tag{7.81}$$

在 H_0 成立下服从自由度为 (n_1+n_2-2) 的 t 分布，因而，对于给定的显著性水平 α，查 t 分布分位数表，其检验规则是：

当 $|t| > t_{1-\frac{\alpha}{2}}(n_1+n_2-2)$ 时，拒绝 H_0；

当 $|t| < t_{1-\frac{\alpha}{2}}(n_1+n_2-2)$ 时，接受 H_0。

【例 7.17】为比较两种型号灯泡的寿命，从 A 型产品中任取 5 只，测得平均寿命 $\bar{X} = 1\,000$ h，子样标准差 $\hat{\sigma}_1 = 28$ h；从 B 型产品中任取 7 只，测得平均寿命 $\bar{Y} = 980$ h，子样标准差 $\hat{\sigma}_2 = 32$ h。假设灯泡寿命服从正态分布，试问这两种型号灯泡的寿命分布是否有显著差异。

解：

先检验假设

$$H_0: \sigma_1^2 = \sigma_2^2$$

由子样标准差 $\hat{\sigma}_1$ 和 $\hat{\sigma}_2$ 可以计算统计量 F 的观察值，即

$$F=\frac{\sum_{i=1}^{n_1}(X_i-\overline{X})^2(n_2-1)}{\sum_{i=1}^{n_2}(Y_i-\overline{Y})^2(n_1-1)}$$

$$=\frac{4\hat{\sigma}_1^2(7-1)}{6\sigma_2^2(5-1)}$$

$$=\frac{28^2}{32^2}$$

$$=0.765\ 6$$

当取显著性水平 $\alpha=0.05$ 时，查 F 分布分位数表得

$$F_{0.975}(4,6)=6.227\ 2$$

$$F_{0.025}(4,6)=\frac{1}{F_{0.975}(6,4)}=\frac{1}{9.197\ 3}=0.108\ 7$$

由于 $F_{0.025}(4,6)=0.108\ 7\leqslant F=0.765\ 6\leqslant F_{0.975}(4,6)=6.227\ 2$，接受 H_0 。

再检验假设

$$H_0:\mu_1=\mu_2$$

计算统计量 t 的观察值，即

$$t=\frac{\overline{X}-\overline{Y}}{\sqrt{\sum_{i=1}^{n_1}(X_i-\overline{X})^2+\sum_{i=1}^{n_2}(Y_i-\overline{Y})^2}}\sqrt{\frac{(n_1+n_2-2)n_1n_2}{n_1+n_2}}$$

$$=\frac{1\ 000-980}{\sqrt{4\times 28^2+6\times 32^2}}\sqrt{\frac{10\times 5\times 7}{5+7}}$$

$$=1.121\ 2$$

当取显著性水平 $\alpha=0.05$ 时，查 t 分布分位数表得

$$t_{1-\frac{\alpha}{2}}(n_1+n_2-2)=t_{0.975}(10)=2.228\ 14$$

由于 $|t|=1.121\ 2<t_{0.975}(10)=2.228\ 14$ ，接受 H_0。

因此，可以认为这两种型号灯泡的寿命分布是相同的。

以上关于两个总体分布是否相同的检验，都是针对分布类型已知的情况的。要检验两个分布是否相同，只要检验其参数是否相等就可以了。因此，又称为参数检验。但在实际工作中，当从两个可能不同的总体中取得两组样本时，并不确切知道其分布类型。这时要想知道这两个总体分布是否相同，就只能借助非参数方法。下面将分别介绍非参数方法。

7.2.7　符号检验法[18]

分别从两个可能不同的总体中，各抽取 n 个样本，并组成对。用符号“+”，“−”与“0”分别表示总体 A 比总体 B 的数据大、小与相等，并用 n^+、n^- 与 n_0 表示出现“+”，“−”与“0”的次数。

两个总体具有相同分布的假设 H_0，统计量为

$$r = \min\{n^+, n^-\} \tag{7.82}$$

对给定置信度 α，查符号检验表（参见文献［18］第 822 页）可得 r_α，其检验规则是：

当 $r > r_\alpha$ 时，接受 H_0；

当 $r \leqslant r_\alpha$ 时，拒绝 H_0。

【例 7.18】从两个可能不同的总体中，各抽取 20 个样品，测得其数据如表 7.12 所示。问这两个总体是否具有相同的分布。

解：

假设

$$H_0：两个总体具有相同的分布函数$$

统计

$$n^+ = 12$$

$$n^- = 7$$

由（7.82）式计算统计量得

$$r = \min\{n^+, n^-\} = \min\{12, 7\} = 7$$

当取显著性水平 $\alpha = 0.10$ 时，查符号检验表，由 $N = n^+ + n^- =$

12 + 7 = 19 得符号限

$$r_\alpha = 5$$

由于 $r = 7 > 5 = r_\alpha$，接受 H_0，因此可认为两个总体分布无显著差异。

表 7.12 数据表

A	14.7	15.0	15.2	14.8	15.5	14.6	14.9	14.8	15.1	15.0
B	14.6	15.1	15.4	14.7	15.2	14.7	14.8	14.6	15.2	15.0
符号	+	−	−	+	+	−	+	+	−	0
A	14.7	14.8	14.7	15.0	14.9	14.9	15.2	14.7	15.4	15.3
B	14.6	14.6	14.8	15.3	14.7	14.6	14.8	14.9	15.2	15.0
符号	+	+	−	−	+	+	+	−	+	+

7.2.8 秩检验法[18]

符号检验法要求数据“成对”，其应用受到限制。秩检验法与符号检验法相比，更好地利用了数据提供的信息，因此有较高的精度。下面用一个例子说明其检验步骤。

【例 7.19】从两个可能不同的总体中获得如下两组数据，即

甲组： 158 160 164 164 170

乙组： 161 165 168 170 175 172 180

问这两个样本是否来自相同分布的总体。

解：

（Ⅰ）假设 H_0：两个样本来自相同分布的总体。

（Ⅱ）把已知数据从小到大排列，如表 7.13 所示。

表 7.13 中第 1 行表示从小到大排列的序数，数据 170 甲、乙组

均有，排在 8 和 9 两个序位，其秩按平均取 $\frac{8+9}{2}=8.5$ 。

（Ⅲ）给出显著性水平 $\alpha=0.05$ 。

表 7.13　数据表

秩	1	2	3	4	5	6	7	8	9	10	11	12
甲组	158	160		164	164			170				
乙组			161			165	168		170	172	175	180

（Ⅳ）根据甲组的样本数 $n_1=5$ ，乙的样本数 $n_2=7$ ，对 $\alpha=0.05$ 查秩和检验表得 T 的下限 $T'_\alpha=22$ 和上限 $T''_\alpha=43$（即否定下式 $T\leqslant T'_\alpha=22$ ，或 $T\geqslant T''_\alpha=43$ ）。

（Ⅴ）计算统计量（甲组的秩和）

$$T=1+2+4+5+8.5=20.5$$

（Ⅵ）统计推断。因 $T=20.5<22=T'_\alpha$ ，故否定 H_0 ，即以 0.05 的显著水平认为两个样本不是来自同分布总体。

秩检验法对数据可能是非数值的（如好、更好、最好），或虽是数值的由于计算的速度等原因不便精确算出但可依次排序的数据非常适用。如果数据是有序的并且有很多结（若两个观测值相等，则称它们为数据的结），则用 Mann-Whitney 检验[19]可能会更好些。

7.2.9　Smirnov 检验[19]

独立地分别从两个可能不同的总体中各抽取一个子样，一组容量为 n ，$x_1,x_2,\cdots,x_n$ ；另一组容量为 m ，$y_1,y_2,\cdots,y_m$ ，用 $F(x)$ 和 $G(x)$ 分别表示其未知的分布函数。

检验假设为 $H_0:F(x)=G(x)$ 。

检验统计量记 $S_1(x)$ 为基于样本 $x_1,x_2,\cdots,x_n$ 的经验分布函数，$S_2(x)$ 为基于样本 $y_1,y_2,\cdots,y_m$ 的经验分布函数，检验统计量 T 定义为两个经验分布函数的最大垂直距离，即

$$T = \sup_x \left| S_1(x) - S_2(x) \right| \tag{7.83}$$

如果 T 值超过了双侧检验情况下的 $1-\alpha$ 分位数，则以显著性水平 α 拒绝 H_0 ，附表 19 和附表 20 分别给出了 $m=n$ 和 $m \neq n$ 的情况下的 $1-\alpha$ 分位数。对于大样本情况，该表的最后一行给出了近似计算方法。

【例 7.20】独立地分别从两个可能不同的总体中各抽取一个子样，一组容量为 9，$x_1,x_2,\cdots,x_9$ ，一组容量为 15，$y_1,y_2,\cdots,y_{15}$ ，其数据经排序后列于表 7.14，它们的分布函数分别为 $F(x)$ 和 $G(x)$。要求检验其分布是否相同。

表 7.14　数据排序表

x_i	y_i	$S_1(x)-S_2(x)$	x_i	y_i	$S_1(x)-S_2(x)$
	5.2	$0-\frac{1}{15}=-0.0667$		9.8	$\frac{5}{9}-\frac{8}{15}=0.0222$
	5.7	$0-\frac{2}{15}=-0.1334$	9.9		$\frac{6}{9}-\frac{8}{15}=0.1333$
	5.9	$0-\frac{3}{15}=-0.2$	10.1		$\frac{7}{9}-\frac{8}{15}=0.2444$
	6.5	$0-\frac{4}{15}=-0.2667$	10.6		$\frac{8}{9}-\frac{8}{15}=0.3556$
	6.8	$0-\frac{5}{15}=-0.3333$		10.8	$\frac{8}{9}-\frac{9}{15}=0.2889$
7.6		$\frac{1}{9}-\frac{5}{15}=-0.2222$	11.2		$1-\frac{9}{15}=0.4$
	8.2	$\frac{1}{9}-\frac{6}{15}=-0.2889$		11.3	$1-\frac{10}{15}=0.3333$
8.4		$\frac{2}{9}-\frac{6}{15}=-0.1778$		11.5	$1-\frac{11}{15}=0.2667$
8.6		$\frac{3}{9}-\frac{6}{15}=-0.0667$		12.3	$1-\frac{12}{15}=0.2$
8.7		$\frac{4}{9}-\frac{6}{15}=-0.0444$		12.5	$1-\frac{13}{15}=0.1333$

续表

x_i	y_i	$S_1(x)-S_2(x)$	x_i	y_i	$S_1(x)-S_2(x)$
	9.1	$\frac{4}{9}-\frac{7}{15}=-0.0222$		13.4	$1-\frac{14}{15}=0.0667$
9.3		$\frac{5}{9}-\frac{7}{15}=0.0889$		14.6	$1-1=0$

解：

零假设

$$H_0: F(x)=G(x)$$

计算检验统计量得

$$T=\sup_x |S_1(x)-S_2(x)|=0.4$$

对于双侧检验及 $n=9=n_1$，$m=15=n_2$，取 $1-\alpha=0.95$，查附表 20 得

$$W_{1-p}=\frac{8}{15}=0.5333$$

由于 $T=0.4<W_{1-p}=0.5333$，因此在 0.05 显著性水平上接受 H_0，即可以认为这两个总体有相同的分布函数。

7.2.10 Cramer-von Mises 两样本检验[19]

独立地分别从两个可能不同的总体中各抽取一个子样，一组容量为 n，$x_1,x_2,\cdots,x_n$；另一组容量为 m，$y_1,y_2,\cdots,y_m$，用 $F(x)$ 和 $G(x)$ 分别表示其未知的分布函数。

检验假设为 $H_0: F(x)=G(x)$。

检验统计量记 $S_1(x)$、$S_2(x)$ 分别为两组样本的经验分布函数，检验统计量 T_1 定义为

$$T_1=\frac{mn}{(m+n)^2}\sum_{\substack{x=x_i\\x=y_j}}(S_1(x)-S_2(x))^2 \qquad (7.84)$$

(7.84) 式中的差平方必须在每个 x_i 和 y_j 处求和，显然可以把该检

验统计量定义为

$$T_1=\frac{mn}{(m+n)^2}\Big[\sum_{i=1}^{n}(S_1(x_i)-S_2(x_i))^2+\sum_{j=1}^{m}(S_1(y_j)-S_2(y_j))^2\Big] \tag{7.85}$$

如果 T_1 值超过表 7.15 中给出的 $1-\alpha$ 分位数 $W_{1-\alpha}$ ，则以水平 α 拒绝 H_0 。这些分位数是建立在渐近分布的基础上，适用于 n 和 m 很大的情况，也适用于小样本的情况。

【例 7.21】对于例 7.20 的数据，为了计算检验统计量 T_1 。

解：

表 7.15　$1-\alpha$ 分位数 $W_{1-\alpha}$ 表

$1-\alpha$	0.10	0.20	0.30	0.40	0.50	0.60
$W_{1-\alpha}$	0.046	0.062	0.079	0.097	0.119	0.147
$1-\alpha$	0.70	0.80	0.90	0.95	0.99	0.999
$W_{1-\alpha}$	0.184	0.241	0.347	0.461	0.743	1.168

首先计算

$$\sum_{i=1}^{9}(S_1(x_i)-S_2(x_i))^2=0.459\,3$$

$$\sum_{j=1}^{15}(S_1(y_j)-S_2(y_j))^2=0.656\,8$$

由（7.85）式可得

$$T_1=\frac{15\times 9}{(15+9)^2}\times(0.459\,3+0.656\,8)=0.261\,6$$

如取显著性水平 $\alpha=0.05$ ，查表 7.15 得

$$W_{1-\alpha}=W_{0.95}=0.461$$

由于 $T_1=0.261\,6<W_{0.95}=0.461$ ，因此在 0.05 显著水平上接受 H_0 ，即可以认为两个总体有相同的分布函数。

7.3 异常数据检验[20]

在试验数据中发现了异常数据，可以有以下几种处理方法：

1）异常数据仍保留在样本中参加以后的统计分析。

2）把异常数据从样本中剔除，不参加以后的统计分析。

3）剔除异常数据，并追加适宜的样本观察值记入样本。

4）在有充分的物理分析或统计学理由时，可以修正异常值；把它改变成可以认为是正确的值。

在检验异常数据时，显著性水平 α 可以取大一些，以便充分发现可能的异常数据。但是，在剔除异常数据时，显著性水平应适当取小一些，即没有足够理由时不轻易剔除试验数据。

在实际工作中，一般可以交叉进行拟合优度检验和异常值检验，即应先进行拟合优度检验，推断分布类型，然后进行异常值检验，找出可能的异常值；如果剔除了异常值，有必要重新进行拟合优度检验。

7.3.1 指数分布异常数据的检验

设产品寿命服从指数分布，从中任取 n 个产品进行试验，到有 r 个产品发生故障时停止试验，故障时间为(指无替换试验)$t_1 \leqslant t_2 \leqslant \cdots \leqslant t_r$（$r = 1,2,\cdots,n$）。

7.3.1.1 最小值异常小时的检验方法

对于最小值 t_1，统计量为

$$F_1 = \frac{T_r - T_1}{(r-1)T_1} \tag{7.86}$$

给定显著性水平 α，若

$$F_1 > F_{1-\alpha}(2r-2,2) \tag{7.87}$$

则 t_1 是异常小值。F 分布的分位数是下侧分位数。

(7.86) 式中，T_1 和 T_r 的计算公式为

$$T_k = \sum_{i=1}^{k} t_i + (n-k)t_k \qquad (k = 1,2,\cdots,r) \tag{7.88}$$

如果要检验前 k 个数据是否为异常小数据，采用统计量为

$$F_k = \frac{k(T_r - T_k)}{T_k(r-k)} \tag{7.89}$$

给定显著性水平 α ，若

$$F_k > F_{1-\alpha}(2r-2k,2k) \tag{7.90}$$

则判断前面 k 个数据是异常小值，否则前面 k 个数据不全是异常小值。

7.3.1.2 最小值异常大时的检验方法

统计量

$$F_1 = \frac{(r-1)T_1}{T_r - T_1} \tag{7.91}$$

服从 $F(2,2r-2)$ 分布，对于给定显著性水平 α ，若

$$F_1 > F_{1-\alpha}(2,2r-2) \tag{7.92}$$

则拒绝单参数指数分布假设，其位置参数可能不为零。

7.3.1.3 检验最大值是否异常值

检验最大值是否异常是对完全样本。设有 n 个产品进行寿命试验，故障时间为 $t_1 \leqslant t_2 \leqslant \cdots \leqslant t_n$ 。

(1) 检验一个最大值为异常值

当 $n \leqslant 100$ 时，采用统计量

$$T_n(n) = \frac{t_n}{\sum_{i=1}^{n} t_i} \tag{7.93}$$

给定显著性水平 α ，如果

$$T_n(n) > T_{1-\alpha}(n) \tag{7.94}$$

则判断最大值 t_n 为异常值。$T_n(n)$ 的临界值 $T_{1-\alpha}(n)$ 可查指数分布异常值检验临界值 $T_{1-\alpha}(n)$ 表（GB 8056）。

当 $n > 100$ 时，采用统计量

$$F_n(n)=\frac{(n-1)(t_n-t_{n-1})}{\sum_{i=1}^{n-1}t_i+t_{n-1}} \tag{7.95}$$

对于给定显著性水平 α，如果

$$F_n(n)>F_{1-\alpha}(2,2n-2) \tag{7.96}$$

则判断 t_n 为异常值。$F_{1-\alpha}(2,2n-2)$ 可查 F 分布分位数表。

(2) 检验两个最大值为异常值

检验 t_{n-1}，t_n 是否同时为异常值，采用统计量

$$F_n(n-1,n)=\frac{(n-2)(t_{n-1}+t_n-2t_{n-2})}{2(\sum_{i=1}^{n-3}t_i+3t_{n-2})} \tag{7.97}$$

给定显著性水平 α，如果

$$F_n(n-1,n)>F_{1-\alpha}(4,2n-4) \tag{7.98}$$

则判断 t_{n-1}，t_n 同时为异常值，否则有可能是两个都为正常值，或有一个为异常值。

【例 7.22】产品的寿命分布为指数分布，从中任取 25 个产品进行无替换寿命试验，到有 10 个产品发生故障时停止试验，得寿命数据为 3，15，125，160，250，389，469，613，725，910。试进行异常值检验。

解：

根据数据的情况初步判断 $t_1=3$，$t_2=15$ 可能是异常小值。由 (7.88) 式得

$$\begin{aligned}T_1&=t_1+(25-1)t_1\\&=25t_1\\&=75\\T_2&=t_1+t_2+(25-2)t_2\\&=t_1+24t_2\\&=263\\T_r&=T_{10}\\&=\sum_{i=1}^{10}t_i+(25-10)t_{10}\end{aligned}$$

$$= 3\ 659 + 13\ 650$$

$$= 17\ 308$$

首先对 $t_1 = 3$ 进行检验。由（7.86）式得

$$F_1 = \frac{17\ 308 - 75}{9 \times 75}$$

$$= 25.530\ 1$$

如取显著性水平 $\alpha = 0.05$ ，查 F 分布分位数表得

$$F_{1-\alpha}(2r-2,2) = F_{0.95}(18,2)$$

$$= 19.440\ 2$$

由于 $F_1 = 25.530\ 1 > F_{0.95}(18,2) = 19.440\ 2$ ，则判断 $t_1 = 3$ 为异常值。

然后判断前两个数据 $t_1 = 3$ 和 $t_2 = 15$ 是否都为异常值。由（7.89）式得

$$F_2 = \frac{2(T_{10} - T_2)}{T_2(10-2)}$$

$$= \frac{2 \times (17\ 308 - 263)}{263 \times 8}$$

$$= 16.202\ 5$$

如取显著性水平 $\alpha = 0.05$ ，查 F 分布分位数表得

$$F_{1-\alpha}(2r-2k,2k) = F_{0.95}(16,4) = 5.844\ 1$$

由于 $F_2 = 16.202\ 5 > F_{0.95}(16,4) = 5.844\ 1$ ，则判断 $t_1 = 3$ 和 $t_2 = 15$ 均为异常值。

【例 7.23】假定产品的寿命分布为指数分布，任取其中 100 个产品进行无替换寿命试验，到有 7 个产品失效时停止试验，得寿命数据为 1 500，1 750，2 130，2 500，3 120，3 500，3 800。试进行异常值检验。

解：

根据数据的情况分析，最小值 $t_1 = 1\ 500$ 可能是异常值。由（7.88）式得

$$T_1 = t_1 + (n-1)t_1$$

$$=1\,500+(100-1)t_1$$
$$=150\,000$$

$$T_r=\sum_{i=1}^{10}t_i+(n-r)t_r$$
$$=1\,500+1\,750+2\,130+2\,500+3\,120+3\,500+3\,800+(100-7)\times 3\,800$$
$$=371\,700$$

由（7.86）式得

$$F_1=\frac{(r-1)T_1}{T_r-T_1}=\frac{6\times 150\,000}{371\,700-150\,000}=4.059\,5$$

如取显著性水平 $\alpha=0.05$，查 F 分布分位数表得

$$F_{1-\alpha}(2,2r-2)=F_{0.95}(2,12)=3.885\,3$$

由于 $F_1=4.059\,5>F_{0.95}(2,12)=3.885\,3$，则判断 $t_1=1\,500$ 为异常值。

对上述数据用 7.1.8 节所述的方法进行拟合检验。当显著性水平 $\alpha=0.1$ 时，查表得

$$\chi^2_{0.05}(12)=5.226\,0$$
$$\chi^2_{0.95}(12)=21.026\,07$$

而统计量为

$$\chi^2=2\sum_{i=1}^{r-1}\ln\frac{T^*}{T_i}=5.795$$

由于 $\chi^2_{0.05}(12)=5.226\,0<\chi^2=5.795<\chi^2_{0.95}(12)=21.026\,07$，接受指数分布的假设，这时可以认为有可能服从两参数指数分布，其位置参数不为零。

7.3.2 威布尔分布异常值检验

7.3.2.1 样本是否来自同一威布尔分布的检验

取 n 个产品作定数截尾寿命试验，有 r 个产品发生故障，故障时间为 $t_1 \leqslant t_2 \leqslant \cdots \leqslant t_r \quad (2 < r \leqslant n)$。

令

$$V_i = (r-i)(x_{r-i+1} - x_{r-i}) \qquad (i = 1,2,\cdots,r-1) \tag{7.99}$$

式中

$$x_i = \ln t_i \qquad (1 \leqslant i \leqslant r) \tag{7.100}$$

设

$$B^2 = 2(r-1)\ln \frac{\sum_{i=1}^{r-1} V_i}{r-1} - 2\sum_{i=1}^{r-1} \ln V_i \tag{7.101}$$

$$C = 1 + \frac{r}{6(r-1)} \tag{7.102}$$

则 $\frac{B^2}{C}$ 服从自由度为 $r-2$ 的 χ^2 分布。

给定显著性水平 α，如果

$$\chi^2_\alpha(r-2) < \frac{B^2}{C} < \chi^2_{1-\alpha}(r-2) \tag{7.103}$$

则接收样本来自同一威布尔分布假设，即无异常值。

7.3.2.2 最小值异常小检验

检验最小值 t_1 是否异常小，可用统计量

$$F = \frac{(r-2)V_{r-1}}{\sum_{i=1}^{r-2} V_i} \tag{7.104}$$

给定显著性水平 α，如果

$$F > F_{1-\alpha}(2, 2r-4) \tag{7.105}$$

则可认为最小值 t_1 是异常小值。

【例 7.24】取 20 个产品作寿命试验，开始 6 个故障时间为 7,

12，15，24，25，48。试检验这些数据是否来自同一个两参数威布尔分布。

解：

列表计算 V_i 的值（见表 7.16）。

由（7.101）式和（7.102）式得

$$B^2 = 2(r-1)\ln\frac{\sum_{i=1}^{r-1}V_i}{r-1} - 2\sum_{i=1}^{r-1}\ln V_i$$

$$= 10\ln\frac{5.820\,2}{5} - 2\times(-1.711\,8)$$

$$= 4.941\,5$$

$$C = 1 + \frac{r}{6(r-1)} = 1 + \frac{6}{6\times 5} = 1.2$$

$$\frac{B^2}{C} = \frac{4.941\,5}{1.2} = 4.117\,9$$

表 7.16　V_i 值计算表

i	t_i	$x_i = \ln t_i$	$V_i = (r-i)(x_{r-i+1} - x_{r-i})$	$\ln V_i$
1	7	1.945 9	5×（3.871 2－3.218 9）＝3.261 5	1.182 2
2	12	2.484 9	4×（3.218 9－3.178 1）＝0.163 2	－1.812 8
3	15	2.708 0	3×（3.178 1－207 080）＝1.410 3	0.343 8
4	24	3.178 1	2×（2.708 0－204 849）＝0.446 2	－0.807 0
5	25	3.218 9	1×（2.484 9－1.945 9）＝0.539	－0.618 0
6	48	3.871 2		

如取显著性水平 $\alpha = 0.05$，查 χ^2 分布分位数表得

$$\chi^2_{\alpha}(r-2) = \chi^2_{0.05}(4) = 0.710\,7$$

$$\chi^2_{1-\alpha}(r-2) = \chi^2_{0.95}(4) = 9.487\,7$$

由于 $\chi^2_{0.05}(4)=0.7107<\frac{B^2}{C}=4.1179<\chi^2_{0.95}(4)=9.4877$，接受样本来自同一威布尔分布假设，即无异常值。

7.3.3 正态分布异常值检验

正态分布异常值检验是针对完全样本的。

7.3.3.1 最大值异常情况

最大值 t_n 异常检验时，采用统计量

$$G_n=\frac{t_n-\bar{x}}{S} \tag{7.106}$$

式中

$$\bar{x}=\frac{1}{n}\sum_{i=1}^{n}t_i \tag{7.107}$$

$$S^2=\frac{1}{n-1}\sum_{i=1}^{n}(t_i-\bar{x})^2 \tag{7.108}$$

给定显著性水平 α，如果

$$G_n>G_{1-\alpha}(n) \tag{7.109}$$

则认为最大值是异常值。G_n 的临界值 $G_{1-\alpha}(n)$ 可查格拉布斯检验法的临界值表（参见 GB 4883）。

7.3.3.2 最小值异常情况

最小值 t_1 异常检验时，采用统计量

$$G_1=\frac{\bar{x}-t_1}{S} \tag{7.110}$$

给定显著性水平 α，如果

$$G_1>G_{1-\alpha}(n) \tag{7.111}$$

则认为最小值 t_1 是异常小值。

【例 7.25】取得 10 个样品的试验数据为 47，54，60，65，73，77，82，90，101，140。试检验该试验数据中是否有异常值。

解：

由该试验数据算得

$$\bar{x} = 78.9$$

$$S = 27.0409$$

由（7.106）式得

$$G_n = \frac{t_n - \bar{x}}{S} = \frac{140 - 78.9}{27.0409} = 2.2595$$

给定显著性水平 $\alpha = 0.05$，查格拉布斯检验法的临界值表，得

$$G_{1-\alpha}(n) = 2.176$$

由于 $G_n = 2.2595 > G_{1-\alpha}(n) = 2.176$，可以认为最大值出现了异常。

由（7.110）式得

$$G_1 = \frac{\bar{x} - t_1}{S} = \frac{78.9 - 47}{27.0409} = 1.1797$$

由于 $G_1 = 1.1797 < G_{1-\alpha}(n) = 2.176$，可以认为最小值并未出现异常。

附 表

附表 1 $\beta(f_1,f_2)$分布的下侧

$$P(\beta(f_1,f_2)<\beta_\alpha(f_1,f_2))=\frac{\Gamma(f_1+f_2)}{\Gamma(f_1)\Gamma(f_2)}$$

$v_1=2f_1$,

$\alpha=0.005$

v_2 \ v_1	1	2	3	4
1	0.000016846	0.000025000	0.000015421	0.000011111
2	0.0099750	0.0050000	0.0033361	0.0025031
3	0.051237	0.029240	0.020632	0.015976
4	0.11321	0.070711	0.052099	0.041400
5	0.17996	0.12011	0.091593	0.074378
6	0.24356	0.17100	0.13408	0.11088
7	0.30126	0.22007	0.17656	0.14830
8	0.35261	0.26591	0.21745	0.18510
9	0.39799	0.30808	0.25604	0.22046
10	0.43809	0.34657	0.29204	0.25399
11	0.47360	0.38162	0.32543	0.28554
12	0.50517	0.41352	0.35632	0.31509
13	0.53337	0.44258	0.38487	0.34270
14	0.55865	0.46912	0.41127	0.36848
15	0.58144	0.49340	0.43569	0.39255
16	0.60206	0.51567	0.45832	0.41503
17	0.62080	0.53616	0.47932	0.43605
18	0.63789	0.55505	0.49885	0.45571
19	0.65354	0.57251	0.51703	0.47414
20	0.66792	0.58870	0.53400	0.49144
21	0.68117	0.60375	0.54986	0.50768
22	0.69341	0.61775	0.56472	0.52297
23	0.70477	0.63083	0.57866	0.53738
24	0.71532	0.64305	0.59176	0.55098
25	0.72516	0.65451	0.60409	0.56382
26	0.73434	0.66527	0.61571	0.57597
27	0.74294	0.67539	0.62669	0.58749
28	0.75100	0.68492	0.63707	0.59841
29	0.75857	0.69392	0.64690	0.60878
30	0.76570	0.70242	0.65622	0.61864
40	0.81920	0.76727	0.72823	0.69571
60	0.87598	0.83811	0.80877	0.78370
120	0.93619	0.91548	0.89893	0.88442
∞	1.00000	1.00000	1.00000	1.00000
	$v_1=\infty$时 $\beta_\alpha=0$			

分位点 $\beta_\alpha(f_1, f_2)$ 表

$$\int_0^{\beta_\alpha} x^{f_2-1}(1-x)^{f_1-1}\mathrm{d}x=\alpha$$

$v_2=2f_2$

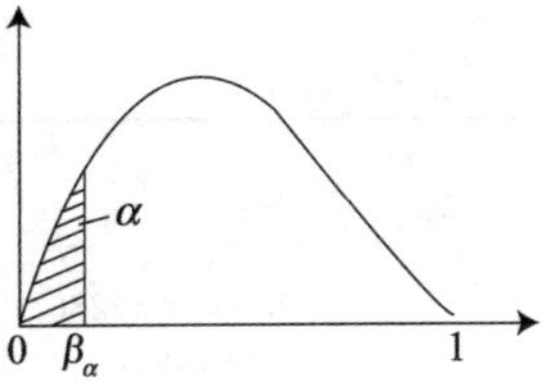

5	6	7	8	9
0.0000086745	0.0000071112	0.0000060240	0.0000052245	0.0000046121
0.0020030	0.0016695	0.0014311	0.0012524	0.0011133
0.013046	0.011028	0.0095530	0.0084269	0.0075388
0.034399	0.029445	0.025748	0.022881	0.020592
0.062737	0.054301	0.047891	0.042849	0.038776
0.094759	0.082829	0.073619	0.066279	0.060287
0.12818	0.11303	0.10116	0.091593	0.083707
0.16159	0.14360	0.12933	0.11770	0.10804
0.19415	0.17373	0.15736	0.14389	0.13261
0.22542	0.20297	0.18478	0.16970	0.15697
0.25517	0.23105	0.21132	0.19484	0.18083
0.28332	0.25783	0.23682	0.21914	0.20402
0.30986	0.28328	0.26120	0.24250	0.22642
0.33484	0.30739	0.28444	0.26489	0.24798
0.35833	0.33022	0.30656	0.28629	0.26869
0.38042	0.35180	0.32757	0.30672	0.28852
0.40120	0.37221	0.34754	0.32620	0.30752
0.42076	0.39151	0.36650	0.34478	0.32568
0.43917	0.40976	0.38451	0.36248	0.34305
0.45654	0.42705	0.40162	0.37936	0.35966
0.47293	0.44343	0.41789	0.39546	0.37554
0.48841	0.45896	0.43336	0.41082	0.39073
0.50306	0.47369	0.44810	0.42547	0.40527
0.51692	0.48769	0.46213	0.43947	0.41918
0.53007	0.50100	0.47551	0.45285	0.43251
0.54255	0.51367	0.48827	0.46564	0.44528
0.55441	0.52574	0.50046	0.47788	0.45752
0.56568	0.53724	0.51210	0.48960	0.46927
0.57642	0.54822	0.52324	0.50083	0.48054
0.58665	0.55871	0.53389	0.51159	0.49137
0.66744	0.64229	0.61956	0.59882	0.57973
0.76142	0.74119	0.72256	0.70526	0.68907
0.87120	0.85892	0.84739	0.83645	0.82602
1.00000	1.00000	1.00000	1.00000	1.00000

$\alpha=0.005$

v_2 \ v_1	10	12	15	20
1	0.0000041280	0.0000034116	0.0000027067	0.0000020132
2	0.0010020	0.00083507	0.00066812	0.00050113
3	0.0068204	0.0057290	0.0046206	0.0034943
4	0.018721	0.015844	0.012879	0.0098197
5	0.035415	0.030191	0.024729	0.019006
6	0.055299	0.047464	0.039162	0.030337
7	0.077090	0.066593	0.055329	0.043189
8	0.099867	0.086787	0.072586	0.057076
9	0.12300	0.10749	0.090464	0.071635
10	0.14606	0.12831	0.10862	0.086595
11	0.16876	0.14898	0.12683	0.10175
12	0.19092	0.16931	0.14489	0.11696
13	0.21242	0.18919	0.16270	0.13210
14	0.23320	0.20853	0.18017	0.14710
15	0.25323	0.22728	0.19725	0.16190
16	0.27248	0.24543	0.21388	0.17644
17	0.29098	0.26295	0.23006	0.19070
18	0.30872	0.27986	0.24576	0.20465
19	0.32574	0.29615	0.26099	0.21829
20	0.34206	0.31184	0.27575	0.23160
21	0.35770	0.32696	0.29004	0.24458
22	0.37269	0.34151	0.30387	0.25723
23	0.38707	0.35552	0.31725	0.26954
24	0.40087	0.36901	0.33020	0.28153
25	0.41411	0.38200	0.34272	0.29320
26	0.42682	0.39452	0.35484	0.30456
27	0.43903	0.40658	0.36657	0.31560
28	0.45076	0.41821	0.37792	0.32635
29	0.46204	0.42942	0.38891	0.33681
30	0.47289	0.44024	0.39954	0.34698
40	0.56205	0.53024	0.48950	0.43493
60	0.67384	0.64584	0.60879	0.55688
120	0.81604	0.79720	0.77125	0.73277
∞	1.00000	1.00000	1.00000	1.00000

续表

24	30	40	60	120
0.0000016707	0.0000013310	0.00000099411	0.00000065998	0.00000032862
0.00041762	0.00033411	0.00025060	0.00016707	0.000083539
0.0029242	0.0023493	0.0017696	0.0011848	0.00059503
0.0082522	0.0066584	0.0050373	0.0033880	0.0017093
0.016040	0.012998	0.0098777	0.0066743	0.0033833
0.025709	0.020924	0.015973	0.010844	0.0055240
0.036749	0.030038	0.023034	0.015712	0.0080441
0.048760	0.040023	0.030828	0.021129	0.010873
0.061433	0.050635	0.039174	0.026976	0.013953
0.074540	0.061684	0.047930	0.033162	0.017241
0.087903	0.073027	0.056985	0.039611	0.020700
0.10139	0.084550	0.066252	0.046265	0.024302
0.11490	0.096167	0.075662	0.053076	0.028022
0.12835	0.10781	0.085158	0.060005	0.031841
0.14170	0.11942	0.094697	0.067019	0.035743
0.15488	0.13097	0.10424	0.074093	0.039714
0.16787	0.14241	0.11377	0.081204	0.043741
0.18065	0.15373	0.12324	0.088334	0.047815
0.19319	0.16489	0.13265	0.095467	0.051928
0.20549	0.17590	0.14198	0.10259	0.056070
0.21753	0.18673	0.15122	0.10969	0.060237
0.22932	0.19738	0.16036	0.11676	0.064421
0.24084	0.20784	0.16938	0.12380	0.068619
0.25210	0.21811	0.17829	0.13078	0.072825
0.26309	0.22818	0.18707	0.13772	0.077036
0.27383	0.23806	0.19573	0.14461	0.081248
0.28432	0.24775	0.20426	0.15143	0.085459
0.29455	0.25724	0.21266	0.15819	0.089665
0.30454	0.26654	0.22093	0.16489	0.093863
0.31429	0.27565	0.22907	0.17152	0.098050
0.39980	0.35700	0.30341	0.23388	0.13907
0.52194	0.47762	0.41913	0.33759	0.21421
0.70531	0.66845	0.61590	0.53378	0.38380
1.00000	1.00000	1.00000	1.00000	1.00000

$\alpha=0.01$

v_2 \ v_1	1	2	3	4
1	0.00024672	0.00010000	0.000061686	0.000044446
2	0.019900	0.010000	0.0066778	0.0050126
3	0.080827	0.046416	0.032834	0.025458
4	0.15875	0.10000	0.073960	0.058903
5	0.23520	0.15849	0.12142	0.098877
6	0.30387	0.21544	0.16979	0.14087
7	0.36370	0.26827	0.21636	0.18236
8	0.41540	0.31623	0.25997	0.22207
9	0.46009	0.35938	0.30024	0.25945
10	0.49889	0.39811	0.33719	0.29431
11	0.53279	0.43288	0.37099	0.32667
12	0.56258	0.46416	0.40191	0.35664
13	0.58893	0.49239	0.43020	0.38437
14	0.61238	0.51795	0.45615	0.41006
15	0.63336	0.54117	0.47999	0.43387
16	0.65224	0.56234	0.50194	0.45597
17	0.66930	0.58171	0.52219	0.47651
18	0.68479	0.59948	0.54094	0.49565
19	0.69892	0.61585	0.55832	0.51350
20	0.71185	0.63096	0.57447	0.53018
21	0.72372	0.64495	0.58952	0.54581
22	0.73467	0.65793	0.60357	0.56046
23	0.74479	0.67002	0.61671	0.57422
24	0.75417	0.68129	0.62903	0.58717
25	0.76290	0.69183	0.64059	0.59938
26	0.77103	0.70170	0.65147	0.61090
27	0.77862	0.71097	0.66172	0.62180
28	0.78573	0.71969	0.67139	0.63211
29	0.79240	0.72790	0.68054	0.64188
30	0.79867	0.73564	0.68919	0.65116
40	0.84541	0.79433	0.75561	0.72316
60	0.89449	0.85770	0.82898	0.80433
120	0.94599	0.92612	0.91014	0.89607
∞	1.00000	1.00000	1.00000	1.00000

续表

5	6	7	8	9
0.000034699	0.000028446	0.000024097	0.000020897	0.000018449
0.0040121	0.0033445	0.0028674	0.0025094	0.0022309
0.020807	0.017599	0.015252	0.013458	0.012043
0.049014	0.041999	0.036754	0.032682	0.029426
0.083563	0.072429	0.063948	0.057264	0.051857
0.12065	0.10564	0.094014	0.084730	0.077136
0.15801	0.13959	0.12511	0.11341	0.10375
0.19437	0.17307	0.15612	0.14227	0.13073
0.22910	0.20543	0.18637	0.17066	0.15745
0.26191	0.23632	0.21551	0.19820	0.18355
0.29271	0.26560	0.24335	0.22469	0.20879
0.32153	0.29323	0.26981	0.25003	0.23307
0.34845	0.31924	0.29487	0.27417	0.25631
0.37358	0.34369	0.31858	0.29712	0.27851
0.39706	0.36666	0.34098	0.31891	0.29968
0.41899	0.38826	0.36214	0.33958	0.31985
0.43951	0.40857	0.38213	0.35920	0.33905
0.45872	0.42768	0.40103	0.37781	0.35733
0.47674	0.44568	0.41890	0.39547	0.37474
0.49366	0.46266	0.43581	0.41224	0.39131
0.50958	0.47868	0.45184	0.42818	0.40711
0.52456	0.49383	0.46703	0.44333	0.42217
0.53869	0.50816	0.48144	0.45775	0.43653
0.55204	0.52174	0.49514	0.47149	0.45025
0.56466	0.53461	0.50816	0.48458	0.46335
0.57660	0.54683	0.52055	0.49706	0.47587
0.58793	0.55845	0.53236	0.50899	0.48785
0.59868	0.56951	0.54362	0.52038	0.49932
0.60890	0.58004	0.55437	0.53127	0.51031
0.61862	0.59008	0.56464	0.54170	0.52085
0.69482	0.66950	0.64656	0.62555	0.60617
0.78233	0.76227	0.74376	0.72651	0.71034
0.88321	0.87124	0.85995	0.84924	0.83900
1.00000	1.00000	1.00000	1.00000	1.00000

$\alpha=0.01$

v_2 \ v_1	10	12	15	20
1	0.000016513	0.000013647	0.000010827	0.0000080531
2	0.0020080	0.0016737	0.0013391	0.0010045
3	0.010898	0.0091569	0.0073877	0.0055887
4	0.026763	0.0022665	0.018435	0.014065
5	0.047389	0.040434	0.033149	0.025503
6	0.070804	0.060840	0.050258	0.038982
7	0.095627	0.082714	0.068820	0.053801
8	0.12095	0.10526	0.088177	0.069456
9	0.14619	0.12796	0.10787	0.085584
10	0.17097	0.15044	0.12760	0.10193
11	0.19506	0.17250	0.14713	0.11830
12	0.21834	0.19398	0.16633	0.13458
13	0.24073	0.21479	0.18511	0.15065
14	0.26220	0.23489	0.20338	0.16646
15	0.28276	0.25426	0.22113	0.18196
16	0.30240	0.27289	0.23833	0.19711
17	0.32117	0.29079	0.25497	0.21189
18	0.33910	0.30797	0.27105	0.22630
19	0.35622	0.32446	0.28658	0.24032
20	0.37257	0.34029	0.30157	0.25395
21	0.38818	0.35548	0.31603	0.26721
22	0.40311	0.37005	0.32999	0.28008
23	0.41738	0.38405	0.34345	0.29258
24	0.43103	0.39749	0.35645	0.30472
25	0.44410	0.41040	0.36899	0.31651
26	0.45661	0.42280	0.38109	0.32795
27	0.46861	0.43473	0.39278	0.33906
28	0.48011	0.44621	0.40407	0.34985
29	0.49115	0.45726	0.41497	0.36032
30	0.50175	0.46789	0.42552	0.37049
40	0.58819	0.55573	0.51398	0.45778
60	0.69511	0.66701	0.62969	0.57717
120	0.82918	0.81062	0.78497	0.74677
∞	1.00000	1.00000	1.00000	1.00000

续表

24	30	40	60	120
0.0000066831	0.0000053242	0.0000039766	0.0000026400	0.0000013145
0.00083718	0.00066980	0.00050239	0.00033496	0.00016749
0.0046777	0.0037588	0.0028317	0.0018964	0.00095252
0.011824	0.0095436	0.0072226	0.0048595	0.0024525
0.021534	0.017459	0.013275	0.0089747	0.0045520
0.033057	0.026923	0.020567	0.013973	0.0071235
0.045816	0.037481	0.028767	0.019640	0.010065
0.059390	0.048797	0.037625	0.025815	0.013300
0.073472	0.060623	0.046956	0.032376	0.016768
0.087838	0.072776	0.056621	0.039229	0.020426
0.10232	0.085117	0.066512	0.046303	0.024237
0.11681	0.097542	0.076547	0.053541	0.028173
0.13120	0.10997	0.086660	0.060897	0.032212
0.14544	0.12235	0.096802	0.068334	0.036335
0.15948	0.13462	0.10693	0.075824	0.040526
0.17327	0.14676	0.11702	0.083341	0.044772
0.18681	0.15873	0.12704	0.090866	0.049062
0.20005	0.17053	0.13697	0.098383	0.053386
0.21301	0.18212	0.14680	0.10588	0.057738
0.22567	0.19351	0.15651	0.11334	0.062109
0.23803	0.20468	0.16609	0.12076	0.066494
0.25008	0.21563	0.17554	0.12812	0.070888
0.26184	0.22636	0.18486	0.13543	0.075285
0.27329	0.23687	0.19403	0.14268	0.079683
0.28446	0.24716	0.20305	0.14986	0.084077
0.29534	0.25722	0.21193	0.15697	0.088465
0.30594	0.26707	0.22066	0.16401	0.092843
0.31626	0.27670	0.22925	0.17096	0.097210
0.32632	0.28612	0.23768	0.17785	0.10156
0.33612	0.29534	0.24597	0.18465	0.10590
0.42144	0.37700	0.32111	0.24819	0.14811
0.54167	0.49647	0.43655	0.35258	0.22459
0.71942	0.68259	0.62988	0.54709	0.39479
1.00000	1.00000	1.00000	1.00000	1.00000

$\alpha=0.025$

v_2 \ v_1	1	2	3	4
1	0.0015413	0.00062500	0.00038558	0.00027783
2	0.049375	0.025000	0.016737	0.012579
3	0.14675	0.085499	0.060830	0.047316
4	0.24664	0.15811	0.11786	0.094299
5	0.33318	0.22865	0.17674	0.14471
6	0.40505	0.29240	0.23259	0.19412
7	0.46442	0.34855	0.28375	0.24063
8	0.51378	0.39764	0.32993	0.28358
9	0.55524	0.44054	0.37137	0.32290
10	0.59043	0.47818	0.40855	0.35877
11	0.62062	0.51135	0.44194	0.39146
12	0.64677	0.54074	0.47202	0.42128
13	0.66961	0.56693	0.49920	0.44853
14	0.68973	0.59038	0.52385	0.47349
15	0.70756	0.61149	0.54628	0.49641
16	0.72349	0.63058	0.56676	0.51750
17	0.73778	0.64792	0.58553	0.53697
18	0.75069	0.66373	0.60278	0.55498
19	0.76239	0.67821	0.61869	0.57169
20	0.77305	0.69150	0.63339	0.58722
21	0.78280	0.70376	0.64702	0.60169
22	0.79176	0.71509	0.65970	0.61520
23	0.80001	0.72559	0.67150	0.62785
24	0.80763	0.73535	0.68253	0.63970
25	0.81469	0.74445	0.69285	0.65084
26	0.82126	0.75295	0.70253	0.66132
27	0.82738	0.76090	0.71162	0.67119
28	0.83310	0.76836	0.72018	0.68052
29	0.83845	0.77538	0.72825	0.68933
30	0.84347	0.78198	0.73587	0.69768
40	0.88059	0.83157	0.79381	0.76184
60	0.91904	0.88430	0.85681	0.83298
120	0.95883	0.94037	0.92535	0.91201
∞	1.00000	1.00000	1.00000	1.00000

续表

5	6	7	8	9
0.00021691	0.00017782	0.00015064	0.00013065	0.00011533
0.010076	0.0084038	0.0072076	0.0063095	0.0056104
0.038748	0.032820	0.028471	0.025143	0.022513
0.078706	0.067586	0.059243	0.052745	0.047539
0.12275	0.10669	0.094390	0.084663	0.076770
0.16695	0.14663	0.13081	0.11812	0.10770
0.20942	0.18562	0.16681	0.15153	0.13886
0.24933	0.22278	0.20151	0.18405	0.16944
0.28642	0.25774	0.23450	0.21523	0.19897
0.32071	0.29042	0.26561	0.24486	0.22722
0.35234	0.32085	0.29482	0.27288	0.25409
0.38149	0.34914	0.32219	0.29930	0.27957
0.40838	0.37545	0.34779	0.32416	0.30368
0.43321	0.39991	0.37175	0.34755	0.32646
0.45618	0.42268	0.39418	0.36955	0.34799
0.47746	0.44390	0.41520	0.39026	0.36833
0.49723	0.46372	0.43490	0.40976	0.38756
0.51561	0.48224	0.45341	0.42814	0.40575
0.53276	0.49959	0.47081	0.44549	0.42297
0.54877	0.51586	0.48719	0.46187	0.43928
0.56375	0.53115	0.50263	0.47736	0.45475
0.57780	0.54553	0.51720	0.49202	0.46943
0.59100	0.55908	0.53098	0.50592	0.48338
0.60341	0.57187	0.54401	0.51911	0.49664
0.61511	0.58396	0.55636	0.53163	0.50927
0.62615	0.59540	0.56808	0.54354	0.52130
0.63658	0.60624	0.57922	0.55488	0.53278
0.64646	0.61652	0.58980	0.56568	0.54373
0.65582	0.62630	0.59988	0.57599	0.55420
0.66471	0.63559	0.60948	0.58582	0.56421
0.73369	0.70839	0.68532	0.66411	0.64446
0.81156	0.79193	0.77372	0.75668	0.74065
0.89975	0.88828	0.87743	0.86708	0.85717
1.00000	1.00000	1.00000	1.00000	1.00000

$\alpha=0.025$

v_2 \ v_1	10	12	15	20
1	0.00010323	0.000085313	0.000067686	0.000050345
2	0.0050508	0.0042107	0.0033700	0.0025286
3	0.020382	0.017139	0.013838	0.010477
4	0.043272	0.036693	0.029885	0.022831
5	0.070233	0.060028	0.049302	0.038002
6	0.098988	0.085233	0.070563	0.054861
7	0.12818	0.11113	0.092695	0.072663
8	0.15701	0.13700	0.11508	0.090920
9	0.18504	0.16240	0.13732	0.10931
10	0.21201	0.18709	0.15917	0.12760
11	0.23780	0.21091	0.18048	0.14565
12	0.26238	0.23379	0.20115	0.16336
13	0.28573	0.25571	0.22112	0.18067
14	0.30790	0.27667	0.24039	0.19753
15	0.32893	0.29668	0.25893	0.21392
16	0.34888	0.31578	0.27676	0.22983
17	0.36779	0.33400	0.29389	0.24525
18	0.38574	0.35138	0.31034	0.26019
19	0.40278	0.36797	0.32614	0.27465
20	0.41896	0.38380	0.34132	0.28864
21	0.43435	0.39893	0.35589	0.30218
22	0.44900	0.41338	0.36990	0.31528
23	0.46294	0.42720	0.38335	0.32795
24	0.47623	0.44042	0.39629	0.34021
25	0.48891	0.45307	0.40874	0.35207
26	0.50101	0.46520	0.42071	0.36355
27	0.51257	0.47682	0.43223	0.37466
28	0.52363	0.48797	0.44334	0.38542
29	0.53421	0.49867	0.45403	0.39584
30	0.54435	0.50895	0.46434	0.40594
40	0.62616	0.59296	0.54999	0.49168
60	0.72550	0.69743	0.65992	0.60674
120	0.84764	0.82954	0.80442	0.76678
∞	1.00000	1.00000	1.00000	1.00000

续表

24	30	40	60	120
0.000041780	0.000033285	0.000024860	0.000016505	0.0000082180
0.0021076	0.0016864	0.0012651	0.00084357	0.00042187
0.0087725	0.0070519	0.0053148	0.0035607	0.0017893
0.019207	0.015514	0.011749	0.0079110	0.0039956
0.032119	0.026068	0.019841	0.013428	0.0068184
0.046579	0.037985	0.029056	0.019767	0.010092
0.061969	0.050772	0.039029	0.026691	0.013702
0.077871	0.064092	0.049508	0.034033	0.017569
0.094004	0.077712	0.060314	0.041675	0.021634
0.11017	0.091466	0.071319	0.049528	0.025854
0.12623	0.10523	0.082426	0.057528	0.030196
0.14210	0.11893	0.093564	0.065622	0.034634
0.15770	0.13249	0.10468	0.073771	0.039147
0.17299	0.14588	0.11573	0.081944	0.043718
0.18793	0.15905	0.12669	0.090115	0.048335
0.20252	0.17198	0.13753	0.098266	0.052985
0.21674	0.18466	0.14823	0.10638	0.057659
0.23058	0.19708	0.15878	0.11444	0.062348
0.24404	0.20922	0.16916	0.12244	0.067047
0.25713	0.22110	0.17938	0.13038	0.071749
0.26985	0.23270	0.18943	0.13823	0.076450
0.28221	0.24402	0.19930	0.14601	0.081144
0.29422	0.25508	0.20899	0.15370	0.085828
0.30588	0.26587	0.21850	0.16130	0.090500
0.31721	0.27640	0.22783	0.16881	0.095156
0.32821	0.28667	0.23698	0.17622	0.099794
0.33890	0.29669	0.24596	0.18354	0.10441
0.34928	0.30647	0.25476	0.19076	0.10901
0.35937	0.31601	0.26339	0.19789	0.11358
0.36918	0.32532	0.27185	0.20492	0.11812
0.45370	0.40697	0.34780	0.26997	0.16201
0.57056	0.52422	0.46239	0.37498	0.24027
0.73968	0.70299	0.65017	0.56658	0.41107
1.00000	1.00000	1.00000	1.00000	1.00000

$\alpha=0.05$

v_2 \ v_1	1	2	3	4
1	0.0061558	0.0025000	0.0015429	0.0011119
2	0.097500	0.050000	0.033617	0.025321
3	0.22852	0.13572	0.097308	0.076010
4	0.34163	0.22361	0.16825	0.13535
5	0.43074	0.30171	0.23553	0.19403
6	0.50053	0.36840	0.29599	0.24860
7	0.55593	0.42489	0.34929	0.29811
8	0.60771	0.47287	0.39607	0.34259
9	0.63751	0.51390	0.43716	0.38245
10	0.66824	0.54928	0.47338	0.41820
11	0.69425	0.58003	0.50546	0.45033
12	0.71654	0.60696	0.53402	0.47930
13	0.73583	0.63073	0.55958	0.50551
14	0.75268	0.65184	0.58256	0.52932
15	0.76754	0.67070	0.60333	0.55102
16	0.78072	0.68766	0.62217	0.57086
17	0.79249	0.70297	0.63933	0.58907
18	0.80307	0.71687	0.65503	0.60584
19	0.81263	0.72954	0.66944	0.62131
20	0.82131	0.74113	0.68271	0.63564
21	0.82923	0.75178	0.69496	0.64894
22	0.83647	0.76160	0.70632	0.66132
23	0.84313	0.77067	0.71687	0.67287
24	0.84927	0.77908	0.72669	0.68366
25	0.85494	0.78690	0.73586	0.69377
26	0.86021	0.79418	0.74444	0.70327
27	0.86511	0.80099	0.75249	0.71219
28	0.86967	0.80736	0.76004	0.72060
29	0.87394	0.81334	0.76715	0.72854
30	0.87794	0.81896	0.77386	0.73604
40	0.90734	0.86089	0.82447	0.79327
60	0.93748	0.90497	0.87881	0.85591
120	0.96837	0.95130	0.93720	0.92458
∞	1.00000	1.00000	1.00000	1.00000

续表

5	6	7	8	9
0.00086820	0.00071179	0.00060300	0.00052300	0.00046170
0.020308	0.016952	0.014548	0.012741	0.011334
0.062412	0.052962	0.046007	0.040671	0.036447
0.11338	0.097611	0.085728	0.076440	0.068979
0.16528	0.14408	0.12778	0.11482	0.10427
0.21477	0.18926	0.16927	0.15316	0.13989
0.26063	0.23182	0.20890	0.19019	0.17461
0.30260	0.27134	0.24613	0.22532	0.20783
0.34080	0.30777	0.28082	0.25835	0.23930
0.37553	0.34126	0.31301	0.28924	0.26894
0.40712	0.37203	0.34283	0.31807	0.29677
0.43590	0.40031	0.37044	0.34494	0.32286
0.46219	0.42635	0.39604	0.37000	0.34732
0.48626	0.45036	0.41980	0.39338	0.37025
0.50836	0.47255	0.44187	0.41521	0.39176
0.52872	0.49310	0.46242	0.43563	0.41196
0.54750	0.51217	0.48158	0.45474	0.43094
0.56490	0.52991	0.49949	0.47267	0.44880
0.58103	0.54645	0.51624	0.48951	0.46564
0.59605	0.56189	0.53194	0.50535	0.48152
0.61004	0.57635	0.54669	0.52027	0.49652
0.62312	0.58990	0.56056	0.53434	0.51071
0.63536	0.60263	0.57363	0.54764	0.52415
0.64684	0.61461	0.58596	0.56022	0.53689
0.65764	0.62590	0.59761	0.57213	0.54898
0.66780	0.63656	0.60864	0.58343	0.56048
0.67738	0.64663	0.61909	0.59416	0.57141
0.68643	0.65617	0.62900	0.60436	0.58183
0.69499	0.66522	0.63842	0.61407	0.59177
0.70311	0.67381	0.64738	0.62332	0.60125
0.76559	0.74053	0.71758	0.69636	0.67663
0.83517	0.81606	0.79824	0.78150	0.76569
0.91290	0.90192	0.89148	0.88150	0.87191
1.00000	1.00000	1.00000	1.00000	1.00000

$\alpha=0.05$

v_2 \ v_1	10	12	15	20
1	0.00041325	0.00034155	0.00027098	0.00020156
2	0.010206	0.0085124	0.0068158	0.0051162
3	0.033020	0.027794	0.022465	0.017026
4	0.062850	0.053375	0.043541	0.033319
5	0.095510	0.081790	0.067312	0.051995
6	0.12876	0.11111	0.092207	0.071870
7	0.16142	0.14029	0.11733	0.092238
8	0.19290	0.16875	0.14216	0.11267
9	0.22292	0.19618	0.16638	0.13288
10	0.25137	0.22244	0.18984	0.15272
11	0.27823	0.24746	0.21244	0.17207
12	0.30354	0.27125	0.23413	0.19086
13	0.32737	0.29383	0.25492	0.20908
14	0.34981	0.31524	0.27481	0.22669
15	0.37095	0.33554	0.29382	0.24370
16	0.39086	0.35480	0.31199	0.26011
17	0.40965	0.37307	0.32936	0.27594
18	0.42738	0.39041	0.34596	0.29120
19	0.44414	0.40689	0.36183	0.30591
20	0.45999	0.42256	0.37701	0.32009
21	0.47501	0.43746	0.39154	0.33375
22	0.48925	0.45165	0.40544	0.34693
23	0.50276	0.46518	0.41877	0.35964
24	0.51560	0.47808	0.43154	0.37190
25	0.52782	0.49040	0.44379	0.38373
26	0.53945	0.50217	0.45554	0.39516
27	0.55054	0.51343	0.46683	0.40619
28	0.56112	0.52420	0.47768	0.41685
29	0.57122	0.53452	0.48812	0.42715
30	0.58088	0.54442	0.49816	0.43711
40	0.65819	0.62460	0.58083	0.52099
60	0.75070	0.72282	0.68535	0.63185
120	0.86226	0.84504	0.82047	0.78342
∞	1.00000	1.00000	1.00000	1.00000

续表

24	30	40	60	120
0.00016727	0.00013326	0.000099535	0.000066082	0.000032904
0.0042653	0.0034137	0.0025614	0.0017083	0.00085452
0.014264	0.011472	0.0086511	0.0057991	0.0029157
0.028053	0.022679	0.017191	0.011585	0.0058567
0.043994	0.035747	0.027240	0.018458	0.0093841
0.061103	0.049898	0.038224	0.026043	0.013317
0.078783	0.064651	0.049781	0.034103	0.017540
0.096658	0.079695	0.061675	0.042481	0.021976
0.11449	0.094827	0.073748	0.051068	0.026572
0.13211	0.10991	0.085885	0.059785	0.031288
0.14943	0.12484	0.098008	0.068575	0.036094
0.16636	0.13955	0.11006	0.077394	0.040967
0.18288	0.15401	0.12199	0.086209	0.045889
0.19895	0.16818	0.13377	0.094994	0.050847
0.21457	0.18203	0.14539	0.10373	0.055827
0.22972	0.19556	0.15682	0.11240	0.060821
0.24441	0.20877	0.16805	0.12099	0.065820
0.25865	0.22164	0.17908	0.12950	0.070818
0.27244	0.23418	0.18989	0.13791	0.075809
0.28580	0.24639	0.20050	0.14622	0.080789
0.29874	0.25828	0.21088	0.15442	0.085753
0.31126	0.26985	0.22106	0.16252	0.090698
0.32340	0.28112	0.23102	0.17051	0.095621
0.33515	0.29208	0.24078	0.17838	0.10052
0.34653	0.30275	0.25032	0.18615	0.10539
0.35756	0.31314	0.25966	0.19379	0.11024
0.36826	0.32325	0.26880	0.20133	0.11505
0.37862	0.33309	0.27775	0.20875	0.11983
0.38867	0.34267	0.28050	0.21606	0.12458
0.39842	0.35200	0.29507	0.22326	0.12930
0.48175	0.43321	0.37136	0.28936	0.17453
0.59522	0.54807	0.48477	0.39458	0.25416
0.75661	0.72016	0.66738	0.58326	0.42519
1.00000	1.00000	1.00000	1.00000	1.00000

$\alpha=0.10$

v_2 \ v_1	1	2	3	4
1	0.024472	0.010000	0.0061812	0.0044577
2	0.19000	0.10000	0.067830	0.051317
3	0.35136	0.21544	0.15648	0.12310
4	0.46812	0.31623	0.24136	0.19580
5	0.55185	0.39811	0.31529	0.26204
6	0.6137	0.46416	0.37816	0.32046
7	0.66104	0.51795	0.43151	0.37151
8	0.69821	0.56234	0.47700	0.41611
9	0.72814	0.59948	0.51610	0.45522
10	0.75273	0.63096	0.54996	0.48968
11	0.77328	0.65793	0.57954	0.52022
12	0.79069	0.68129	0.60555	0.54744
13	0.80564	0.70170	0.62860	0.57181
14	0.81861	0.71969	0.64915	0.59375
15	0.82996	0.73564	0.66758	0.61360
16	0.83998	0.74989	0.68419	0.63164
17	0.84889	0.76270	0.69923	0.64809
18	0.85686	0.77426	0.71293	0.66315
19	0.86403	0.78476	0.72544	0.67699
20	0.87052	0.79433	0.73691	0.68976
21	0.87643	0.80309	0.74747	0.70156
22	0.88181	0.81113	0.75722	0.71250
23	0.88675	0.81855	0.76625	0.72268
24	0.89129	0.82540	0.77464	0.73216
25	0.89549	0.83176	0.78245	0.74103
26	0.89937	0.83768	0.78973	0.74933
27	0.90297	0.84319	0.79655	0.75711
28	0.90633	0.84834	0.80294	0.76443
29	0.90946	0.85317	0.80894	0.77132
30	0.91239	0.85770	0.81459	0.77783
40	0.93381	0.89125	0.85693	0.82706
60	0.95555	0.92612	0.90182	0.88023
120	0.97761	0.96235	0.94944	0.93773
∞	1.00000	1.00000	1.00000	1.00000

续表

5	6	7	8	9
0.0034818	0.0028553	0.0024193	0.0020986	0.0018528
0.041268	0.034511	0.029654	0.025996	0.023141
0.10154	0.086434	0.075257	0.066647	0.059809
0.16493	0.14256	0.12558	0.11224	0.10147
0.22457	0.19664	0.17498	0.15766	0.14349
0.27858	0.24664	0.22139	0.20091	0.18394
0.32685	0.29210	0.26421	0.24127	0.22207
0.36982	0.33319	0.30339	0.27860	0.25764
0.40811	0.37029	0.33915	0.31299	0.29067
0.44232	0.40382	0.37178	0.34462	0.32128
0.47300	0.43419	0.40159	0.37374	0.34963
0.50062	0.46178	0.42889	0.40058	0.37592
0.52560	0.48693	0.45393	0.42535	0.40032
0.54827	0.50992	0.47697	0.44827	0.42299
0.56893	0.53100	0.49822	0.46951	0.44410
0.58783	0.55040	0.51787	0.48924	0.46380
0.60517	0.56829	0.53608	0.50760	0.48219
0.62114	0.58484	0.55300	0.52473	0.49942
0.63588	0.60020	0.56876	0.54074	0.51557
0.64954	0.61448	0.58347	0.55574	0.53073
0.66222	0.62779	0.59722	0.56980	0.54500
0.67403	0.64022	0.61011	0.58302	0.55845
0.68504	0.65187	0.62222	0.59547	0.57115
0.69535	0.66279	0.63361	0.60721	0.58314
0.70500	0.67305	0.64434	0.61829	0.59450
0.71407	0.68271	0.65446	0.62878	0.60526
0.72260	0.69183	0.66403	0.63871	0.61548
0.73064	0.70044	0.67309	0.64813	0.62518
0.73823	0.70858	0.68168	0.65708	0.63442
0.74541	0.71630	0.68984	0.66559	0.64322
0.80025	0.77578	0.75319	0.73219	0.71255
0.86048	0.84212	0.82490	0.80864	0.79321
0.92679	0.91643	0.90653	0.89702	0.88785
1.00000	1.00000	1.00000	1.00000	1.00000

$\alpha=0.10$

v_2 \ v_1	10	12	15	20
1	0.0016585	0.0013709	0.0010878	0.00080919
2	0.020852	0.017407	0.013950	0.010481
3	0.054245	0.045740	0.037035	0.028119
4	0.092595	0.078823	0.064482	0.049452
5	0.13167	0.11307	0.093336	0.072324
6	0.16964	0.14685	0.12228	0.095653
7	0.20573	0.17941	0.15059	0.11886
8	0.23966	0.21040	0.17792	0.14161
9	0.27139	0.23970	0.20411	0.16374
10	0.30097	0.26732	0.22908	0.18513
11	0.32853	0.29330	0.25284	0.20576
12	0.35422	0.31772	0.27540	0.22559
13	0.37817	0.34068	0.29682	0.24464
14	0.40053	0.36228	0.31715	0.26292
15	0.42143	0.38261	0.33645	0.28045
16	0.44100	0.40176	0.35478	0.29726
17	0.45934	0.41983	0.37219	0.31338
18	0.47657	0.43689	0.38875	0.32885
19	0.49277	0.45302	0.40451	0.34369
20	0.50803	0.46829	0.41952	0.35793
21	0.52243	0.48276	0.43382	0.37161
22	0.53603	0.49649	0.44746	0.38475
23	0.54889	0.50953	0.46049	0.39738
24	0.56108	0.52193	0.47294	0.40954
25	0.57263	0.53373	0.48485	0.42123
26	0.58361	0.54498	0.49624	0.43248
27	0.59405	0.55571	0.50716	0.44333
28	0.60398	0.56595	0.51763	0.45378
29	0.61344	0.57574	0.52767	0.46386
30	0.62247	0.58511	0.53731	0.47359
40	0.69412	0.66034	0.61599	0.55476
60	0.77851	0.75104	0.71386	0.66029
120	0.87897	0.86198	0.83814	0.80192
∞	1.00000	1.00000	1.00000	1.00000

续表

24	30	40	60	120
0.00067157	0.00053506	0.00039965	0.00026535	0.00013213
0.0087416	0.0069994	0.0052542	0.0035059	0.0017545
0.023579	0.018982	0.014327	0.0096132	0.0048379
0.041691	0.033749	0.025617	0.017288	0.0087521
0.061295	0.049889	0.038083	0.025851	0.013167
0.081477	0.066668	0.051174	0.034941	0.017906
0.10173	0.083668	0.064573	0.044345	0.022866
0.12177	0.10064	0.078083	0.053928	0.027978
0.14141	0.11743	0.091577	0.063600	0.033196
0.16056	0.13394	0.10497	0.073298	0.038489
0.17915	0.15010	0.11820	0.082977	0.043832
0.19716	0.16587	0.13123	0.092604	0.049206
0.21457	0.18124	0.14403	0.10215	0.054597
0.23139	0.19619	0.15659	0.11161	0.059993
0.24762	0.21072	0.16889	0.12096	0.065386
0.26327	0.22483	0.18093	0.13019	0.070768
0.27837	0.23853	0.19270	0.13930	0.076134
0.29293	0.25182	0.20420	0.14828	0.081478
0.30697	0.26471	0.21544	0.15712	0.086796
0.32051	0.27721	0.22642	0.16583	0.092085
0.33358	0.28934	0.23713	0.17440	0.097342
0.34619	0.30111	0.24759	0.18283	0.10257
0.35836	0.31253	0.25781	0.19112	0.10775
0.37012	0.32361	0.26778	0.19928	0.11290
0.38147	0.33437	0.27751	0.20730	0.11801
0.39245	0.34481	0.28701	0.21518	0.12308
0.40306	0.35495	0.29629	0.22293	0.12811
0.41332	0.36479	0.30534	0.23054	0.13310
0.42325	0.37436	0.31419	0.23803	0.13804
0.43286	0.38366	0.32283	0.24539	0.14295
0.51428	0.46386	0.39910	0.31243	0.18960
0.62333	0.57545	0.51067	0.41750	0.27063
0.77553	0.73946	0.68688	0.60235	0.44158
1.00000	1.00000	1.00000	1.00000	1.00000

$\alpha=0.50$

v_2 \ v_1	1	2	3	4
1	0.50000	0.25000	0.16319	0.12061
2	0.75000	0.50000	0.37004	0.29289
3	0.83681	0.62996	0.50000	0.41363
4	0.87939	0.70711	0.58637	0.50000
5	0.90447	0.75786	0.64755	0.56444
6	0.92097	0.79370	0.69305	0.61427
7	0.93262	0.82034	0.72819	0.65391
8	0.94129	0.84090	0.75614	0.68619
9	0.94799	0.85724	0.77888	0.71297
10	0.95331	0.87055	0.79775	0.73555
11	0.95765	0.88159	0.81366	0.75484
12	0.96125	0.89090	0.82725	0.77151
13	0.96429	0.89885	0.83899	0.78606
14	0.96689	0.90572	0.84924	0.79887
15	0.96913	0.91172	0.85827	0.81023
16	0.97109	0.91700	0.86627	0.82038
17	0.97282	0.92169	0.87342	0.82950
18	0.97435	0.92587	0.87985	0.83774
19	0.97572	0.92964	0.88565	0.84522
20	0.97695	0.93303	0.89092	0.85204
21	0.97806	0.93612	0.89573	0.85828
22	0.97907	0.93893	0.90013	0.86402
23	0.97999	0.94151	0.90417	0.86931
24	0.98083	0.94387	0.90790	0.87421
25	0.98161	0.94606	0.91135	0.87875
26	0.98232	0.94808	0.91455	0.88298
27	0.98298	0.94995	0.91753	0.88692
28	0.98360	0.95170	0.92031	0.89060
29	0.98417	0.95332	0.92290	0.89406
30	0.98470	0.95484	0.92534	0.89730
40	0.98855	0.96594	0.94324	0.92136
60	0.99238	0.97716	0.96164	0.94645
120	0.99620	0.98851	0.98056	0.97264
∞	1.00000	1.00000	1.00000	1.00000

续表

5	6	7	8	9
0.095526	0.079033	0.067378	0.058711	0.052015
0.24214	0.20630	0.17966	0.15910	0.14276
0.35245	0.30695	0.27181	0.24386	0.22112
0.43556	0.38573	0.34609	0.31381	0.28703
0.50000	0.44867	0.40684	0.37213	0.34286
0.55133	0.50000	0.45737	0.42141	0.39068
0.59316	0.54263	0.50000	0.46355	0.43205
0.62787	0.57859	0.53645	0.50000	0.46818
0.65714	0.60932	0.56795	0.53182	0.50000
0.68214	0.63588	0.59546	0.55984	0.52824
0.70376	0.65907	0.61968	0.58471	0.55346
0.72262	0.67948	0.64116	0.60692	0.57813
0.73923	0.69759	0.66035	0.62687	0.59661
0.75396	0.71376	0.67760	0.64490	0.61520
0.76712	0.72830	0.69318	0.66127	0.63216
0.77894	0.74143	0.70732	0.67620	0.64768
0.78963	0.75334	0.72022	0.68986	0.66195
0.79932	0.76421	0.73203	0.70242	0.67511
0.80817	0.77417	0.74288	0.71401	0.68728
0.81626	0.78331	0.75289	0.72472	0.69858
0.82370	0.79175	0.76215	0.73467	0.70909
0.83057	0.79955	0.77074	0.74392	0.71889
0.83692	0.80679	0.77873	0.75254	0.72805
0.84281	0.81353	0.78618	0.76061	0.73663
0.84828	0.81981	0.79315	0.76816	0.74469
0.85340	0.82568	0.79968	0.77526	0.75227
0.85817	0.83118	0.80581	0.78193	0.75941
0.86265	0.83635	0.81157	0.78821	0.76615
0.86685	0.84120	0.81701	0.79415	0.77253
0.87080	0.84578	0.82214	0.79976	0.77856
0.90038	0.88030	0.86107	0.84266	0.82501
0.93166	0.91731	0.90338	0.88985	0.87672
0.96482	0.95710	0.94951	0.94202	0.93465
1.00000	1.00000	1.00000	1.00000	1.00000

$\alpha=0.50$

v_2 \ v_1	10	12	15	20
1	0.046687	0.038746	0.030867	0.023052
2	0.12945	0.10910	0.088278	0.066967
3	0.20225	0.17275	0.14173	0.10908
4	0.26445	0.22849	0.18977	0.14796
5	0.31786	0.27738	0.23288	0.18374
6	0.36412	0.32052	0.27170	0.21669
7	0.40454	0.35884	0.30682	0.24711
8	0.44016	0.39308	0.33873	0.27528
9	0.47176	0.42387	0.36784	0.30142
10	0.50000	0.45169	0.39451	0.32575
11	0.52538	0.47696	0.41902	0.34845
12	0.54831	0.50000	0.44162	0.36967
13	0.56912	0.52110	0.46254	0.38956
14	0.58811	0.54049	0.48194	0.40823
15	0.60549	0.55838	0.50000	0.42579
16	0.62147	0.57492	0.51684	0.44234
17	0.63621	0.59027	0.53258	0.45797
18	0.64984	0.60456	0.54733	0.47274
19	0.66248	0.61788	0.56118	0.48673
20	0.67425	0.63033	0.57421	0.50000
21	0.68522	0.64200	0.58649	0.51260
22	0.69548	0.65295	0.59807	0.52458
23	0.70509	0.66325	0.60903	0.53599
24	0.71411	0.67296	0.61941	0.54686
25	0.72260	0.68213	0.62924	0.55723
26	0.73060	0.69079	0.63859	0.56714
27	0.73815	0.69900	0.64747	0.57662
28	0.74529	0.70678	0.65593	0.58569
29	0.75205	0.71417	0.66399	0.59437
30	0.75846	0.72120	0.67168	0.60271
40	0.80808	0.77621	0.73285	0.67042
60	0.86397	0.83954	0.80537	0.75420
120	0.92740	0.91321	0.89273	0.86055
∞	1.00000	1.00000	1.00000	1.00000

续表

24	30	40	60	120
0.019168	0.015301	0.011450	0.0076165	0.0037997
0.056126	0.045158	0.034064	0.022840	0.011486
0.092099	0.074664	0.056756	0.038355	0.019443
0.12579	0.10270	0.078644	0.053552	0.027361
0.15719	0.12920	0.099622	0.068335	0.035184
0.18647	0.15422	0.11970	0.082690	0.042896
0.21382	0.17786	0.13893	0.096624	0.050494
0.23939	0.20024	0.15734	0.11015	0.057977
0.26337	0.22144	0.17499	0.12328	0.065345
0.28589	0.24154	0.19192	0.13603	0.072602
0.30707	0.26064	0.20818	0.14842	0.079747
0.32704	0.27880	0.22379	0.16046	0.086785
0.34589	0.29610	0.23880	0.17217	0.093716
0.36371	0.31258	0.25325	0.18355	0.10054
0.38059	0.32832	0.26715	0.19463	0.10727
0.39660	0.34335	0.28055	0.20541	0.11390
0.41181	0.35772	0.29347	0.21591	0.12043
0.42626	0.37147	0.30593	0.22613	0.12686
0.44002	0.38465	0.31796	0.23609	0.13320
0.45314	0.39729	0.32958	0.24580	0.13945
0.46566	0.40942	0.34082	0.25527	0.14561
0.47762	0.42108	0.35168	0.26450	0.15168
0.48905	0.43228	0.36219	0.27350	0.15767
0.50000	0.44305	0.37237	0.28229	0.16357
0.51049	0.45343	0.38222	0.29086	0.16939
0.52054	0.46342	0.39177	0.29924	0.17513
0.53019	0.47306	0.40103	0.30741	0.18079
0.53946	0.48236	0.41001	0.31540	0.18638
0.54837	0.49133	0.41873	0.32321	0.19189
0.55695	0.50000	0.42720	0.33084	0.19732
0.62763	0.57280	0.50000	0.39866	0.24791
0.71771	0.66916	0.60134	0.50000	0.33209
0.83643	0.80268	0.75209	0.66791	0.50000
1.00000	1.00000	1.00000	1.00000	1.00000

附表 2 满足 $P(\hat{r}_1/\hat{r}_2 < l_\alpha) = 1-\alpha$ 的百分点 l_α

n \ $1-\alpha$	0.60	0.70	0.75	0.80	0.85	0.90	0.95	0.98
5	1.158	1.351	1.478	1.636	1.848	2.152	2.725	3.550
6	1.135	1.318	1.418	1.573	1.727	1.987	2.465	3.146
7	1.127	1.283	1.370	1.502	1.638	1.869	2.246	2.755
8	1.119	1.256	1.338	1.450	1.573	1.780	2.093	2.509
9	1.111	1.236	1.311	1.410	1.524	1.711	1.982	2.339
10	1.104	1.220	1.290	1.380	1.486	1.655	1.897	2.213
11	1.098	1.206	1.273	1.355	1.454	1.609	1.829	2.115
12	1.093	1.195	1.258	1.334	1.428	1.571	1.774	2.036
13	1.088	1.186	1.245	1.317	1.406	1.538	1.727	1.922
14	1.084	1.777	1.233	1.301	1.386	1.509	1.688	1.917
15	1.081	1.170	1.224	1.288	1.369	1.485	1.654	1.870
16	1.077	1.164	1.215	1.277	1.355	1.463	1.624	1.829
17	1.075	1.158	1.207	1.266	1.341	1.444	1.598	1.790
18	1.072	1.153	1.200	1.257	1.329	1.426	1.574	1.762
19	1.070	1.148	1.194	1.249	1.318	1.411	1.553	1.733
20	1.068	1.144	1.188	1.241	1.308	1.396	1.534	1.708
22	1.064	1.136	1.178	1.227	1.291	1.372	1.501	1.663
24	1.061	1.129	1.169	1.216	1.276	1.351	1.473	1.625
26	1.058	1.124	1.162	1.206	1.263	1.333	1.449	1.593
28	1.055	1.119	1.155	1.197	1.252	1.318	1.428	1.566
30	1.053	1.114	1.149	1.190	1.242	1.304	1.409	1.541
32	1.051	1.110	1.144	1.183	1.233	1.292	1.393	1.520
34	1.049	1.107	1.139	1.176	1.224	1.281	1.378	1.500
36	1.047	1.103	1.135	1.171	1.217	1.272	1.365	1.483

续表

n \ $1-\alpha$	0.60	0.70	0.75	0.80	0.85	0.90	0.95	0.98
38	1.046	1.100	1.131	1.166	1.210	1.263	1.353	1.467
40	1.045	1.098	1.127	1.161	1.204	1.255	1.342	1.453
42	1.043	1.095	1.124	1.156	1.198	1.248	1.332	1.439
44	1.042	1.093	1.121	1.152	1.193	1.241	1.323	1.427
46	1.041	1.091	1.118	1.149	1.188	1.235	1.314	1.416
48	1.040	1.088	1.115	1.145	1.184	1.229	1.306	1.405
50	1.039	1.087	1.113	1.142	1.179	1.224	1.299	1.396
52	1.038	1.085	1.111	1.139	1.175	1.219	1.292	1.387
54	1.037	1.083	1.108	1.136	1.172	1.215	1.285	1.378
56	1.036	1.081	1.106	1.133	1.168	1.210	1.279	1.370
58	1.036	1.080	1.104	1.131	1.165	1.206	1.274	1.363
60	1.035	1.078	1.102	1.128	1.162	1.203	1.268	1.355
62	1.034	1.077	1.101	1.126	1.159	1.199	1.263	1.349
64	1.034	1.076	1.099	1.124	1.156	1.196	1.258	1.342
66	1.033	1.075	1.097	1.122	1.153	1.192	1.253	1.336
68	1.032	1.073	1.096	1.120	1.151	1.189	1.249	1.331
70	1.032	1.072	1.094	1.118	1.148	1.186	1.245	1.325
72	1.031	1.071	1.093	1.116	1.146	1.184	1.241	1.320
74	1.031	1.070	1.091	1.114	1.143	1.181	1.237	1.315
76	1.030	1.069	1.090	1.112	1.141	1.179	1.233	1.310
78	1.030	1.068	1.089	1.111	1.139	1.176	1.230	1.306
80	1.030	1.067	1.088	1.109	1.137	1.174	1.227	1.301
90	1.028	1.063	1.082	1.102	1.128	1.164	1.212	1.282
100	1.026	1.060	1.078	1.097	1.121	1.155	1.199	1.266
120	1.023	1.054	1.071	1.087	1.109	1.142	1.180	1.240

附表 3 满足 $P(G<z_\alpha)=1-\alpha$ 的百分点 z_α

n \ $1-\alpha$	0.60	0.70	0.75	0.80	0.85	0.90	0.95	0.98
5	0.228	0.476	0.608	0.777	0.960	1.226	1.670	2.242
6	0.190	0.397	0.522	0.642	0.821	1.050	1.404	1.840
7	0.164	0.351	0.461	0.573	0.726	0.918	1.215	1.592
8	0.148	0.320	0.415	0.521	0.658	0.825	1.086	1.421
9	0.136	0.296	0.383	0.481	0.605	0.757	0.992	1.294
10	0.127	0.277	0.356	0.449	0.563	0.704	0.918	1.195
11	0.120	0.261	0.336	0.423	0.528	0.661	0.860	1.115
12	0.115	0.248	0.318	0.401	0.499	0.625	0.811	1.049
13	0.110	0.237	0.303	0.383	0.474	0.594	0.770	0.993
14	0.106	0.227	0.290	0.366	0.453	0.567	0.734	0.945
15	0.103	0.218	0.279	0.352	0.434	0.544	0.704	0.904
16	0.099	0.210	0.269	0.339	0.417	0.523	0.676	0.867
17	0.096	0.203	0.260	0.328	0.403	0.505	0.654	0.834
18	0.094	0.197	0.251	0.317	0.389	0.488	0.631	0.805
19	0.091	0.191	0.244	0.308	0.377	0.473	0.611	0.779
20	0.089	0.186	0.237	0.299	0.366	0.459	0.593	0.755
22	0.085	0.176	0.225	0.284	0.347	0.435	0.561	0.712
24	0.082	0.168	0.215	0.271	0.330	0.414	0.534	0.677
26	0.079	0.161	0.206	0.259	0.316	0.396	0.510	0.646
28	0.076	0.154	0.198	0.249	0.303	0.380	0.490	0.619
30	0.073	0.149	0.191	0.240	0.292	0.366	0.472	0.595
32	0.071	0.144	0.185	0.232	0.282	0.354	0.455	0.574
34	0.069	0.139	0.179	0.225	0.273	0.342	0.441	0.555
36	0.067	0.135	0.174	0.218	0.265	0.332	0.427	0.537

续表

n \ $1-\alpha$	0.60	0.70	0.75	0.80	0.85	0.90	0.95	0.98
38	0.065	0.131	0.169	0.212	0.258	0.323	0.415	0.522
40	0.064	0.127	0.165	0.206	0.251	0.314	0.404	0.507
42	0.062	0.124	0.160	0.201	0.245	0.306	0.394	0.494
44	0.061	0.121	0.157	0.196	0.239	0.298	0.384	0.482
46	0.059	0.118	0.153	0.192	0.234	0.292	0.376	0.470
48	0.058	0.115	0.150	0.188	0.229	0.285	0.367	0.460
50	0.057	0.113	0.147	0.184	0.224	0.279	0.360	0.450
52	0.056	0.110	0.144	0.180	0.220	0.273	0.353	0.440
54	0.055	0.108	0.141	0.176	0.215	0.268	0.346	0.432
56	0.054	0.106	0.138	0.173	0.212	0.263	0.340	0.423
58	0.053	0.104	0.136	0.170	0.208	0.258	0.334	0.416
60	0.052	0.102	0.134	0.167	0.204	0.254	0.328	0.408
62	0.051	0.100	0.131	0.164	0.201	0.250	0.323	0.402
64	0.050	0.099	0.129	0.162	0.198	0.246	0.317	0.395
66	0.049	0.097	0.127	0.159	0.195	0.242	0.313	0.389
68	0.049	0.095	0.125	0.157	0.192	0.238	0.308	0.383
70	0.048	0.094	0.123	0.154	0.190	0.235	0.304	0.377
72	0.047	0.092	0.122	0.152	0.187	0.231	0.299	0.372
74	0.046	0.091	0.120	0.150	0.184	0.228	0.295	0.366
76	0.046	0.090	0.118	0.148	0.182	0.225	0.291	0.361
78	0.045	0.089	0.117	0.146	0.180	0.222	0.288	0.357
80	0.045	0.087	0.115	0.144	0.178	0.219	0.284	0.352
90	0.042	0.082	0.109	0.136	0.168	0.207	0.268	0.332
100	0.040	0.077	0.103	0.128	0.160	0.196	0.255	0.315
120	0.036	0.070	0.094	0.117	0.147	0.179	0.233	0.287

附表 4 正态双侧容许限系数表(控制双尾)

$\gamma=0.75$

N \ P	0.125	0.100	0.050	0.025	0.010	0.005	0.0005
2	5.363	5.776	6.919	7.910	9.061	9.845	12.090
3	3.027	3.271	3.945	4.530	5.211	5.675	7.005
4	2.466	2.671	3.238	3.731	4.305	4.696	5.817
5	2.204	2.391	2.911	3.363	3.889	4.247	5.275
6	2.048	2.225	2.718	3.146	3.644	3.984	4.958
7	1.942	2.113	2.588	3.001	3.481	3.808	4.747
8	1.865	2.032	2.494	2.895	3.363	3.682	4.595
9	1.806	1.969	2.421	2.815	3.273	3.585	4.480
10	1.759	1.919	2.364	2.751	3.201	3.508	4.388
11	1.720	1.878	2.317	2.699	3.143	3.446	4.314
12	1.687	1.844	2.278	2.655	3.094	3.393	4.252
13	1.660	1.815	2.244	2.618	3.053	3.349	4.199
14	1.636	1.789	2.215	2.586	3.017	3.311	4.153
15	1.615	1.767	2.190	2.558	2.986	3.277	4.114
16	1.596	1.747	2.168	2.533	2.958	3.248	4.079
17	1.579	1.730	2.148	2.511	2.934	3.222	4.048
18	1.564	1.714	2.130	2.491	2.912	3.198	4.020
19	1.551	1.700	2.114	2.473	2.892	3.177	3.995
20	1.538	1.687	2.099	2.457	2.873	3.158	3.972
21	1.527	1.675	2.085	2.442	2.857	3.140	3.951
22	1.516	1.664	2.073	2.428	2.842	3.124	3.932
23	1.507	1.654	2.061	2.415	2.828	3.109	3.914
24	1.498	1.644	2.051	2.404	2.815	3.095	3.898
25	1.489	1.636	2.041	2.393	2.803	3.082	3.882
26	1.482	1.629	2.031	2.383	2.791	3.070	3.868
27	1.474	1.620	2.023	2.373	2.781	3.058	3.855
28	1.468	1.612	2.015	2.364	2.771	3.048	3.842
29	1.461	1.606	2.007	2.356	2.761	3.038	3.831
30	1.455	1.599	2.000	2.348	2.753	3.029	3.820
31	1.449	1.593	1.993	2.340	2.744	3.020	3.809
32	1.444	1.588	1.987	2.333	2.737	3.011	3.799
33	1.439	1.582	1.980	2.326	2.729	3.004	3.790
34	1.434	1.577	1.975	2.320	2.722	2.996	3.781
35	1.429	1.572	1.969	2.314	2.715	2.989	3.773
36	1.425	1.567	1.964	2.308	2.709	2.982	3.765
37	1.420	1.563	1.959	2.303	2.703	2.976	3.757
38	1.416	1.559	1.954	2.297	2.697	2.969	3.750
39	1.412	1.555	1.949	2.292	2.691	2.963	3.743
40	1.409	1.551	1.945	2.287	2.686	2.958	3.736
41	1.405	1.547	1.941	2.283	2.681	2.952	3.730
42	1.402	1.543	1.937	2.278	2.676	2.947	3.724
43	1.398	1.540	1.933	2.274	2.671	2.942	3.718
44	1.395	1.537	1.929	2.270	2.667	2.937	3.712
45	1.392	1.533	1.925	2.266	2.662	2.932	3.706
46	1.389	1.530	1.922	2.262	2.658	2.928	3.701
47	1.386	1.527	1.919	2.258	2.654	2.924	3.696
48	1.383	1.524	1.915	2.255	2.650	2.919	3.691
49	1.381	1.522	1.912	2.251	2.646	2.915	3.686
50	1.378	1.519	1.909	2.248	2.643	2.911	3.682

γ=0.75 **续表**

N \ P	0.125	0.100	0.050	0.025	0.010	0.005	0.0005
51	1.376	1.516	1.906	2.245	2.639	2.908	3.677
52	1.373	1.514	1.903	2.242	2.636	2.904	3.673
53	1.371	1.511	1.901	2.239	2.632	2.900	3.669
54	1.369	1.509	1.898	2.236	2.629	2.897	3.665
55	1.366	1.507	1.895	2.233	2.626	2.894	3.661
56	1.364	1.504	1.893	2.230	2.623	2.890	3.657
57	1.362	1.502	1.890	2.228	2.620	2.887	3.654
58	1.360	1.500	1.888	2.225	2.617	2.884	3.650
59	1.358	1.498	1.886	2.222	2.614	2.881	3.646
60	1.356	1.496	1.883	2.220	2.612	2.878	3.643
61	1.354	1.494	1.881	2.218	2.609	2.876	3.640
62	1.353	1.492	1.879	2.215	2.606	2.873	3.637
63	1.351	1.490	1.877	2.213	2.604	2.870	3.633
64	1.349	1.488	1.875	2.211	2.601	2.868	3.630
65	1.347	1.487	1.873	2.209	2.599	2.865	3.627
66	1.346	1.485	1.871	2.206	2.597	2.863	3.625
67	1.344	1.483	1.869	2.204	2.594	2.860	3.622
68	1.343	1.482	1.867	2.202	2.592	2.858	3.619
69	1.341	1.480	1.866	2.200	2.590	2.856	3.616
70	1.339	1.478	1.864	2.199	2.588	2.853	3.614
71	1.338	1.477	1.862	2.197	2.586	2.851	3.611
72	1.337	1.475	1.860	2.195	2.584	2.649	3.609
73	1.335	1.474	1.859	2.193	2.582	2.847	3.606
74	1.334	1.473	1.857	2.191	2.580	2.845	3.604
75	1.332	1.471	1.856	2.190	2.578	2.843	3.601
76	1.331	1.470	1.854	2.188	2.576	2.841	3.599
77	1.330	1.468	1.853	2.186	2.574	2.839	3.597
78	1.329	1.467	1.851	2.185	2.573	2.837	3.595
79	1.327	1.400	1.850	2.183	2.571	2.835	3.593
80	1.326	1.465	1.848	2.182	2.569	2.833	3.590
81	1.325	1.463	1.847	2.180	2.568	2.832	3.588
82	1.324	1.462	1.846	2.179	2.566	2.830	3.586
83	1.323	1.461	1.844	2.177	2.564	2.828	3.584
84	1.322	1.460	1.843	2.176	2.563	2.827	3.582
85	1.321	1.459	1.842	2.174	2.561	2.825	3.580
86	1.319	1.458	1.840	2.173	2.560	2.823	3.579
87	1.318	1.456	1.839	2.172	2.558	2.822	3.577
88	1.317	1.455	1.838	2.170	2.557	2.820	3.575
89	1.316	1.454	1.837	2.169	2.555	2.819	3.573
90	1.315	1.453	1.836	2.168	2.554	2.817	5.571
91	1.314	1.452	1.835	2.166	2.553	2.816	3.570
92	1.313	1.451	1.833	2.165	2.551	2.814	3.568
93	1.312	1.450	1.832	2.164	2.550	2.813	3.566
94	1.312	1.449	1.831	2.163	2.549	2.811	3.565
95	1.311	1.448	1.830	2.162	2.547	2.810	3.563
96	1.310	1.447	1.829	2.160	2.546	2.809	3.562
97	1.309	1.446	1.828	2.159	2.545	2.807	3.560
98	1.308	1.446	1.827	2.158	2.544	2.806	3.559
99	1.307	1.445	1.826	2.157	2.542	2.805	3.557

γ=0.90 **续表**

N \ P	0.125	0.100	0.050	0.025	0.010	0.005	0.0005
2	13.637	14.682	17.574	20.032	22.998	24.984	30.672
3	5.050	5.448	6.554	7.516	8.637	9.402	11.595
4	3.600	3.890	4.700	5.405	6.227	6.788	8.398
5	3.009	3.257	3.948	4.550	5.253	5.733	7.110
6	2.683	2.908	3.535	4.082	4.721	5.156	6.407
7	2.474	2.685	3.271	3.783	4.381	4.789	5.960
8	2.327	2.527	3.086	3.574	4.143	4.531	5.647
9	2.217	2.410	2.948	3.418	3.966	4.340	5.415
10	2.131	2.318	2.840	3.296	3.828	4.192	5.235
11	2.061	2.244	2.754	3.199	3.718	4.072	5.090
12	2.004	2.183	2.682	3.118	3.627	3.974	4.971
13	1.955	2.132	2.622	3.050	3.550	3.891	4.871
14	1.914	2.087	2.571	2.993	3.485	3.821	4.786
15	1.878	2.049	2.526	2.942	3.428	3.760	4.712
16	1.846	2.015	2.487	2.898	3.378	3.706	4.647
17	1.818	1.986	2.452	2.859	3.334	3.659	4.590
18	1.788	1.959	2.421	2.825	3.295	3.616	4.539
19	1.770	1.935	2.393	2.793	3.260	3.578	4.493
20	1.760	1.918	2.368	2.765	3.228	3.544	4.451
21	1.731	1.893	2.345	2.739	3.199	3.513	4.413
22	1.714	1.875	2.324	2.715	3.172	3.484	4.379
23	1.698	1.858	2.304	2.694	3.148	3.458	4.347
24	1.683	1.843	2.287	2.674	3.125	3.433	4.318
25	1.670	1.828	2.270	2.655	3.104	3.411	4.291
26	1.657	1.815	2.254	2.638	3.085	3.390	4.265
27	1.645	1.802	2.240	2.621	3.066	3.370	4.242
28	1.634	1.791	2.226	2.606	3.049	3.352	4.220
29	1.624	1.780	2.214	2.592	3.034	3.335	4.199
30	1.614	1.770	2.202	2.579	3.019	3.319	4.180
31	1.605	1.760	2.191	2.566	3.004	3.303	4.161
32	1.596	1.751	2.180	2.554	2.991	3.289	4.144
33	1.588	1.742	2.170	2.543	2.978	3.275	4.128
34	1.580	1.734	2.160	2.533	2.966	3.263	4.112
35	1.573	1.726	2.151	2.522	2.955	3.250	4.098
36	1.566	1.718	2.138	2.513	2.944	3.239	4.084
37	1.559	1.711	2.135	2.504	2.934	3.228	4.070
38	1.553	1.704	2.127	2.495	2.924	3.217	4.058
39	1.546	1.698	2.119	2.486	2.915	3.207	4.045
40	1.540	1.692	2.112	2.478	2.906	3.197	4.034
41	1.535	1.686	2.105	2.471	2.897	3.188	4.023
42	1.529	1.680	2.099	2.463	2.889	3.179	4.012
43	1.524	1.674	2.092	2.456	2.881	3.171	4.002
44	1.519	1.669	2.086	2.450	2.873	3.162	3.992
45	1.514	1.664	2.080	2.443	2.866	3.155	3.982
46	1.510	1.659	2.075	2.437	2.859	3.147	3.973
47	1.505	1.654	2.069	2.431	2.852	3.140	3.965
48	1.501	1.650	2.064	2.425	2.846	3.133	3.956
49	1.497	1.645	2.059	2.419	2.839	3.126	3.948
50	1.493	1.641	2.054	2.414	2.833	3.119	3.940

$\gamma=0.90$ **续表**

N \ P	0.125	0.100	0.050	0.025	0.010	0.005	0.0005
51	1.489	1.637	2.049	2.408	2.827	3.113	3.933
52	1.485	1.633	2.045	2.403	2.822	3.107	3.925
53	1.481	1.629	2.040	2.398	2.816	3.101	3.918
54	1.478	1.625	2.036	2.394	2.811	3.095	3.911
55	1.474	1.622	2.032	2.389	2.805	3.089	3.904
56	1.471	1.618	2.028	2.385	2.800	3.084	3.898
57	1.468	1.615	2.024	2.380	2.796	3.079	3.892
58	1.465	1.612	2.020	2.376	2.791	3.074	3.886
59	1.462	1.608	2.016	2.372	2.786	3.069	3.880
60	1.459	1.605	2.013	2.368	2.782	3.064	3.874
61	1.456	1.602	2.009	2.364	2.777	3.059	3.868
62	1.453	1.599	2.006	2.360	2.773	3.055	3.863
63	1.450	1.596	2.003	2.356	2.769	3.050	3.857
64	1.448	1.593	1.999	2.353	2.765	0.046	3.852
65	1.445	1.591	1.996	2.349	2.761	3.042	3.847
66	1.442	1.588	1.993	2.346	2.757	3.038	3.842
67	1.440	1.585	1.990	2.343	2.754	3.034	3.837
68	1.438	1.583	1.987	2.339	2.750	3.030	3.833
69	1.435	1.580	1.984	2.336	2.746	3.026	3.828
70	1.433	1.578	1.982	2.333	2.743	3.022	3.824
71	1.431	1.576	1.979	2.330	2.739	3.019	3.819
72	1.428	1.573	1.976	2.327	2.736	3.015	3.815
73	1.426	1.571	1.974	2.324	2.733	3.012	3.811
74	1.424	1.569	1.971	2.322	2.730	3.008	3.807
75	1.422	1.567	1.969	2.319	2.727	3.005	3.803
76	1.420	1.565	1.966	2.316	2.724	3.002	3.799
77	1.418	1.562	1.964	2.313	2.721	2.998	3.795
78	1.416	1.560	1.962	2.311	2.718	2.995	3.792
79	4.414	1.558	1.959	2.308	2.715	2.992	3.788
80	1.412	1.557	1.957	2.306	2.712	2.989	3.784
81	1.411	1.555	1.955	2.303	2.710	2.986	3.781
82	1.409	1.553	1.953	2.301	2.707	2.984	3.777
83	1.407	1.551	1.951	2.299	2.704	2.981	3.774
84	1.405	1.549	1.949	2.296	2.702	2.978	3.771
85	1.404	1.547	1.947	2.294	2.699	2.975	3.768
86	1.402	1.546	1.945	2.292	2.697	2.973	3.764
87	1.401	1.544	1.943	2.290	2.694	2.970	3.761
88	1.399	1.542	1.941	2.288	2.692	2.968	3.758
89	1.397	1.541	1.939	2.286	2.690	2.965	3.755
90	1.396	1.539	1.937	2.284	2.687	2.963	3.752
91	1.394	1.537	1.935	2.282	2.685	2.960	3.749
92	1.393	1.536	1.934	2.280	2.683	2.958	3.747
93	1.391	1.534	1.932	2.278	2.681	2.956	3.744
94	1.390	1.533	1.930	2.276	2.679	2.953	3.741
95	1.389	1.531	1.928	2.274	2.677	2.951	3.738
96	1.387	1.530	1.927	2.272	2.674	2.949	3.736
97	1.386	1.529	1.925	2.270	2.672	2.947	3.733
98	1.385	1.527	1.924	2.268	2.670	2.945	3.731
99	1.383	1.526	1.922	2.267	2.669	2.942	3.728

附表 5 正态截尾样本时的区间统计系数表(基于 BLUE)

$\frac{t_R-\mu^*}{\sigma^*}$的分位数

$R=0.90$

n	r \ γ	0.005	0.01	0.025	0.05	0.10	0.20	0.30	0.40	0.50	0.60	0.70	0.80	0.90	0.95	0.975	0.99	0.995
2	2	−183.9	−88.09	−36.30	−16.40	−7.869	−3.984	−2.548	−1.861	−1.405	−1.078	−0.823	−0.586	−0.327	−0.118	0.0830	0.464	0.888
3	2	−117.6	−59.41	−26.14	−13.45	−6.786	−3.536	−2.358	−1.764	−1.380	−1.119	−0.901	−0.701	−0.475	−0.256	−0.0715	0.898	2.072
3	3	−17.60	−12.28	−7.761	−5.497	−3.691	−2.516	−1.970	−1.604	−1.326	−1.093	−0.900	−0.703	−0.473	−0.305	−0.154	0.0471	0.172
4	2	−113.5	−56.59	−21.50	−11.55	−5.934	−3.134	−2.137	−1.667	−1.348	−1.123	−0.931	−0.765	−0.537	−0.280	0.236	1.864	4.305
4	3	−15.58	−11.52	−7.112	−5.071	−3.503	−2.401	−1.861	−1.554	−1.313	−1.109	−0.930	−0.767	−0.558	−0.399	−0.252	−0.0573	0.107
4	4	−9.617	−7.008	−4.985	−3.792	−2.921	−2.164	−1.777	−1.494	−1.290	−1.105	−0.935	−0.767	−0.559	−0.409	−0.265	−0.124	−0.0141
5	2	−112.9	−48.61	−18.13	−9.490	−4.988	−2.785	−1.993	−1.592	−1.322	−1.134	−0.976	−0.808	−0.567	−0.182	0.519	2.436	5.585
5	3	−13.33	−9.911	−6.294	−4.598	−3.208	−2.222	−1.785	−1.511	−1.306	−1.128	−0.975	−0.813	−0.622	−0.463	−0.285	−0.00405	0.271
5	4	−7.956	−6.415	−4.652	−3.636	−2.778	−2.103	−1.732	−1.486	−1.292	−1.126	−0.977	−0.814	−0.624	−0.475	−0.335	−0.173	−0.0587
5	5	−5.565	−4.871	−3.892	−3.184	−2.585	−2.016	−1.711	−1.470	−1.287	−1.127	−0.975	−0.817	−0.622	−0.472	−0.344	−0.202	−0.109
6	2	−76.15	−37.64	−17.14	−8.573	−4.669	−2.633	−1.922	−1.542	−1.313	−1.149	−1.007	−0.853	−0.570	−0.0928	0.779	3.427	6.336
6	3	−14.20	−10.33	−6.289	−4.393	−3.107	−2.194	−1.762	−1.490	−1.303	−1.148	−1.007	−0.861	−0.667	−0.503	−0.323	−0.0332	0.375
6	4	−7.414	−5.870	−4.386	−3.487	−2.721	−2.040	−1.702	−1.475	−1.302	−1.153	−1.010	−0.861	−0.673	−0.546	−0.427	−0.286	−0.197
6	5	−5.450	−4.681	−3.746	−3.083	−2.498	−1.954	−1.676	−1.467	−1.297	−1.155	−1.012	−0.863	−0.673	−0.547	−0.440	−0.309	−0.219
6	6	−4.663	−4.102	−3.336	−2.826	−2.371	−1.909	−1.653	−1.454	−1.300	−1.154	−1.015	−0.864	−0.678	−0.546	−0.438	−0.322	−0.246
7	2	−68.12	−32.41	−15.19	−8.208	−4.340	−2.482	−1.839	−1.503	−1.303	−1.157	−1.024	−0.878	−0.561	−0.0160	0.989	4.067	9.640
7	3	−12.82	−9.162	−5.602	−4.099	−3.005	−2.121	−1.712	−1.481	−1.301	−1.156	−1.024	−0.891	−0.710	−0.529	−0.330	−0.0654	0.292
7	4	−7.571	−5.812	−4.171	−3.346	−2.622	−1.978	−1.674	−1.455	−1.298	−1.156	−1.026	−0.893	−0.722	−0.587	−0.464	−0.289	−0.120

续表

$R=0.90$

n	r \ γ	0.005	0.01	0.025	0.05	0.10	0.20	0.30	0.40	0.50	0.60	0.70	0.80	0.90	0.95	0.975	0.99	0.995
7	5	−5.523	−4.604	−3.705	−3.034	−2.417	−1.915	−1.638	−1.449	−1.295	−1.153	−1.026	−0.894	−0.723	−0.595	−0.495	−0.361	−0.243
7	6	−4.636	−4.112	−3.351	−2.791	−2.320	−1.871	−1.624	−1.435	−1.288	−1.156	−1.029	−0.892	−0.722	−0.597	−0.501	−0.381	−0.294
7	7	−4.282	−3.693	−3.041	−2.641	−2.228	−1.827	−1.597	−1.426	−1.285	−1.153	−1.030	−0.895	−0.725	−0.595	−0.501	−0.376	−0.287
8	2	−63.58	−29.95	−13.34	−6.948	−3.728	−2.231	−1.740	−1.465	−1.293	−1.158	−1.030	−0.870	−0.472	0.226	1.645	6.157	14.50
8	3	−10.54	−7.628	−4.967	−3.637	−2.756	−2.025	−1.676	−1.455	−1.297	−1.157	−1.033	−0.907	−0.732	−0.549	−0.309	0.130	0.540
8	4	−6.590	−5.172	−3.937	−3.119	−2.484	−1.930	−1.639	−1.448	−1.286	−1.155	−1.034	−0.908	−0.752	−0.609	−0.468	−0.266	−0.110
8	5	−5.363	−4.296	−3.443	−2.885	−2.361	−1.883	−1.632	−1.439	−1.287	−1.156	−1.035	−0.908	−0.757	−0.629	−0.507	−0.358	−0.242
8	6	−4.515	−3.855	−3.220	−2.756	−2.282	−1.857	−1.614	−1.433	−1.287	−1.160	−1.037	−0.909	−0.758	−0.633	−0.514	−0.386	−0.306
8	7	−4.086	−3.583	−3.019	−2.602	−2.205	−1.825	−1.600	−1.431	−1.284	−1.160	−1.036	−0.912	−0.755	−0.632	−0.514	−0.399	−0.336
8	8	−3.781	−3.413	−2.851	−2.485	−2.162	−1.795	−1.586	−1.424	−1.290	−1.158	−1.040	−0.914	−0.757	−0.630	−0.514	−0.404	−0.338
9	2	−56.28	−30.29	−11.44	−6.353	−3.550	−2.186	−1.724	−1.482	−1.314	−1.181	−1.065	−0.890	−0.465	0.353	2.089	6.581	11.57
9	3	−11.84	−8.048	−5.062	−3.693	−2.704	−2.011	−1.666	−1.466	−1.312	−1.181	−1.063	−0.935	−0.739	−0.551	−0.304	0.209	0.744
9	4	−6.562	−5.165	−3.775	−3.043	−2.457	−1.913	−1.642	−1.454	−1.310	−1.180	−1.062	−0.936	−0.772	−0.640	−0.505	−0.300	−0.167
9	5	−5.034	−4.316	−3.446	−2.851	−2.318	−1.877	−1.629	−1.447	−1.307	−1.181	−1.059	−0.936	−0.777	−0.660	−0.548	−0.427	−0.326
9	6	−4.437	−3.901	−3.210	−2.714	−2.232	−1.838	−1.613	−1.442	−1.305	−1.181	−1.062	−0.937	−0.779	−0.663	−0.566	−0.444	−0.365
9	7	−4.103	−3.651	−3.080	−2.605	−2.177	−1.817	−1.602	−1.435	−1.303	−1.182	−1.062	−0.937	−0.780	−0.665	−0.570	−0.457	−0.373
9	8	−3.813	−3.408	−2.878	−2.490	−2.135	−1.793	−1.588	−1.432	−1.300	−1.183	−1.066	−0.940	−0.776	−0.665	−0.572	−0.459	−0.381
9	9	−3.624	−3.228	−2.752	−2.413	−2.087	−1.771	−1.579	−1.423	−1.298	−1.184	−1.064	−0.942	−0.780	−0.666	−0.571	−0.458	−0.396
10	2	−60.81	−27.39	−10.07	−5.683	−3.326	−2.078	−1.673	−1.444	−1.299	−1.181	−1.052	−0.858	−0.340	−0.770	2.744	7.973	15.67

续表

$R=0.90$

n	r \ γ	0.005	0.01	0.025	0.05	0.10	0.20	0.30	0.40	0.50	0.60	0.70	0.80	0.90	0.95	0.975	0.99	0.995
10	3	−9.675	−6.990	−4.618	−3.420	−2.572	−1.933	−1.638	−1.443	−1.301	−1.180	−1.069	−0.943	−0.758	−0.532	−0.255	0.306	1.018
10	4	−6.389	−5.028	−3.792	−2.993	−2.353	−1.871	−1.620	−1.439	−1.297	−1.180	−1.069	−0.948	−0.798	−0.657	−0.528	−0.332	−0.134
10	5	−5.258	−4.324	−3.357	−2.749	−2.257	−1.841	−1.609	−1.438	−1.297	−1.181	−1.068	−0.947	−0.801	−0.684	−0.581	−0.426	−0.315
10	6	−4.559	−3.701	−3.029	−2.569	−2.182	−1.817	−1.592	−1.427	−1.294	−1.177	−1.068	−0.947	−0.802	−0.689	−0.590	−0.488	−0.405
10	7	−3.838	−3.430	−2.853	−2.497	−2.121	−1.790	−1.581	−1.424	−1.293	−1.174	−1.064	−0.948	−0.803	−0.689	−0.593	−0.497	−0.428
10	8	−3.706	−3.173	−2.752	−2.401	−2.091	−1.761	−1.569	−1.417	−1.292	−1.178	−1.069	−0.952	−0.803	−0.688	−0.598	−0.502	−0.431
10	9	−3.458	−3.118	−2.636	−2.353	−2.046	−1.736	−1.556	−1.416	−1.288	−1.178	−1.066	−0.952	−0.804	−0.689	−0.598	−0.502	−0.438
10	10	−3.297	−2.996	−2.561	−2.284	−2.020	−1.730	−1.543	−1.408	−1.290	−1.179	−1.074	−0.953	−0.804	−0.693	−0.598	−0.501	−0.437

$R=0.95$

n	r \ γ	0.005	0.01	0.025	0.05	0.10	0.20	0.30	0.40	0.50	0.60	0.70	0.80	0.90	0.95	0.975	0.99	0.995
2	2	−232.9	−114.0	−45.02	−20.90	−10.13	−5.073	−3.277	−2.399	−1.844	−1.449	−1.136	−0.861	−0.576	−0.384	−0.225	−0.0221	0.145
3	2	−157.6	−82.04	−35.14	−18.09	−9.181	−4.767	−3.151	−2.311	−1.827	−1.487	−1.219	−0.974	−0.726	−0.566	−0.417	−0.154	0.273
3	3	−21.41	−14.86	−9.723	−6.843	−4.612	−3.151	−2.490	−2.031	−1.706	−1.447	−1.209	−0.987	−0.744	−0.565	−0.443	−0.278	−0.162
4	2	−161.5	−80.43	−29.47	−16.28	−8.548	−4.402	−2.932	−2.253	−1.822	−1.498	−1.254	−1.045	−0.826	−0.672	−0.485	−0.0306	0.721
4	3	−20.49	−14.63	−9.113	−6.507	−4.456	−3.047	−2.410	−2.004	−1.706	−1.456	−1.241	−1.052	−0.828	−0.676	−0.547	−0.400	−0.317
4	4	−11.90	−8.737	−6.126	−4.723	−3.578	−2.718	−2.241	−1.915	−1.669	−1.454	−1.261	−1.066	−0.838	−0.679	−0.547	−0.402	−0.318
5	2	−167.2	−76.34	−28.53	−14.54	−7.313	−3.980	−2.757	−2.156	−1.772	−1.501	−1.306	−1.107	−0.900	−0.728	−0.509	−0.0299	1.036
5	3	−17.75	−12.91	−8.258	−6.005	−4.217	−2.893	−2.316	−1.953	−1.693	−1.487	−1.289	−1.104	−0.903	−0.751	−0.622	−0.460	−0.327

续表

$R=0.95$

n	r \ γ	0.005	0.01	0.025	0.05	0.10	0.20	0.30	0.40	0.50	0.60	0.70	0.80	0.90	0.95	0.975	0.99	0.995
5	4	−9.848	−7.917	−5.862	−4.586	−3.498	−2.666	−2.196	−1.901	−1.665	−1.479	−1.295	−1.112	−0.904	−0.750	−0.627	−0.485	−0.408
5	5	−6.940	−5.966	−4.761	−3.958	−3.192	−2.518	−2.613	−1.868	−1.658	−1.473	−1.299	−1.121	−0.910	−0.758	−0.633	−0.483	−0.407
6	2	−126.1	−55.13	−25.77	−13.21	−7.071	−3.837	−2.698	−2.125	−1.749	−1.505	−1.320	−1.156	−0.958	−0.777	−0.528	0.186	0.883
6	3	−19.32	−14.19	−8.316	−5.882	−4.112	−2.863	−2.282	−1.939	−1.690	−1.496	−1.319	−1.149	−0.959	−0.814	−0.694	−0.553	−0.435
6	4	−9.448	−7.523	−5.703	−4.436	−3.451	−2.595	−2.170	−1.894	−1.681	−1.499	−1.329	−1.157	−0.962	−0.816	−0.714	−0.602	−0.524
6	5	−6.713	−5.854	−4.735	−3.886	−3.116	−2.468	−2.123	−1.870	−1.677	−1.498	−1.340	−1.166	−0.962	−0.821	−0.714	−0.600	−0.533
6	6	−5.706	−5.035	−4.084	−3.499	−2.929	−2.395	−2.095	−1.854	−1.669	−1.503	−1.341	−1.176	−0.970	−0.824	−0.715	−0.608	−0.533
7	2	−111.5	−60.34	−25.85	−13.20	−6.845	−3.746	−2.639	−2.086	−1.741	−1.526	−1.352	−1.192	−1.006	−0.819	−0.524	0.280	1.417
7	3	−17.94	−12.64	−7.974	−5.659	−4.072	−2.821	−2.261	−1.925	−1.699	−1.515	−1.348	−1.188	−1.004	−0.868	−0.759	−0.596	−0.415
7	4	−9.930	−7.705	−5.459	−4.342	−3.363	−2.546	−2.142	−1.881	−1.680	−1.512	−1.351	−1.193	−1.007	−0.875	−0.772	−0.647	−0.534
7	5	−7.023	−5.831	−4.743	−3.839	−3.068	−2.443	−2.091	−1.858	−1.673	−1.505	−1.356	−1.195	−1.006	−0.878	−0.771	−0.657	−0.564
7	6	−5.673	−5.105	−4.127	−3.493	−2.913	−2.360	−2.052	−1.834	−1.665	−1.505	−1.353	−1.199	−1.008	−0.876	−0.765	−0.656	−0.571
7	7	−5.174	−4.526	−3.778	−3.249	−2.773	−2.290	−2.018	−1.819	−1.662	−1.502	−1.359	−1.208	−1.018	−0.880	−0.775	−0.663	−0.570
8	2	−107.5	−59.95	−23.18	−11.45	−6.085	−3.356	−2.473	−2.019	−1.717	−1.518	−1.359	−1.210	−1.019	−0.771	−0.396	0.737	3.094
8	3	−15.12	−10.80	−6.961	−5.036	−3.730	−2.706	−2.207	−1.911	−1.688	−1.513	−1.357	−1.210	−1.040	−0.911	−0.782	−0.631	−0.449
8	4	−8.525	−6.843	−5.158	−4.041	−3.210	−2.493	−2.115	−1.866	−1.672	−1.508	−1.359	−1.212	−1.041	−0.917	−0.801	−0.672	−0.609
8	5	−6.937	−5.526	−4.373	−3.667	−3.008	−2.404	−2.079	−1.847	−1.666	−1.508	−1.364	−1.215	−1.042	−0.916	−0.801	−0.693	−0.617
8	6	−5.739	−4.810	−4.041	−3.449	−2.884	−2.344	−2.055	−1.834	−1.658	−1.509	−1.363	−1.216	−1.048	−0.919	−0.799	−0.696	−0.620
8	7	−5.022	−4.470	−3.750	−3.243	−2.750	−2.301	−2.031	−1.822	−1.659	−1.507	−1.364	−1.222	−1.050	−0.925	−0.797	−0.698	−0.625

续表

$R=0.95$

n	r \ γ	0.005	0.01	0.025	0.05	0.10	0.20	0.30	0.40	0.50	0.60	0.70	0.80	0.90	0.95	0.975	0.99	0.995
8	8	−4.617	−4.186	−3.490	−3.080	−2.669	−2.251	−2.002	−1.814	−1.656	−1.507	−1.374	−1.232	−1.054	−0.926	−0.804	−0.698	−0.626
9	2	−99.88	−55.17	−20.48	−10.99	−5.996	−3.289	−2.449	−2.006	−1.741	−1.538	−1.379	−1.237	−1.042	−0.773	−0.296	1.147	3.197
9	3	−16.84	−11.65	−7.332	−5.171	−3.771	−2.702	−2.216	−1.917	−1.701	−1.529	−1.379	−1.239	−1.071	−0.938	−0.810	−0.611	−0.354
9	4	−8.724	−6.877	−5.011	−4.068	−3.211	−2.494	−2.128	−1.881	−1.692	−1.528	−1.380	−1.237	−1.074	−0.944	−0.847	−0.727	−0.644
9	5	−6.514	−5.571	−4.407	−3.649	−2.961	−2.405	−2.088	−1.859	−1.683	−1.526	−1.388	−1.236	−1.074	−0.948	−0.855	−0.743	−0.678
9	6	−5.726	−4.913	−4.016	−3.438	−2.834	−2.339	−2.055	−1.850	−1.675	−1.529	−1.390	−1.242	−1.076	−0.949	−0.856	−0.744	−0.684
9	7	−5.108	−4.518	−3.833	−3.239	−2.732	−2.294	−2.036	−1.831	−1.670	−1.532	−1.394	−1.250	−1.075	−0.949	−0.854	−0.745	−0.684
9	8	−4.680	−4.246	−3.568	−3.083	−2.663	−2.252	−2.007	−1.821	−1.672	−1.535	−1.402	−1.252	−1.078	−0.951	−0.857	−0.741	−0.675
9	9	−4.424	−3.917	−3.402	−2.982	−2.598	−2.219	−1.989	−1.816	−1.669	−1.532	−1.403	−1.262	−1.084	−0.959	−0.857	−0.744	−0.680
10	2	−122.4	−54.00	−20.79	−10.31	−5.564	−3.216	−2.381	−1.988	−1.721	−1.538	−1.390	−1.255	−1.044	−0.710	−0.0673	1.752	3.820
10	3	−15.31	−10.80	−6.707	−4.938	−3.604	−2.623	−2.168	−1.899	−1.694	−1.533	−1.392	−1.257	−1.091	−0.962	−0.813	−0.593	−0.345
10	4	−8.804	−6.863	−5.111	−3.986	−3.146	−2.444	−2.104	−1.865	−1.684	−1.534	−1.398	−1.258	−1.096	−0.974	−0.873	−0.754	−0.689
10	5	−6.672	−5.827	−4.342	−3.530	−2.904	−2.373	−2.073	−1.852	−1.679	−1.535	−1.402	−1.257	−1.091	−0.978	−0.876	−0.771	−0.702
10	6	−5.747	−4.759	−3.835	−3.285	−2.789	−2.312	−2.041	−1.837	−1.665	−1.528	−1.400	−1.260	−1.095	−0.977	−0.877	−0.783	−0.722
10	7	−4.848	−4.284	−3.609	−3.144	−2.694	−2.263	−2.014	−1.822	−1.661	−1.526	−1.400	−1.266	−1.098	−0.978	−0.878	−0.780	−0.725
10	8	−4.590	−3.919	−3.447	−3.015	−2.627	−2.222	−1.995	−1.805	−1.659	−1.531	−1.405	−1.270	−1.103	−0.978	−0.875	−0.786	−0.725
10	9	−4.251	−3.827	−3.264	−2.907	−2.544	−2.187	−1.975	−1.809	−1.655	−1.529	−1.402	−1.273	−1.109	−0.925	−0.876	−0.786	−0.728
10	10	−4.061	−3.682	−3.136	−2.839	−2.511	−2.164	−1.950	−1.790	−1.660	−1.530	−1.414	−1.279	−1.111	−0.991	−0.885	−0.785	−0.733

续表

$R=0.99$

n	r \ γ	0.005	0.01	0.025	0.05	0.10	0.20	0.30	0.40	0.50	0.60	0.70	0.80	0.90	0.95	0.975	0.99	0.995
2	2	−328.1	−156.7	−63.78	−29.99	−14.31	−7.208	−4.697	−3.393	−2.665	−2.120	−1.690	−1.325	−0.972	−0.755	−0.604	−0.461	−0.370
3	2	−236.3	−123.1	−52.24	−27.41	−13.95	−7.006	−4.600	−3.409	−2.670	−2.168	−1.780	−1.441	−1.122	−0.943	−0.824	−0.697	−0.617
3	3	−29.23	−20.32	−13.42	−9.371	−6.365	−4.366	−3.471	−2.863	−2.438	−2.087	−1.782	−1.507	−1.201	−1.002	−0.858	−0.715	−0.622
4	2	−239.2	−127.1	−46.51	−25.71	−13.75	−6.767	−4.482	−3.382	−2.697	−2.191	−1.831	−1.533	−1.240	−1.065	−0.953	−0.809	−0.743
4	3	−29.25	−20.82	−13.01	−9.200	−6.369	−4.313	−3.439	−2.864	−2.441	−2.102	−1.810	−1.555	−1.278	−1.104	−0.960	−0.808	−0.733
4	4	−15.89	−11.98	−8.329	−6.468	−4.921	−3.756	−3.126	−2.710	−2.373	−2.094	−1.850	−1.607	−1.333	−1.132	−0.981	−0.826	−0.746
5	2	−272.5	−129.0	−47.77	−24.74	−12.00	−6.367	−4.344	−3.286	−2.662	−2.218	−1.876	−1.605	−1.317	−1.161	−1.048	−0.918	−0.835
5	3	−28.37	−19.27	−12.32	−8.669	−6.131	−4.199	−3.320	−2.795	−2.429	−2.140	−1.882	−1.625	−1.351	−1.185	−1.055	−0.919	−0.833
5	4	−13.82	−11.08	−8.288	−6.453	−4.904	−3.740	−3.078	−2.686	−2.385	−2.119	−1.887	−1.646	−1.381	−1.206	−1.075	−0.926	−0.835
5	5	−9.625	−8.244	−6.459	−5.388	−4.397	−3.474	−2.991	−2.638	−2.364	−2.123	−1.903	−1.676	−1.419	−1.232	−1.109	−0.943	−0.852
6	2	−206.5	−105.5	−45.18	−23.64	−11.97	−6.311	−4.284	−3.271	−2.640	−2.207	−1.890	−1.639	−1.392	−1.245	−1.140	−1.034	−0.943
6	3	−29.16	−21.47	−12.55	−8.748	−6.060	−4.178	−3.337	−2.806	−2.442	−2.143	−1.889	−1.663	−1.410	−1.257	−1.140	−1.033	−0.965
6	4	−13.80	−10.87	−8.069	−6.279	−4.856	−3.672	−3.096	−2.703	−2.393	−2.144	−1.916	−1.682	−1.439	−1.271	−1.154	−1.032	−0.967
6	5	−9.461	−8.133	−6.580	−5.401	−4.330	−3.450	−2.978	−2.638	−2.380	−2.148	−1.931	−1.719	−1.466	−1.300	−1.168	−1.047	−0.969
6	6	−7.772	−6.893	−5.633	−4.771	−4.034	−3.325	−2.912	−2.607	−2.363	−2.143	−1.944	−1.741	−1.494	−1.322	−1.197	−1.062	−0.992
7	2	−218.1	−128.7	−46.33	−24.13	−12.28	−6.405	−4.245	−3.275	−2.631	−2.225	−1.939	−1.683	−1.431	−1.294	−1.188	−1.088	−0.992
7	3	−28.44	−19.87	−12.28	−8.658	−6.158	−4.222	−3.341	−2.807	−2.459	−2.176	−1.931	−1.700	−1.458	−1.310	−1.198	−1.086	−1.017
7	4	−14.28	−11.46	−8.085	−6.268	−4.820	−3.665	−3.073	−2.695	−2.407	−2.161	−1.947	−1.725	−1.479	−1.322	−1.202	−1.088	−1.011
7	5	−9.882	−8.217	−6.672	−5.452	−4.343	−3.422	−2.956	−2.635	−2.373	−2.163	−1.957	−1.742	−1.499	−1.340	−1.222	−1.098	−1.024

续表

$R=0.99$

n	r \ γ	0.005	0.01	0.025	0.05	0.10	0.20	0.30	0.40	0.50	0.60	0.70	0.80	0.90	0.95	0.975	0.99	0.995
7	6	−7.824	−6.992	−5.697	−4.840	−4.031	−3.289	−2.875	−2.596	−2.370	−2.159	−1.959	−1.761	−1.526	−1.351	−1.234	−1.098	−1.019
7	7	−7.001	−6.126	−5.205	−4.470	−3.800	−3.161	−2.820	−2.567	−2.351	−2.160	−1.970	−1.771	−1.547	−1.380	−1.254	−1.131	−1.043
8	2	−213.0	−121.8	−45.35	−21.50	−11.19	−5.800	−4.050	−3.166	−2.641	−2.245	−1.942	−1.711	−1.487	−1.347	−1.240	−1.137	−1.018
8	3	−24.97	−17.42	−11.08	−8.033	−5.713	−4.052	−3.271	−2.785	−2.435	−2.174	−1.936	−1.724	−1.493	−1.352	−1.240	−1.138	−1.075
8	4	−12.95	−10.12	−7.504	−5.848	−4.660	−3.579	−3.045	−2.663	−2.401	−2.160	−1.946	−1.744	−1.523	−1.372	−1.250	−1.152	−1.070
8	5	−9.891	−7.791	−6.168	−5.129	−4.219	−3.390	−2.938	−2.631	−2.379	−2.159	−1.956	−1.764	−1.532	−1.389	−1.267	−1.148	−1.076
8	6	−7.863	−6.643	−5.665	−4.789	−4.005	−3.277	−2.890	−2.594	−2.359	−2.152	−1.966	−1.781	−1.563	−1.395	−1.276	−1.158	−1.083
8	7	−6.968	−6.270	−5.124	−4.481	−3.800	−3.196	−2.844	−2.570	−2.347	−2.155	−1.974	−1.795	−1.579	−1.413	−1.295	−1.166	−1.097
8	8	−6.227	−5.632	−4.746	−4.208	−3.649	−3.121	−2.801	−2.547	−2.343	−2.157	−1.994	−1.812	−1.597	−1.442	−1.310	−1.176	−1.116
9	2	−220.2	−104.7	−40.42	−21.39	−11.09	−5.746	−4.026	−3.185	−2.656	−2.274	−1.983	−1.742	−1.520	−1.387	−1.295	−1.174	−0.985
9	3	−26.66	−18.26	−11.91	−8.150	−5.822	−4.108	−3.287	−2.796	−2.462	−2.205	−1.974	−1.760	−1.537	−1.398	−1.294	−1.191	−1.114
9	4	−13.40	−10.41	−7.603	−6.031	−4.705	−3.621	−3.066	−2.701	−2.416	−2.181	−1.967	−1.772	−1.554	−1.408	−1.298	−1.187	−1.111
9	5	−9.433	−7.972	−6.341	−5.240	−4.261	−3.416	−2.968	−2.645	−2.384	−2.175	−1.983	−1.793	−1.575	−1.421	−1.304	−1.198	−1.116
9	6	−8.189	−6.851	−5.683	−4.811	−3.979	−3.302	−2.892	−2.613	−2.376	−2.176	−1.994	−1.803	−1.589	−1.432	−1.321	−1.213	−1.114
9	7	−7.180	−6.244	−5.270	−4.478	−3.804	−3.219	−2.853	−2.586	−2.368	−2.184	−2.008	−1.821	−1.599	−1.444	−1.338	−1.214	−1.132
9	8	−6.326	−5.726	−4.858	−4.214	−3.694	−3.134	−2.812	−2.570	−2.371	−2.189	−2.017	−1.831	−1.613	−1.459	−1.351	−1.224	−1.141
9	9	−5.880	−5.310	−4.604	−4.059	−3.593	−3.076	−2.771	−2.548	−2.366	−2.188	−2.026	−1.845	−1.629	−1.485	−1.369	−1.240	−1.150
10	2	−261.9	−114.7	−43.98	−20.64	−10.91	−5.800	−4.077	−3.184	−2.651	−2.272	−2.000	−1.762	−1.558	−1.419	−1.319	−1.198	−1.075
10	3	−26.16	−17.70	−11.11	−7.867	−5.699	−4.018	−3.248	−2.788	−2.457	−2.196	−1.975	−1.780	−1.562	−1.423	−1.319	−1.216	−1.153

续表

$R=0.99$

n	r \ γ	0.005	0.01	0.025	0.05	0.10	0.20	0.30	0.40	0.50	0.60	0.70	0.80	0.90	0.95	0.975	0.99	0.995
10	4	−13.60	−10.80	−7.833	−6.013	−4.622	−3.564	−3.053	−2.684	−2.411	−2.196	−1.996	−1.796	−1.575	−1.435	−1.326	−1.213	−1.154
10	5	−10.02	−8.589	−6.299	−5.163	−4.219	−3.404	−2.958	−2.651	−2.403	−2.189	−1.996	−1.815	−1.591	−1.446	−1.331	−1.216	−1.155
10	6	−8.012	−6.841	−5.502	−4.669	−3.958	−3.278	−2.885	−2.612	−2.370	−2.176	−2.009	−1.830	−1.607	−1.451	−1.336	−1.217	−1.157
10	7	−6.849	−6.028	−5.045	−4.406	−3.782	−3.184	−2.831	−2.572	−2.363	−2.178	−2.012	−1.835	−1.621	−1.469	−1.349	−1.226	−1.170
10	8	−6.305	−5.428	−4.752	−4.198	−3.648	−3.105	−2.790	−2.542	−2.354	−2.187	−2.031	−1.850	−1.638	−1.480	−1.362	−1.248	−1.184
10	9	−5.852	−5.213	−4.489	−3.975	−3.516	−3.050	−2.757	−2.535	−2.350	−2.190	−2.029	−1.865	−1.656	−1.501	−1.380	−1.255	−1.185
10	10	−5.545	−4.995	−4.286	−3.877	−3.436	−3.000	−2.719	−2.519	−2.348	−2.194	−2.040	−1.867	−1.664	−1.517	−1.398	−1.276	−1.221

附表 6　W 分布的分位数值

n	r	0.02	0.05	0.10	0.25	0.40	0.50	0.60	0.75	0.90	0.95	0.98
3	3	0.11	0.17	0.25	0.42	0.57	0.67	0.78	0.99	1.33	1.56	1.86
4	3	0.10	0.15	0.22	0.39	0.53	0.64	0.75	0.96	1.32	1.56	1.90
	4	0.20	0.28	0.37	0.54	0.68	0.77	0.86	1.05	1.33	1.53	1.77
5	3	0.09	0.14	0.21	0.37	0.51	0.61	0.73	0.94	1.32	1.59	1.93
	4	0.18	0.26	0.34	0.50	0.64	0.74	0.84	1.03	1.35	1.55	1.82
	5	0.28	0.36	0.44	0.60	0.73	0.82	0.91	1.07	1.33	1.50	1.70
6	3	0.09	0.14	0.21	0.36	0.50	0.61	0.72	0.93	1.32	1.59	1.92
	4	0.18	0.25	0.32	0.49	0.62	0.72	0.82	1.01	1.33	1.55	1.84
	5	0.25	0.33	0.42	0.58	0.71	0.79	0.89	1.05	1.33	1.51	1.73
	6	0.33	0.41	0.50	0.65	0.77	0.85	0.93	1.07	1.31	1.46	1.64
7	3	0.08	0.14	0.20	0.35	0.49	0.59	0.71	0.92	1.30	1.56	1.92
	4	0.17	0.24	0.31	0.48	0.62	0.71	0.81	1.01	1.32	1.54	1.82
	5	0.25	0.32	0.40	0.56	0.70	0.78	0.88	1.05	1.33	1.52	1.75
	6	0.32	0.39	0.47	0.63	0.75	0.84	0.92	1.07	1.32	1.48	1.67
	7	0.38	0.46	0.54	0.69	0.80	0.87	0.95	1.08	1.30	1.43	1.60
8	3	0.08	0.13	0.19	0.35	0.49	0.59	0.70	0.92	1.31	1.58	1.95
	4	0.16	0.23	0.31	0.47	0.61	0.70	0.81	1.00	1.33	1.55	1.83
	5	0.23	0.31	0.39	0.55	0.68	0.77	0.87	1.05	1.33	1.52	1.76
	6	0.30	0.38	0.46	0.62	0.74	0.82	0.91	1.06	1.32	1.49	1.69
	7	0.36	0.44	0.52	0.67	0.78	0.86	0.94	1.08	1.30	1.45	1.62
	8	0.42	0.50	0.58	0.71	0.82	0.89	0.96	1.09	1.28	1.41	1.56
9	3	0.08	0.13	0.19	0.34	0.49	0.59	0.70	0.92	1.31	1.58	1.92
	4	0.16	0.23	0.31	0.47	0.60	0.70	0.80	1.00	1.33	1.55	1.84
	5	0.23	0.31	0.39	0.54	0.68	0.77	0.86	1.04	1.33	1.52	1.76
	6	0.30	0.38	0.45	0.60	0.73	0.81	0.90	1.06	1.31	1.48	1.70
	7	0.35	0.43	0.50	0.66	0.77	0.85	0.93	1.07	1.30	1.46	1.65
	8	0.40	0.48	0.55	0.70	0.81	0.88	0.95	1.08	1.28	1.42	1.59
	9	0.45	0.53	0.60	0.74	0.84	0.90	0.97	1.08	1.27	1.39	1.53

续表

n	r	0.02	0.05	0.10	0.25	0.40	0.50	0.60	0.75	0.90	0.95	0.98
10	3	0.08	0.13	0.19	0.34	0.48	0.59	0.71	0.93	1.31	1.59	1.92
	4	0.16	0.23	0.30	0.46	0.60	0.70	0.80	1.00	1.33	1.57	1.86
	5	0.23	0.30	0.38	0.54	0.68	0.77	0.86	1.04	1.33	1.53	1.77
	6	0.29	0.37	0.45	0.60	0.73	0.81	0.90	1.06	1.32	1.49	1.71
	7	0.34	0.42	0.50	0.65	0.77	0.84	0.92	1.07	1.31	1.46	1.66
	8	0.39	0.47	0.54	0.69	0.80	0.87	0.95	1.08	1.29	1.43	1.60
	9	0.43	0.51	0.59	0.73	0.83	0.89	0.96	1.08	1.28	1.40	1.55
	10	0.48	0.55	0.62	0.76	0.85	0.91	0.98	1.09	1.26	1.38	1.51
11	3	0.08	0.13	0.19	0.34	0.48	0.59	0.71	0.92	1.31	1.60	1.97
	4	0.15	0.22	0.30	0.46	0.60	0.70	0.80	1.00	1.34	1.58	1.87
	5	0.22	0.30	0.38	0.54	0.67	0.76	0.86	1.04	1.34	1.54	1.82
	6	0.28	0.36	0.44	0.60	0.73	0.81	0.90	1.07	1.33	1.52	1.73
	7	0.33	0.41	0.49	0.65	0.76	0.84	0.92	1.08	1.32	1.48	1.67
	8	0.38	0.46	0.54	0.68	0.80	0.87	0.95	1.08	1.31	1.45	1.62
	9	0.42	0.50	0.57	0.71	0.82	0.89	0.96	1.09	1.29	1.42	1.58
	10	0.46	0.54	0.61	0.74	0.85	0.91	0.98	1.09	1.27	1.38	1.53
	11	0.50	0.57	0.64	0.77	0.87	0.93	0.99	1.09	1.25	1.36	1.49
12	3	0.08	0.13	0.19	0.34	0.48	0.58	0.70	0.92	1.30	1.56	1.87
	4	0.16	0.22	0.30	0.46	0.60	0.70	0.80	1.00	1.33	1.55	1.82
	5	0.23	0.30	0.38	0.54	0.67	0.76	0.86	1.04	1.33	1.53	1.78
	6	0.29	0.36	0.44	0.60	0.72	0.81	0.90	1.06	1.33	1.49	1.72
	7	0.34	0.41	0.50	0.65	0.76	0.84	0.93	1.08	1.31	1.47	1.66
	8	0.38	0.46	0.54	0.68	0.79	0.87	0.95	1.08	1.30	1.45	1.61
	9	0.42	0.50	0.57	0.71	0.82	0.89	0.96	1.09	1.29	1.43	1.58
	10	0.45	0.53	0.61	0.74	0.84	0.90	0.97	1.09	1.28	1.40	1.55
	11	0.49	0.56	0.64	0.76	0.86	0.92	0.98	1.09	1.27	1.37	1.51
	12	0.53	0.60	0.66	0.78	0.87	0.93	0.99	1.09	1.24	1.35	1.46
13	3	0.08	0.13	0.19	0.33	0.48	0.58	0.69	0.91	1.30	1.58	1.95
	4	0.15	0.22	0.29	0.45	0.59	0.69	0.79	0.99	1.33	1.57	1.86
	5	0.22	0.30	0.37	0.53	0.67	0.75	0.85	1.03	1.34	1.55	1.79
	6	0.28	0.36	0.43	0.59	0.72	0.80	0.89	1.06	1.33	1.51	1.72
	7	0.33	0.40	0.48	0.64	0.76	0.84	0.92	1.07	1.32	1.48	1.67
	8	0.37	0.45	0.53	0.67	0.79	0.86	0.94	1.08	1.30	1.45	1.62
	9	0.42	0.49	0.56	0.70	0.81	0.88	0.95	1.08	1.29	1.42	1.58
	10	0.44	0.52	0.60	0.73	0.83	0.89	0.96	1.08	1.28	1.40	1.55
	11	0.48	0.55	0.62	0.75	0.85	0.91	0.97	1.08	1.26	1.38	1.51
	12	0.51	0.58	0.65	0.77	0.86	0.92	0.98	1.08	1.25	1.36	1.47
	13	0.54	0.61	0.68	0.79	0.88	0.93	0.99	1.09	1.24	1.33	1.44

附表 7 $V_{0.90}$的分布的分位数值

n	r	0.02	0.05	0.10	0.25	0.40	0.50	0.60	0.75	0.90	0.95	0.98
3	3	0.75	1.10	1.43	2.18	2.88	3.40	4.06	5.50	8.99	13.16	20.93
4	3	0.78	1.16	1.49	2.18	2.82	3.33	3.96	5.38	9.03	13.07	20.23
	4	0.87	1.16	1.46	2.06	2.60	2.99	3.45	4.40	6.47	8.39	11.66
5	3	0.78	1.18	1.51	2.17	2.79	3.27	3.87	5.24	8.78	12.58	20.38
	4	0.97	1.23	1.51	2.09	2.61	2.99	3.44	4.40	6.49	8.48	11.73
	5	0.97	1.23	1.49	2.02	2.49	2.82	3.20	3.93	5.48	6.73	8.66
6	3	0.73	1.18	1.53	2.15	2.73	3.18	3.74	4.98	8.24	11.74	18.65
	4	1.00	1.28	1.55	2.10	2.60	2.98	3.41	4.30	6.33	8.18	11.39
	5	1.02	1.29	1.54	2.05	2.50	2.82	3.21	3.94	5.42	6.73	8.89
	6	1.02	1.27	1.53	2.01	2.42	2.70	3.04	3.67	4.86	5.83	7.31
7	3	0.64	1.18	1.53	2.13	2.66	3.08	3.60	4.79	7.80	11.12	17.54
	4	1.04	1.31	1.58	2.10	2.57	2.91	3.33	4.21	6.16	7.89	10.90
	5	1.08	1.33	1.57	2.06	2.49	2.80	3.15	3.87	5.36	6.68	8.44
	6	1.08	1.32	1.56	2.03	2.42	2.70	3.01	3.63	4.86	5.82	7.23
	7	1.08	1.32	1.55	2.00	2.37	2.62	2.90	3.44	4.46	5.25	6.37
8	3	0.49	1.13	1.52	2.11	2.62	3.01	3.48	4.62	7.51	10.67	16.36
	4	1.04	1.33	1.60	2.10	2.56	2.88	3.27	4.10	5.96	7.79	10.75
	5	1.11	1.36	1.60	2.08	2.49	2.78	3.12	3.82	5.28	6.50	8.62
	6	1.13	1.36	1.59	2.05	2.43	2.71	3.02	3.62	4.83	5.83	7.18
	7	1.12	1.36	1.58	2.03	2.38	2.64	2.93	3.46	4.49	5.31	6.40
	8	1.12	1.36	1.58	2.01	2.34	2.57	2.83	3.32	4.21	4.90	5.84
9	3	0.42	1.12	1.51	2.09	2.57	2.95	3.40	4.43	7.14	10.21	15.61
	4	1.06	1.36	1.61	2.10	2.52	2.84	3.21	4.00	5.77	7.39	10.26
	5	1.17	1.41	1.63	2.08	2.47	2.76	3.08	3.76	5.13	6.34	8.13
	6	1.19	1.41	1.62	2.06	2.43	2.70	2.99	3.59	4.74	5.67	7.06
	7	1.19	1.41	1.62	2.04	2.39	2.64	2.91	3.45	4.48	5.28	6.46
	8	1.19	1.40	1.61	2.02	2.36	2.59	2.84	3.34	4.26	4.95	5.94
	9	1.19	1.40	1.60	2.00	2.33	2.55	2.78	3.22	4.04	4.66	5.50

续表

n	r	0.02	0.05	0.10	0.25	0.40	0.50	0.60	0.75	0.90	0.95	0.98
10	3	0.09	0.99	1.46	2.05	2.51	2.84	3.27	4.25	6.75	9.36	14.88
	4	0.99	1.34	1.62	2.08	2.48	2.77	3.13	3.90	5.56	7.17	9.60
	5	1.17	1.42	1.64	2.07	2.45	2.71	3.02	3.67	5.00	6.13	8.02
	6	1.20	1.43	1.64	2.05	2.41	2.66	2.94	3.53	4.67	5.59	6.99
	7	1.21	1.43	1.64	2.04	2.38	2.62	2.88	3.41	4.41	5.18	6.29
	8	1.21	1.43	1.63	2.02	2.35	2.58	2.83	3.31	4.22	4.91	5.83
	9	1.21	1.42	1.63	2.01	2.32	2.54	2.77	3.22	4.03	4.63	5.51
	10	1.21	1.42	1.62	1.99	2.30	2.50	2.72	3.13	3.86	4.41	5.16
11	3	0.09	0.90	1.42	2.01	2.45	2.77	3.17	4.07	6.41	9.11	14.47
	4	0.97	1.35	1.61	2.06	2.44	2.73	3.06	3.79	5.46	7.04	9.98
	5	1.18	1.43	1.64	2.05	2.41	2.68	2.98	3.60	4.90	6.07	7.83
	6	1.24	1.45	1.64	2.04	2.38	2.63	2.91	3.46	4.58	5.52	6.96
	7	1.25	1.45	1.64	2.03	2.35	2.59	2.86	3.36	4.36	5.16	6.34
	8	1.25	1.45	1.64	2.01	2.33	2.56	2.80	3.28	4.15	4.87	5.82
	9	1.25	1.44	1.64	2.00	2.31	2.53	2.76	3.21	4.01	4.63	5.54
	10	1.25	1.44	1.64	1.99	2.29	2.49	2.71	3.14	3.87	4.44	5.23
	11	1.25	1.45	1.63	1.98	2.28	2.46	2.67	3.06	3.76	4.26	4.94
12	3	−0.38	0.75	1.37	1.98	2.41	2.71	3.08	3.89	6.00	8.40	12.96
	4	0.95	1.34	1.60	2.05	2.42	2.69	3.00	3.67	5.17	6.60	9.07
	5	1.20	1.44	1.66	2.05	2.40	2.65	2.93	3.52	4.72	5.79	7.35
	6	1.26	1.46	1.67	2.04	2.38	2.62	2.88	3.39	4.41	5.31	6.61
	7	1.28	1.47	1.67	2.03	2.36	2.58	2.82	3.30	4.21	4.98	6.09
	8	1.28	1.47	1.66	2.02	2.34	2.54	2.78	3.22	4.06	4.75	5.71
	9	1.27	1.46	1.66	2.01	2.31	2.52	2.74	3.16	3.94	4.53	5.40
	10	1.27	1.47	1.65	2.00	2.30	2.49	2.70	3.11	3.82	4.37	5.11
	11	1.27	1.46	1.64	2.00	2.28	2.47	2.67	3.05	3.12	4.23	4.88
	12	1.28	1.47	1.64	1.99	2.27	2.44	2.63	3.00	3.62	4.07	4.68
13	3	−0.45	0.72	1.34	1.99	2.40	2.69	3.04	3.85	5.88	8.16	12.45
	4	0.88	1.31	1.60	2.06	2.42	2.68	2.98	3.64	5.10	6.45	8.82
	5	1.20	1.45	1.67	2.07	2.40	2.64	2.92	3.49	4.71	5.75	7.32
	6	1.27	1.48	1.68	2.07	2.38	2.61	2.86	3.38	4.43	5.30	6.49
	7	1.30	1.49	1.68	2.06	2.36	2.58	2.82	3.30	4.23	4.96	6.02
	8	1.30	1.49	1.68	2.04	2.34	2.55	2.78	3.22	4.06	4.73	5.63

续表

n	r	0.02	0.05	0.10	0.25	0.40	0.50	0.60	0.75	0.90	0.95	0.98
	9	1.30	1.49	1.68	2.03	2.33	2.52	2.75	3.16	3.94	4.55	5.32
	10	1.30	1.49	1.68	2.03	2.31	2.50	2.72	3.12	3.83	4.37	5.11
	11	1.30	1.49	1.68	2.02	2.30	2.48	2.69	3.06	3.74	4.23	4.90
	12	1.30	1.49	1.67	2.01	2.28	2.46	2.65	3.02	3.65	4.09	4.73
	13	1.30	1.49	1.67	2.01	2.27	2.44	2.62	2.97	3.57	3.97	4.51

$V_{0.95}$的分布的分位数值

n	r	0.02	0.05	0.10	0.25	0.40	0.50	0.60	0.75	0.90	0.95	0.98
3	3	1.26	1.64	2.04	2.94	3.83	4.49	5.33	7.20	11.75	17.21	27.32
4	3	1.38	1.73	2.11	2.98	3.82	4.47	5.30	7.19	12.17	17.55	27.59
	4	1.36	1.69	2.04	2.78	3.44	3.95	4.51	5.73	8.40	10.88	15.06
5	3	1.44	1.79	2.16	3.00	3.81	4.46	5.27	7.16	12.07	17.36	28.30
	4	1.45	1.76	2.10	2.82	3.49	3.98	4.56	5.80	8.56	11.14	15.51
	5	1.44	1.74	2.06	2.72	3.29	3.70	4.17	5.11	7.06	8.68	11.14
6	3	1.48	1.83	2.20	2.99	3.77	4.37	5.15	6.93	11.53	16.66	26.85
	4	1.52	1.83	2.15	2.84	3.49	3.98	4.55	5.75	8.47	10.95	15.32
	5	1.51	1.81	2.12	2.76	3.33	3.73	4.21	5.17	7.08	8.82	11.58
	6	1.50	1.80	2.10	2.70	3.20	3.56	3.97	4.77	6.27	7.53	9.39
7	3	1.52	1.87	2.22	2.97	3.71	4.30	5.04	6.80	11.20	16.07	25.31
	4	1.59	1.88	2.19	2.86	3.47	3.94	4.49	5.69	8.39	10.80	14.80
	5	1.59	1.86	2.16	2.78	3.32	3.72	4.18	5.13	7.12	8.84	11.18
	6	1.57	1.84	2.14	2.72	3.21	3.57	3.96	4.76	6.33	7.61	9.40
	7	1.58	1.85	2.14	2.68	3.14	3.45	3.79	4.47	5.76	6.73	8.19
8	3	1.53	1.90	2.24	2.96	3.67	4.22	4.95	6.61	11.02	15.76	24.57
	4	1.63	1.91	2.22	2.87	3.45	3.91	4.44	5.60	8.19	10.74	15.22
	5	1.63	1.90	2.20	2.79	3.32	3.71	4.18	5.09	7.07	8.78	11.57
	6	1.62	1.89	2.18	2.75	3.24	3.58	3.99	4.77	6.35	7.67	9.43
	7	1.62	1.89	2.17	2.71	3.16	3.48	3.83	4.52	5.83	6.91	8.38
	8	1.62	1.89	2.17	2.69	3.10	3.38	3.71	4.31	5.44	6.29	7.50

附表 8 $\frac{\tilde{\mu}-\mu}{\tilde{\sigma}}$的分布的分位数值

n	r	0.02	0.05	0.10	0.25	0.40	0.50	0.60	0.75	0.90	0.95	0.98
3	3	−4.47	−2.54	−1.49	−0.52	−0.10	0.10	0.31	0.69	1.46	2.12	3.39
4	3	−6.92	−3.85	−2.32	−0.84	−0.29	−0.04	0.18	0.50	1.06	1.55	2.43
	4	−2.37	−1.50	−0.96	−0.37	−0.08	0.09	0.25	0.55	1.07	1.49	2.15
5	3	−9.35	−5.22	−3.04	−1.22	−0.50	−0.19	0.06	0.40	0.86	1.20	1.76
	4	−3.13	−1.94	−1.24	−0.50	−0.16	0.02	0.18	0.45	0.88	1.22	1.74
	5	−1.63	−1.08	−0.73	−0.31	−0.06	0.08	0.22	0.47	0.89	1.20	1.64
6	3	−10.54	−6.12	−3.72	−1.56	−0.69	−0.32	−0.04	0.33	0.75	1.02	1.39
	4	−3.69	−2.39	−1.59	−0.67	−0.25	−0.05	0.12	0.38	0.76	1.03	1.42
	5	−2.05	−1.36	−0.91	−0.38	−0.11	0.04	0.17	0.40	0.77	1.04	1.41
	6	−1.29	−0.91	−0.64	−0.28	−0.06	0.07	0.19	0.41	0.77	1.04	1.39
7	3	−13.00	−7.39	−4.45	−1.87	−0.89	−0.48	−0.16	0.26	0.68	0.90	1.20
	4	−4.67	−2.95	−1.94	−0.84	−0.36	−0.13	0.05	0.32	0.66	0.89	1.20
	5	−2.48	−1.59	−1.10	−0.48	−0.17	−0.02	0.12	0.34	0.66	0.89	1.21
	6	−1.54	−1.04	−0.73	−0.32	−0.10	0.03	0.15	0.35	0.67	0.90	1.20
	7	−1.09	−0.79	−0.56	−0.26	−0.06	0.05	0.17	0.36	0.68	0.90	1.18
8	3	−14.36	−8.15	−5.01	−2.14	−1.04	−0.58	−0.21	0.24	0.67	0.88	1.12
	4	−5.34	−3.30	−2.18	−0.99	−0.43	−0.19	0.02	0.30	0.64	0.83	1.07
	5	−2.78	−1.86	−1.25	−0.56	−0.22	−0.05	0.10	0.32	0.62	0.82	1.07
	6	−1.80	−1.20	−0.83	−0.36	−0.12	0.01	0.13	0.33	0.63	0.82	1.08
	7	−1.28	−0.88	−0.61	−0.27	−0.07	0.04	0.15	0.33	0.63	0.82	1.08
	8	−0.97	−0.70	−0.50	−0.22	−0.05	0.06	0.16	0.34	0.63	0.82	1.07
9	3	−15.68	−9.12	−5.64	−2.38	−1.17	−0.66	−0.28	0.20	0.66	0.86	1.06
	4	−6.31	−3.78	−2.47	−1.08	−0.50	−0.24	−0.01	0.28	0.61	0.79	1.00
	5	−3.19	−2.10	−1.40	−0.63	−0.26	−0.08	0.08	0.30	0.58	0.76	0.98
	6	−2.01	−1.38	−0.94	−0.41	−0.15	−0.01	0.11	0.30	0.57	0.76	0.99
	7	−1.43	−0.99	−0.70	−0.31	−0.10	0.02	0.13	0.31	0.57	0.76	0.99
	8	−1.08	−0.76	−0.55	−0.25	−0.07	0.04	0.14	0.31	0.58	0.76	0.99
	9	−0.87	−0.64	−0.47	−0.21	−0.05	0.05	0.15	0.32	0.58	0.76	0.98
10	3	−17.45	−9.98	−6.05	−2.58	−1.29	−0.76	−0.34	0.17	0.66	0.87	1.07
	4	−6.54	−4.17	−2.70	−1.22	−0.58	−0.28	−0.04	0.27	0.60	0.77	0.96
	5	−3.56	−2.37	−1.56	−0.73	−0.31	−0.12	0.05	0.28	0.56	0.72	0.93
	6	−2.21	−1.51	−1.03	−0.48	−0.19	−0.04	0.09	0.28	0.54	0.71	0.92
	7	−1.56	−1.08	−0.77	−0.35	−0.12	−0.00	0.11	0.28	0.54	0.70	0.93
	8	−1.20	−0.86	−0.62	−0.27	−0.08	0.02	0.12	0.28	0.53	0.71	0.93
	9	−0.97	−0.70	−0.50	−0.23	−0.06	0.04	0.13	0.29	0.54	0.71	0.93
	10	−0.80	−0.60	−0.44	−0.20	−0.04	0.04	0.14	0.29	0.54	0.71	0.92

续表

n	r	0.02	0.05	0.10	0.25	0.40	0.50	0.60	0.75	0.90	0.95	0.98
11	3	−18.52	−10.68	−6.42	−2.76	−1.41	−0.85	−0.42	0.13	0.65	0.87	1.07
	4	−7.26	−4.57	−2.95	−1.37	−0.66	−0.36	−0.10	0.24	0.58	0.75	0.92
	5	−4.00	−2.58	−1.75	−0.81	−0.37	−0.16	0.01	0.26	0.54	0.69	0.88
	6	−2.45	−1.67	−1.16	−0.53	−0.22	−0.07	0.06	0.26	0.52	0.66	0.85
	7	−1.70	−1.21	−0.85	−0.40	−0.15	−0.02	0.09	0.26	0.50	0.65	0.86
	8	−1.30	−0.92	−0.66	−0.30	−0.11	0.00	0.10	0.26	0.50	0.65	0.86
	9	−1.06	−0.76	−0.54	−0.25	−0.08	0.02	0.11	0.26	0.50	0.65	0.86
	10	−0.87	−0.63	−0.46	−0.21	−0.06	0.03	0.12	0.27	0.50	0.65	0.86
	11	−0.75	−0.55	−0.42	−0.19	−0.05	0.03	0.12	0.27	0.50	0.65	0.85
12	3	−19.08	−11.23	−6.92	−3.03	−1.58	−0.97	−0.49	0.10	0.64	0.88	1.10
	4	−7.44	−4.81	−3.17	−1.47	−0.74	−0.40	−0.14	0.21	0.58	0.75	0.92
	5	−4.17	−2.72	−1.88	−0.89	−0.42	−0.20	−0.01	0.24	0.53	0.68	0.84
	6	−2.63	−1.83	−1.27	−0.60	−0.26	−0.10	0.05	0.25	0.50	0.64	0.81
	7	−1.91	−1.32	−0.92	−0.42	−0.17	−0.04	0.08	0.25	0.48	0.62	0.80
	8	−1.41	−1.00	−0.71	−0.33	−0.12	−0.01	0.09	0.25	0.48	0.62	0.79
	9	−1.15	−0.80	−0.58	−0.27	−0.09	0.01	0.10	0.25	0.47	0.62	0.80
	10	−0.91	−0.67	−0.48	−0.23	−0.07	0.02	0.11	0.25	0.47	0.62	0.80
	11	−0.78	−0.58	−0.43	−0.20	−0.06	0.03	0.11	0.25	0.47	0.62	0.80
	12	−0.69	−0.53	−0.39	−0.19	−0.05	0.03	0.11	0.25	0.47	0.62	0.79
13	3	−19.77	−11.66	−7.41	−3.21	−1.64	−1.02	−0.54	0.08	0.65	0.88	1.09
	4	−8.22	−5.21	−3.37	−1.60	−0.82	−0.48	−0.19	0.20	0.59	0.76	0.93
	5	−4.44	−2.95	−1.99	−0.96	−0.47	−0.24	−0.04	0.24	0.54	0.68	0.84
	6	−2.86	−1.94	−1.35	−0.66	−0.31	−0.13	0.03	0.25	0.51	0.64	0.79
	7	−2.04	−1.40	−0.98	−0.46	−0.19	−0.06	0.06	0.25	0.47	0.61	0.77
	8	−1.52	−1.06	−0.77	−0.36	−0.14	−0.02	0.08	0.24	0.46	0.59	0.75
	9	−1.18	−0.86	−0.61	−0.29	−0.10	−0.00	0.09	0.24	0.45	0.58	0.74
	10	−1.00	−0.72	−0.52	−0.24	−0.08	0.01	0.10	0.24	0.45	0.58	0.74
	11	−0.85	−0.63	−0.45	−0.21	−0.06	0.02	0.11	0.24	0.45	0.58	0.75
	12	−0.74	−0.56	−0.41	−0.19	−0.05	0.03	0.11	0.25	0.45	0.59	0.75
	13	−0.67	−0.51	−0.38	−0.18	−0.05	0.04	0.11	0.25	0.45	0.59	0.75

附表 9 极值分布参数 μ 和 σ 的 BLUE 的 $\hat{\mu}$ 和 $\hat{\sigma}$ 的协方差系数 $B_{r,n}$ 表

n	r	$B_{r,n}$	n	r	$B_{r,n}$	n	r	$B_{r,n}$
2	2	0.0643	9	4	0.2478	12	7	0.0639
3	2	0.4682	9	5	0.1077	12	8	0.0327
3	3	−0.0248	9	6	0.0508	12	9	0.0119
4	2	0.7720	9	7	0.0128	12	10	−0.0023
4	3	0.1180	9	8	−0.0100	12	11	−0.0121
4	4	−0.0347	9	9	−0.0239	12	12	−0.0189
5	2	1.0116	10	2	1.7585	13	2	2.0390
5	3	0.2354	10	3	0.6105	13	3	0.7527
5	4	0.0386	10	4	0.2861	13	4	0.3815
5	5	−0.0340	10	5	0.1463	13	5	0.2179
6	2	1.2082	10	6	0.0734	13	6	0.1305
6	3	0.3332	10	7	0.0313	13	7	0.0784
6	4	0.1020	10	8	0.0053	13	8	0.0449
6	5	0.0105	10	9	−0.0114	13	9	0.0225
6	6	−0.0314	10	10	−0.0220	13	10	0.0069
7	2	1.3746	11	2	1.8606	13	11	−0.0042
7	3	0.4167	11	3	0.6622	13	12	−0.0121
7	4	0.1570	11	4	0.3208	13	13	−0.0176
7	5	0.0504	11	5	0.1722	14	2	2.1179
7	6	−0.0015	11	6	0.0941	14	3	0.7927
7	7	−0.0286	11	7	0.0482	14	4	0.4084
8	2	1.5186	11	8	0.0195	14	5	0.2382
8	3	0.4892	11	9	0.0006	14	6	0.1467
8	4	0.2051	11	10	−0.0120	14	7	0.0918
8	5	0.0859	11	11	−0.0203	14	8	0.0564
8	6	0.0260	12	2	1.9536	14	9	0.0324
8	7	−0.0072	12	3	0.7094	14	10	0.0156
8	8	−0.0261	12	4	0.3524	14	11	0.0034
9	2	1.6453	12	5	0.1960	14	12	−0.0054
9	3	0.5533	12	6	0.1130	14	13	−0.0119
14	14	−0.0165	17	17	−0.0139	20	11	0.0416
15	2	2.1912	18	2	2.3842	20	12	0.0288
15	3	0.8299	18	3	0.9278	20	13	0.0189
15	4	0.4334	18	4	0.4994	20	14	0.0111
15	5	0.2570	18	5	0.3068	20	15	0.0049

续表

n	r	$B_{r,n}$	n	r	$B_{r,n}$	n	r	$B_{r,n}$
15	6	0.1618	18	6	0.2018	20	16	−0.0001
15	7	0.1044	18	7	0.1377	20	17	−0.0041
15	8	0.0671	18	8	0.0956	20	18	−0.0074
15	9	0.0417	18	9	0.0665	20	19	−0.0100
15	10	0.0237	18	10	0.0456	20	20	−0.0120
15	11	0.0107	18	11	0.0302	21	2	2.5467
15	12	0.0010	18	12	0.0185	21	3	1.0102
15	13	−0.0062	18	13	0.0095	21	4	0.5549
15	14	−0.0116	18	14	0.0025	21	5	0.3487
15	15	−0.0156	18	15	−0.0029	21	6	0.2355
16	2	2.2596	18	16	−0.0072	21	7	0.1659
16	3	0.8646	18	17	−0.0106	21	8	0.1198
16	4	0.4568	18	18	−0.0132	21	9	0.0877
16	5	0.2747	19	2	2.4413	21	10	0.0644
16	6	0.1760	19	3	0.9568	21	11	0.0469
16	7	0.1162	19	4	0.5189	21	12	0.0336
16	8	0.0772	19	5	0.3215	21	13	0.0233
16	9	0.0505	19	6	0.2136	21	14	0.0151
16	10	0.0314	19	7	0.1476	21	15	0.0086
16	11	0.0175	19	8	0.1041	21	16	0.0033
16	12	0.0071	19	9	0.0739	21	17	−0.0010
16	13	−0.0007	19	10	0.0522	21	18	−0.0045
16	14	−0.0067	19	11	0.0360	21	19	−0.0073
16	15	−0.0113	19	12	0.0238	21	20	−0.0096
16	16	−0.0147	19	13	0.0143	21	21	−0.0115
17	2	2.3238	19	14	0.0069	22	2	2.5956
17	3	0.8972	19	15	0.0010	22	3	1.0350
17	4	0.4787	19	16	−0.0036	22	4	0.5716
17	5	0.2912	19	17	−0.0073	22	5	0.3614
17	6	0.1893	19	18	−0.0103	22	6	0.2457
17	7	0.1273	19	19	−0.0126	22	7	0.1744
17	8	0.0867	20	2	2.4954	22	8	0.1271
17	9	0.0587	20	3	0.9842	22	9	0.0940
17	10	0.0387	20	4	0.5373	22	10	0.0700
17	11	0.0240	20	5	0.3355	22	11	0.0520

续表

n	r	$B_{r,n}$	n	r	$B_{r,n}$	n	r	$B_{r,n}$
17	12	0.0129	20	6	0.2248	22	12	0.0383
17	13	0.0045	20	7	0.1570	22	13	0.0275
17	14	−0.0020	20	8	0.1121	22	14	0.0189
17	15	−0.0070	20	9	0.0810	22	15	0.0121
17	16	−0.0110	20	10	0.0584	22	16	0.0065
22	17	0.0020	23	21	−0.0072	24	24	−0.0101
22	18	−0.0017	23	22	−0.0090	25	2	2.7296
22	19	−0.0048	23	23	−0.0105	25	3	1.1030
22	20	−0.0073	24	2	2.6869	25	4	0.6173
22	21	−0.0093	24	3	1.0813	25	5	0.3960
22	22	−0.0110	24	4	0.6028	25	6	0.2735
23	2	2.6423	24	5	0.3849	25	7	0.1977
23	3	1.0587	24	6	0.2646	25	8	0.1471
23	4	0.5875	24	7	0.1903	25	9	0.1116
23	5	0.3734	24	8	0.1407	25	10	0.0856
23	6	0.2554	24	9	0.1060	25	11	0.0661
23	7	0.1825	24	10	0.0806	25	12	0.0510
23	8	0.1341	24	11	0.0616	25	13	0.0391
23	9	0.1002	24	12	0.0469	25	14	0.0296
23	10	0.0754	24	13	0.0354	25	15	0.0219
23	11	0.0569	24	14	0.0262	25	16	0.0157
23	12	0.0427	24	15	0.0188	25	17	0.0105
23	13	0.0315	24	16	0.0127	25	18	0.0062
23	14	0.0226	24	17	0.0077	25	19	0.0025
23	15	0.0155	24	18	0.0036	25	20	0.0005
23	16	0.0097	24	19	0.0002	25	21	−0.0030
23	17	0.0049	24	20	−0.0027	25	22	−0.0052
23	18	0.0010	24	21	−0.0051	25	23	−0.0070
23	19	−0.0023	24	22	−0.0071	25	24	−0.0085
23	20	−0.0050	24	23	−0.0088	25	25	−0.0097

附表 10 极值分布参数简单线性无偏估计表

n	r	$k_{r,n}$	$nl_{r,n}$	$E(Z_s)$	$nB_{r,n}$	$A_{r,n}$
25	5	0.169	5.97	−1.63	10.04	0.897
25	10	0.406	2.45	−0.75	2.13	0.180
25	15	0.690	1.48	−0.16	0.57	0.079
25	20	1.066	1.01	0.40	0.04	0.053
25	25	1.321	0.81	0.65	−0.08	0.052
30	3	0.069	14.64	−2.44	36.03	3.350
30	6	0.176	5.71	−1.61	9.44	0.702
30	9	0.291	3.45	−1.11	4.11	0.281
30	12	0.415	2.43	−0.73	2.07	0.146
30	15	0.549	1.85	−0.42	1.10	0.091
30	18	0.698	1.46	−0.14	0.54	0.065
30	21	0.870	1.20	0.13	0.22	0.052
30	24	1.077	1.01	0.41	0.02	0.044
30	27	1.356	0.87	0.74	−0.10	0.042
30	30	1.302	0.82	0.62	−0.08	0.044
35	7	0.182	5.55	−1.60	9.16	0.585
35	14	0.420	2.41	−0.73	2.07	0.116
35	21	0.707	1.46	−0.14	0.56	0.057
35	28	1.091	1.01	0.42	0.03	0.038
35	35	1.367	0.81	0.70	−0.08	0.037
40	4	0.077	12.70	−2.39	30.75	2.145
40	8	0.184	5.34	−1.58	8.72	0.489
40	12	0.299	3.30	−1.09	3.89	0.202
40	16	0.423	2.33	−0.72	1.98	0.107
40	20	0.558	1.78	−0.41	1.04	0.067
40	24	0.708	1.41	−0.13	0.52	0.048
40	28	0.882	1.17	0.14	0.21	0.041
40	32	1.092	0.99	0.43	0.02	0.034
40	36	1.377	0.86	0.77	−0.09	0.031
40	40	1.340	0.80	0.67	−0.07	0.033

续表

n	r	$k_{r,n}$	$nl_{r,n}$	$E(Z_s)$	$nB_{r,n}$	$A_{r,n}$
45	9	0.188	5.37	−1.57	8.75	0.434
45	18	0.427	2.36	−0.71	2.02	0.096
45	27	0.712	1.42	−0.13	0.53	0.043
45	36	1.098	0.98	0.43	0.02	0.030
45	45	1.386	0.79	0.73	−0.07	0.028
50	5	0.082	12.35	−2.37	29.30	1.611
50	10	0.190	5.40	−1.56	8.65	0.382
50	15	0.306	3.39	−1.08	3.94	0.161
50	20	0.430	2.41	−0.71	2.03	0.086
50	25	0.565	1.82	−0.40	1.06	0.054
50	30	0.716	1.45	−0.12	0.53	0.038
50	35	0.890	1.18	0.15	0.21	0.033
50	40	1.103	1.00	0.44	0.02	0.027
50	45	1.393	0.87	0.78	−0.10	0.025
50	50	1.368	0.81	0.70	−0.09	0.026
55	11	0.192	5.30	−1.56	8.48	0.342
55	22	0.432	2.39	−0.71	1.98	0.077
55	33	0.719	1.45	−0.12	0.52	0.034
55	44	1.105	1.00	0.44	0.02	0.025
55	55	1.402	0.81	0.75	−0.08	0.023
60	6	0.085	11.65	−2.34	27.65	1.275
60	12	0.193	5.10	−1.55	8.17	0.305
60	18	0.309	3.25	−1.07	3.75	0.129
60	24	0.433	2.34	−0.70	1.96	0.070
60	30	0.568	1.78	−0.40	1.02	0.044
60	36	0.720	1.44	−0.12	0.52	0.033
60	42	0.894	1.19	0.16	0.21	0.025
60	48	1.106	0.99	0.44	0.01	0.022
60	54	1.397	0.88	0.79	−0.09	0.021
60	60	1.381	0.83	0.72	−0.08	0.021

附表 11 柯氏检验的临界值 $D_{n,\alpha}$ 表

$$P(D_n > D_{n,\alpha}) = \alpha$$

n \ α	0.20	0.10	0.05	0.02	0.01
1	0.90000	0.95000	0.97500	0.99000	0.99500
2	0.68377	0.77639	0.84189	0.90000	0.92929
3	0.56481	0.63604	0.70760	0.78456	0.82900
4	0.49265	0.56522	0.62394	0.68887	0.73424
5	0.44698	0.50945	0.56328	0.62718	0.66853
6	0.41037	0.46799	0.51926	0.57741	0.61661
7	0.38148	0.43607	0.48342	0.53844	0.57581
8	0.35831	0.40962	0.45427	0.50654	0.54179
9	0.33910	0.38746	0.43001	0.47960	0.51332
10	0.32260	0.36866	0.40925	0.45662	0.48893
11	0.30829	0.35242	0.39122	0.43670	0.46770
12	0.29577	0.33815	0.37543	0.41918	0.44905
13	0.28470	0.32549	0.36143	0.40362	0.43247
14	0.27481	0.31417	0.34890	0.38970	0.41762
15	0.26588	0.30397	0.33760	0.37713	0.40420
16	0.25778	0.29472	0.32733	0.36571	0.39201
17	0.25039	0.28627	0.31796	0.35528	0.38086
18	0.24360	0.27851	0.30936	0.34569	0.37062
19	0.23735	0.27136	0.30143	0.33685	0.36117
20	0.23156	0.26473	0.29408	0.32866	0.35241
21	0.22617	0.25858	0.28724	0.32104	0.34427
22	0.22115	0.25283	0.28087	0.31394	0.33666
23	0.21645	0.24746	0.27490	0.30728	0.32954
24	0.21205	0.24242	0.26931	0.30104	0.32286
25	0.20790	0.23768	0.26404	0.29516	0.31657
26	0.20399	0.23320	0.25907	0.28962	0.31064
27	0.20030	0.22898	0.25438	0.28438	0.30502
28	0.19680	0.22497	0.24993	0.27942	0.29971
29	0.19348	0.22117	0.24571	0.27471	0.29466
30	0.19032	0.21756	0.24170	0.27023	0.28987

续表

n \ α	0.20	0.10	0.05	0.02	0.01
31	0.18732	0.21412	0.23788	0.26596	0.28530
32	0.18445	0.21085	0.23424	0.26189	0.28094
33	0.18171	0.20771	0.23076	0.25801	0.27677
34	0.17909	0.20472	0.22743	0.25429	0.27279
35	0.17659	0.20185	0.22425	0.25073	0.26897
36	0.17418	0.19910	0.22119	0.24732	0.26532
37	0.17188	0.19646	0.21826	0.24404	0.26180
38	0.16966	0.19392	0.21544	0.24089	0.25843
39	0.16753	0.19148	0.21273	0.23786	0.25518
40	0.16547	0.18913	0.21012	0.23494	0.25205
41	0.16349	0.18687	0.20760	0.23213	0.24904
42	0.16158	0.18468	0.20517	0.22941	0.24613
43	0.15974	0.18257	0.20283	0.22679	0.24332
44	0.15796	0.18053	0.20056	0.22426	0.24060
45	0.15623	0.17856	0.19837	0.22181	0.23798
46	0.15457	0.17665	0.19625	0.21944	0.23544
47	0.15295	0.17481	0.19420	0.21715	0.23298
48	0.15139	0.17302	0.19221	0.21493	0.23059
49	0.14987	0.17128	0.19028	0.21277	0.22828
50	0.14840	0.16959	0.18841	0.21068	0.22604
55	0.14164	0.16186	0.17981	0.20107	0.21574
60	0.13573	0.15511	0.17231	0.19267	0.20673
65	0.13052	0.14913	0.16567	0.18525	0.19877
70	0.12586	0.14381	0.15975	0.17863	0.19167
75	0.12167	0.13901	0.15442	0.17268	0.18528
80	0.11787	0.13467	0.14960	0.16728	0.17949
85	0.11442	0.13072	0.14520	0.16236	0.17421
90	0.11125	0.12709	0.14117	0.15786	0.16938
95	0.10833	0.12375	0.13746	0.15371	0.16493
100	0.10563	0.12067	0.13403	0.14987	0.16081

附表 12 柯氏检验统计量 D_n 的极限分布表

$$Q(\lambda)=\lim P\left(D_n<\frac{\lambda}{\sqrt{n}}\right)=\sum_{k=-\infty}^{\infty}(-1)^k e^{-2k^2\lambda^2}$$

λ	0.00	0.01	0.02	0.03	0.04	0.05	0.06	0.07	0.08	0.09	λ
0.2	0.000000	0.000000	0.000000	0.000000	0.000000	0.000000	0.000000	0.000000	0.000001	0.000004	0.2
0.3	0.000009	0.000021	0.000046	0.000091	0.000171	0.000303	0.000511	0.000826	0.001285	0.001929	0.3
0.4	0.002808	0.003972	0.005476	0.007377	0.009730	0.012590	0.016005	0.020022	0.024682	0.030017	0.4
0.5	0.036055	0.042814	0.050306	0.058534	0.067497	0.077183	0.087577	0.098656	0.110395	0.122760	0.5
0.6	0.135718	0.149229	0.163225	0.177153	0.192677	0.207987	0.223637	0.239582	0.255780	0.272189	0.6
0.7	0.288765	0.305471	0.322265	0.339113	0.355981	0.372833	0.389640	0.406372	0.423002	0.439505	0.7
0.8	0.455857	0.472041	0.488030	0.503808	0.519366	0.534682	0.549744	0.564546	0.579070	0.593316	0.8
0.9	0.607270	0.620928	0.634286	0.647338	0.660082	0.672516	0.684630	0.696444	0.707940	0.719126	0.9
1.0	0.730000	0.740566	0.750826	0.760780	0.770434	0.779794	0.788860	0.797636	0.806128	0.814342	1.0
1.1	0.822282	0.829950	0.837356	0.844502	0.851394	0.858038	0.864442	0.870612	0.876548	0.882258	1.1
1.2	0.887750	0.893030	0.898104	0.902972	0.907648	0.912132	0.916432	0.920556	0.924505	0.928288	1.2
1.3	0.931908	0.935370	0.938682	0.941848	0.944872	0.947756	0.950512	0.953142	0.955650	0.958040	1.3
1.4	0.960318	0.962486	0.964552	0.966516	0.968382	0.970158	0.971846	0.973448	0.974970	0.976412	1.4

续表

λ	0.00	0.01	0.02	0.03	0.04	0.05	0.06	0.07	0.08	0.09	λ
1.5	0.977782	0.979080	0.980310	0.981476	0.982578	0.983622	0.984610	0.985544	0.986426	0.987260	1.5
1.6	0.988048	0.988791	0.989492	0.990154	0.990777	0.991364	0.991917	0.992438	0.992928	0.993389	1.6
1.7	0.993823	0.994230	0.994612	0.994972	0.995309	0.995625	0.995922	0.996200	0.996460	0.996704	1.7
1.8	0.996932	0.997146	0.997346	0.997533	0.997707	0.997870	0.998023	0.998145	0.998297	0.998421	1.8
1.9	0.998536	0.998644	0.998744	0.998837	0.998924	0.999004	0.999079	0.999149	0.999123	0.999273	1.9
2.0	0.999329	0.999380	0.999428	0.999474	0.999516	0.999552	0.999588	0.999620	0.999650	0.999680	2.0
2.1	0.999705	0.999728	0.999750	0.999770	0.999790	0.999806	0.999822	0.999838	0.999852	0.999864	2.1
2.2	0.999874	0.999886	0.999896	0.999904	0.999912	0.999920	0.999926	0.999934	0.999940	0.999944	2.2
2.3	0.999949	0.999954	0.999958	0.999962	0.999965	0.999968	0.999970	0.999973	0.999976	0.999978	2.3
2.4	0.999980	0.999982	0.999984	0.999986	0.999987	0.999988	0.999988	0.999990	0.999991	0.999992	2.4

附表 13 $\hat{D}_n$ 的临界值 $\hat{D}_{n,\alpha}$ 表

子样容量 n	置信水平				
	0.20	0.15	0.10	0.05	0.01
4	0.300	0.319	0.352	0.381	0.417
5	0.285	0.299	0.315	0.337	0.405
6	0.265	0.277	0.294	0.319	0.364
7	0.247	0.258	0.276	0.300	0.348
8	0.233	0.244	0.261	0.285	0.331
9	0.223	0.233	0.249	0.271	0.311
10	0.215	0.224	0.239	0.258	0.294
11	0.206	0.217	0.230	0.249	0.284
12	0.199	0.212	0.223	0.242	0.275
13	0.190	0.202	0.214	0.234	0.268
14	0.183	0.194	0.207	0.227	0.261
15	0.177	0.187	0.201	0.220	0.257
16	0.173	0.182	0.195	0.213	0.250
17	0.169	0.177	0.189	0.206	0.245
18	0.166	0.173	0.184	0.200	0.239
19	0.163	0.169	0.179	0.195	0.235
20	0.160	0.166	0.174	0.190	0.231
25	0.142	0.147	0.158	0.173	0.200
30	0.131	0.136	0.144	0.161	0.187
>30	$\frac{0.736}{\sqrt{n}}$	$\frac{0.768}{\sqrt{n}}$	$\frac{0.805}{\sqrt{n}}$	$\frac{0.886}{\sqrt{n}}$	$\frac{1.031}{\sqrt{n}}$

附表 14 S_n^* 的临界值 $S_{n,\alpha}^*$ 表

子样容量 n	置信水平				
	0.20	0.15	0.10	0.05	0.01
2	0.86	0.89	0.92	0.96	0.99
3	0.97	1.01	1.07	1.13	1.23
4	1.05	1.09	1.15	1.23	1.37
5	1.12	1.17	1.23	1.32	1.50
6	1.19	1.24	1.30	1.40	1.62
7	1.24	1.30	1.37	1.48	1.72
8	1.29	1.35	1.44	1.56	1.80
9	1.35	1.41	1.49	1.62	1.89
10	1.40	1.47	1.55	1.70	1.98
11	1.45	1.52	1.61	1.75	2.04
12	1.49	1.56	1.65	1.82	2.13
13	1.53	1.61	1.71	1.87	2.19
14	1.58	1.65	1.76	1.92	2.28
15	1.61	1.70	1.80	1.98	2.34
16	1.65	1.73	1.84	2.02	2.39
17	1.68	1.77	1.89	2.08	2.46
18	1.72	1.81	1.93	2.12	2.52
19	1.76	1.85	1.97	2.16	2.56
20	1.79	1.88	2.01	2.21	2.62
25	1.95	2.05	2.18	2.42	2.88
30	2.08	2.20	2.35	2.59	3.10

附表 15　定数截尾子样，统计量 D_r 的分布函数及临界值表

（n：子样容量，r：截尾数，$\frac{k}{n}$：临界值）

$n=5$

r \ k	1	2	3	4	5
1	0.67232	0.92224	0.98976	0.99967	0.99999
2	0.28000	0.87104	0.98496	0.99968	1.00000
3	0.12160	0.78752	0.98496	0.99968	1.00000
4	0.05760	0.72960	0.97824	0.99968	1.00000
5	0.03840	0.69120	0.96992	0.99936	1.00000

$n=10$

r \ k	1	2	3	4	5	6	7	8	9	10
1	0.65132	0.89262	0.97175	0.99395	0.99902	0.99989	0.99999	1.00000	1.00000	1.00000
2	0.25320	0.81192	0.94152	0.98614	0.99771	0.99977	0.99999	1.00000	1.00000	1.00000
3	0.09911	0.68126	0.91515	0.97906	0.99668	0.99972	0.99999	1.00000	1.00000	1.00000
4	0.03914	0.55947	0.88112	0.97392	0.99618	0.99971	0.99999	1.00000	1.00000	1.00000
5	0.01564	0.46168	0.83988	0.96953	0.99611	0.99971	0.99999	1.00000	1.00000	1.00000
6	0.00635	0.38556	0.80282	0.96331	0.99596	0.99971	0.99999	1.00000	1.00000	1.00000
7	0.00265	0.32827	0.77438	0.95596	0.99516	0.99970	0.99999	1.00000	1.00000	1.00000
8	0.00115	0.28842	0.75368	0.94895	0.99391	0.99963	0.99999	1.00000	1.00000	1.00000
9	0.00054	0.26563	0.73821	0.94368	0.99279	0.99951	0.99998	1.00000	1.00000	1.00000
10	0.00036	0.25128	0.72946	0.94101	0.99222	0.99943	0.99998	1.00000	1.00000	1.00000

$n=15$　**续表**

r \ k	1 / 6	2 / 7	3 / 8	4 / 9	5 / 10
1	0.64473	0.88310	0.96481	0.99045	0.99771
	0.99952	0.99991	0.99998	0.99999	0.99999
2	0.24576	0.79514	0.92578	0.97675	0.99379
	0.99862	0.99975	0.99996	0.99999	0.99999
3	0.09394	0.65514	0.88982	0.96212	0.98918
	0.99750	0.99955	0.99993	0.99998	0.99999
4	0.03602	0.52460	0.84326	0.94813	0.98457
	0.99640	0.99937	0.99992	0.99998	0.99999
5	0.01386	0.41916	0.78520	0.93326	0.98045
	0.99549	0.99925	0.99991	0.99998	0.99999
6	0.00536	0.33562	0.72783	0.91412	0.97684
	0.99486	0.99919	0.99991	0.99998	0.99999
7	0.00208	0.26985	0.67530	0.89308	0.97277
	0.99450	0.99918	0.99991	0.99999	0.99999
8	0.00082	0.21822	0.62879	0.87270	0.96810
	0.99413	0.99917	0.99991	0.99998	0.99999
9	0.00032	0.17779	0.58861	0.85455	0.96331
	0.99347	0.99914	0.99991	0.99999	0.99999
10	0.00013	0.14631	0.55494	0.83946	0.95870
	0.99250	0.99905	0.99991	0.99999	0.99999
11	0.00005	0.12206	0.52806	0.82755	0.95438
	0.99140	0.99888	0.99990	0.99999	0.99999
12	0.00002	0.10388	0.50827	0.81794	0.95064
	0.99035	0.99869	0.99988	0.99999	0.99999
13	0.00001	0.09125	0.49415	0.81038	0.94777
	0.98953	0.99852	0.99986	0.99999	0.99999
14	0.00000	0.08404	0.48377	0.80523	0.94594
	0.98902	0.99841	0.99984	0.99999	1.00000
15	0.00000	0.07950	0.47795	0.80275	0.94517
	0.98882	0.99837	0.99983	0.99999	1.00000

$n=20$ **续表**

r \ k	1	2	3	4	5	6	7	8	9	10
1	0.64151	0.87842	0.96123	0.98846	0.99681	0.99919	0.99980	0.99994	0.99997	0.99998
2	0.24227	0.78722	0.91799	0.97155	0.99112	0.99751	0.99937	0.99985	0.99996	0.99998
3	0.09163	0.64328	0.87783	0.95298	0.98398	0.99520	0.99874	0.99971	0.99993	0.99997
4	0.03471	0.50956	0.82612	0.93455	0.97627	0.99253	0.99798	0.99953	0.99990	0.99997
5	0.01317	0.40200	0.76163	0.91448	0.96853	0.98975	0.99718	0.99935	0.99987	0.99996
6	0.00501	0.31713	0.69734	0.88859	0.96080	0.98708	0.99643	0.99919	0.99984	0.99996
7	0.00191	0.25053	0.63757	0.85935	0.95180	0.98462	0.99577	0.99906	0.99983	0.99996
8	0.00073	0.19836	0.58334	0.82944	0.94128	0.98215	0.99526	0.99898	0.99982	0.99996
9	0.00028	0.15748	0.53468	0.80048	0.92996	0.97940	0.99485	0.99894	0.99982	0.99996
10	0.00011	0.12544	0.49130	0.77337	0.91863	0.97641	0.99443	0.99892	0.99982	0.99996
11	0.00004	0.10032	0.45287	0.74859	0.90789	0.97333	0.99392	0.99888	0.99982	0.99996
12	0.00002	0.08063	0.41906	0.72646	0.89818	0.97033	0.99329	0.99880	0.99981	0.99996
13	0.00001	0.06519	0.38964	0.70720	0.88976	0.96751	0.99255	0.99867	0.99980	0.99996
14	0.00000	0.05311	0.36443	0.69100	0.88268	0.96488	0.99177	0.99850	0.99978	0.99996
15	0.00000	0.04370	0.34840	0.67795	0.87680	0.96251	0.99101	0.99833	0.99975	0.99996
16	0.00000	0.03646	0.32665	0.66783	0.87184	0.96049	0.99036	0.99816	0.99972	0.99996

续表

r \ k	1	2	3	4	5	6	7	8	9	10
17	0.00000	0.03103	0.31434	0.65979	0.86785	0.95890	0.98984	0.99803	0.99970	0.99996
18	0.00000	0.02726	0.30558	0.65354	0.86493	0.95780	0.98949	0.99794	0.99968	0.99996
19	0.00000	0.02510	0.29914	0.64931	0.86312	0.95716	0.98930	0.99789	0.99967	0.99996
20	0.00000	0.02374	0.29553	0.64728	0.86237	0.95693	0.98924	0.99787	0.99967	0.99996

$n=25$

r \ k	1	2	3	4	5	6	7	8	9	10
1	0.63960	0.87563	0.95906	0.98719	0.99620	0.99893	0.99970	0.99991	0.99996	0.99997
2	0.24023	0.78260	0.91337	0.96830	0.98931	0.99667	0.99903	0.99973	0.99991	0.99996
3	0.09031	0.63650	0.87087	0.94740	0.98052	0.99343	0.99798	0.99943	0.99984	0.99994
4	0.03399	0.50116	0.81639	0.92644	0.97079	0.98954	0.99663	0.99902	0.99973	0.99992
5	0.01280	0.39269	0.74856	0.90351	0.96075	0.98528	0.99507	0.99853	0.99960	0.99989
6	0.00483	0.30742	0.68088	0.87399	0.95043	0.98088	0.99342	0.99801	0.99946	0.99985
7	0.00182	0.24078	0.61785	0.84046	0.93829	0.97649	0.99177	0.99748	0.99933	0.99983
8	0.00069	0.18878	0.56049	0.80579	0.92397	0.97181	0.99018	0.99699	0.99920	0.99980
9	0.00026	0.14822	0.50876	0.77166	0.90820	0.96652	0.98864	0.99655	0.99910	0.99979
10	0.00010	0.11656	0.46231	0.78893	0.89181	0.96060	0.98704	0.99618	0.99903	0.99978

续表

r \ k	1	2	3	4	5	6	7	8	9	10
11	0.00004	0.09184	0.42071	0.70806	0.87546	0.95428	0.98532	0.99584	0.99897	0.99977
12	0.00001	0.07252	0.38352	0.67924	0.85963	0.94785	0.98348	0.99550	0.99893	0.99977
13	0.00001	0.05740	0.35034	0.65256	0.84465	0.94155	0.98158	0.99513	0.99890	0.99977
14	0.00000	0.04557	0.32081	0.62808	0.83078	0.93560	0.97969	0.99470	0.99883	0.99976
15	0.00000	0.03630	0.29461	0.60582	0.81818	0.93014	0.97786	0.99423	0.99874	0.99975
16	0.00000	0.02903	0.27146	0.58582	0.80699	0.92528	0.97613	0.99373	0.99863	0.99974
17	0.00000	0.02333	0.25113	0.56813	0.79729	0.92104	0.97452	0.99320	0.99850	0.99971
18	0.00000	0.01886	0.23346	0.55283	0.78911	0.91738	0.97303	0.99270	0.99836	0.99969
19	0.00000	0.01537	0.21833	0.54000	0.78238	0.91423	0.97171	0.99224	0.99824	0.99966
20	0.00000	0.01265	0.20572	0.52969	0.77686	0.91153	0.97059	0.99184	0.99812	0.99964
21	0.00000	0.01055	0.19568	0.52170	0.77229	0.90933	0.96968	0.99153	0.99803	0.99962
22	0.00000	0.00898	0.18830	0.51536	0.76864	0.90766	0.96903	0.99131	0.99797	0.99960
23	0.00000	0.00789	0.18304	0.51045	0.76598	0.90652	0.96861	0.99118	9.99793	0.99959
24	0.00000	0.00726	0.17918	0.50713	0.76435	0.90587	0.96839	0.99111	0.99792	0.99959
25	0.00000	0.00687	0.17702	0.50553	0.76367	0.90564	0.96832	0.99109	0.99791	0.99959

续表

$n=30$

r \ k	1	2	3	4	5	6	7	8	9	10
1	0.63833	0.87378	0.95760	0.98633	0.99578	0.99875	0.99964	0.99990	0.99997	0.99998
2	0.23890	0.77958	0.91030	0.96611	0.98804	0.99605	0.99877	0.99964	0.99989	0.99996
3	0.08947	0.63210	0.86632	0.94367	0.97810	0.99212	0.99737	0.99919	0.99976	0.99993
4	0.03353	0.49579	0.81012	0.92108	0.96700	0.98732	0.99552	0.99854	0.99956	0.99987
5	0.01257	0.38683	0.74023	0.89636	0.95542	0.98196	0.99333	0.99775	0.99930	0.99980
6	0.00472	0.30143	0.67056	0.86460	0.94340	0.97630	0.99091	0.99683	0.99900	0.99971
7	0.00177	0.23488	0.60571	0.82850	0.92924	0.97049	0.98836	0.99585	0.99867	0.99961
8	0.00067	0.18312	0.54670	0.79104	0.91250	0.96420	0.98578	0.99484	0.99832	0.99951
9	0.00025	0.14289	0.49348	0.75399	0.89392	0.95700	0.98313	0.99384	0.99799	0.99942
10	0.00009	0.11160	0.44566	0.71825	0.87440	0.94886	0.98029	0.99286	0.99767	0.99933
11	0.00004	0.08726	0.40277	0.68424	0.85461	0.94001	0.97717	0.99190	0.99738	0.99925
12	0.00001	0.06831	0.36436	0.65215	0.83503	0.93074	0.97376	0.99089	0.99712	0.99919
13	0.00001	0.05355	0.32997	0.62203	0.81602	0.92134	0.97015	0.98983	0.99688	0.99915
14	0.00000	0.04204	0.29922	0.59388	0.79779	0.91203	0.96644	0.98871	0.99663	0.99911
15	0.00000	0.03306	0.27173	0.56766	0.78049	0.90301	0.96273	0.98755	0.99638	0.99907

续表

r \ k	1	2	3	4	5	6	7	8	9	10
16	0.00000	0.02605	0.24717	0.54332	0.76424	0.89444	0.95913	0.98638	0.99609	0.99903
17	0.00000	0.02057	0.22526	0.52081	0.74912	0.88643	0.95572	0.98523	0.99579	0.99897
18	0.00000	0.01628	0.20574	0.50011	0.73519	0.87908	0.95256	0.98411	0.99547	0.99889
19	0.00000	0.01292	0.18837	0.48118	0.72252	0.87246	0.94968	0.98305	0.99514	0.99881
20	0.00000	0.01029	0.17297	0.46400	0.71115	0.86659	0.94711	0.98205	0.99480	0.99871
21	0.00000	0.00823	0.15937	0.44860	0.70114	0.86150	0.94483	0.98112	0.99447	0.99861
22	0.00000	0.00662	0.14743	0.43499	0.69251	0.85715	0.94282	0.98027	0.99415	0.99852
23	0.00000	0.00535	0.13706	0.42323	0.68527	0.85347	0.94105	0.97952	0.99388	0.99843
24	0.00000	0.00436	0.12817	0.41338	0.67932	0.85033	0.93954	0.97888	0.99364	0.99835
25	0.00000	0.00359	0.12077	0.40546	0.67446	0.84769	0.93829	0.97836	0.99345	0.99830
26	0.00000	0.00299	0.11487	0.39933	0.67043	0.84556	0.93732	0.97797	0.99331	0.99825
27	0.00000	0.00255	0.11054	0.39446	0.66723	0.84395	0.93662	0.97770	0.99322	0.99822
28	0.00000	0.00224	0.10746	0.39070	0.66491	0.84286	0.93617	0.97754	0.99317	0.99821
28	0.00000	0.00206	0.10519	0.38815	0.66348	0.84224	0.93594	0.97746	0.99314	0.99820
30	0.00000	0.00195	0.10392	0.38693	0.66289	0.84202	0.93587	0.97744	0.99314	0.99820

附表 16 定时截尾子样，统计量 D_0 的分布函数及临界值表

（n：子样容量，$R_c = nF(t_0)$：截尾点，$\frac{k}{n}$：临界值）

$n=5$

R_c	$k=1$	2	3	4	5
1	0.40960	0.94208	0.99328	0.99968	1.00000
2	0.17280	0.80640	0.98496	0.99968	1.00000
3	0.07680	0.71680	0.97472	0.99968	1.00000
4	0.03840	0.69120	0.96992	0.99936	1.00000
5	0.03840	0.69120	0.96992	0.99936	1.00000

$n=10$

R_c	$k=1$	6	2	7	3	8	4	9	5	10
1	0.38742	0.99999	0.92981	1.00000	0.98720	1.00000	0.99836	1.00000	0.99985	1.00000
2	0.15099	0.99991	0.74658	0.99999	0.96170	1.00000	0.99280	1.00000	0.99905	1.00000
3	0.05930	0.99979	0.60283	0.99999	0.90626	1.00000	0.98545	1.00000	0.99780	1.00000
4	0.02351	0.99971	0.49185	0.99999	0.85126	1.00000	0.97240	1.00000	0.99668	1.00000
5	0.00945	0.99971	0.40609	0.99999	0.80419	1.00000	0.95932	1.00000	0.99513	1.00000
6	0.00387	0.99961	0.34054	0.99999	0.76748	1.00000	0.94957	1.00000	0.99382	1.00000
7	0.00163	0.99949	0.29215	0.99998	0.74300	1.00000	0.94442	1.00000	0.99279	1.00000
8	0.00073	0.99944	0.26034	0.99998	0.73314	1.00000	0.94167	1.00000	0.99230	1.00000
9	0.00036	0.99943	0.25128	0.99998	0.72946	1.00000	0.94101	1.00000	0.99222	1.00000
8	0.00036	0.99943	0.25128	0.99998	0.72946	1.00000	0.94101	1.00000	0.99222	1.00000

$n=15$ **续表**

R_c	$k=1$	2	3	4	5	6	7	8	9	10
1	0.38064	0.92622	0.98513	0.99775	0.99974	0.99997	0.99999	1.00000	1.00000	1.00000
2	0.14525	0.72970	0.95460	0.98949	0.99807	0.99972	0.99996	0.99999	0.99999	0.99999
3	0.05559	0.57582	0.88573	0.97738	0.99484	0.99906	0.99986	0.99998	0.99999	0.99999
4	0.02134	0.45684	0.81433	0.95428	0.99064	0.99809	0.99970	0.99996	0.99999	0.99999
5	0.00823	0.36413	0.74865	0.92702	0.98383	0.99699	0.99950	0.99994	0.99999	1.00000
6	0.00319	0.29160	0.69025	0.89968	0.97559	0.99547	0.99933	0.99992	0.99999	0.99999
7	0.00124	0.23477	0.63910	0.87433	0.96724	0.99375	0.99914	0.99991	0.99999	0.99999
8	0.00049	0.19026	0.59486	0.85209	0.95977	0.99212	0.99894	0.99990	0.99999	0.99999
9	0.00019	0.15546	0.55730	0.83366	0.95382	0.99082	0.99874	0.99988	0.99999	1.00000
10	0.00008	0.12843	0.52639	0.81958	0.94969	0.98991	0.99856	0.99986	0.99999	1.00000
11	0.00003	0.10772	0.50253	0.81028	0.94728	0.98927	0.99844	0.99984	0.99999	0.99999
12	0.00001	0.09242	0.48666	0.80568	0.94584	0.98894	0.99838	0.99983	0.99998	0.99999
13	0.00001	0.08236	0.48032	0.80331	0.94525	0.98883	0.99837	0.99983	0.99998	1.00000
14	0.00000	0.07950	0.47795	0.80275	0.94517	0.98882	0.99837	0.99983	0.99999	1.00000
15	0.00000	0.07950	0.47795	0.80275	0.94517	0.98882	0.99837	0.99983	0.99999	1.00000

$n=20$ **续表**

R_c	$k=1$	2	3	4	5	6	7	8	9	10
1	0.37735	0.92451	0.98409	0.99742	0.99966	0.99996	0.99999	0.99999	0.99999	0.99999
2	0.14259	0.72170	0.95121	0.98774	0.99747	0.99956	0.99993	0.99998	0.99999	0.99999
3	0.05396	0.56360	0.87602	0.97328	0.99302	0.99847	0.99971	0.99995	0.99999	0.99999
4	0.02046	0.44191	0.79757	0.94514	0.98692	0.99668	0.99929	0.99987	0.99997	0.99999
5	0.00777	0.34749	0.72480	0.91108	0.97669	0.99436	0.99867	0.99974	0.99995	0.99999
6	0.00296	0.27392	0.65932	0.87568	0.96356	0.99095	0.99794	0.99957	0.99992	0.99998
7	0.00113	0.21645	0.60093	0.84120	0.94903	0.98657	0.99697	0.99930	0.99989	0.99998
8	0.00043	0.17150	0.54902	0.80869	0.93423	0.98164	0.99579	0.99919	0.99986	0.99997
9	0.00017	0.13630	0.50295	0.77866	0.91997	0.97659	0.99450	0.99896	0.99984	0.99997
10	0.00006	0.10871	0.46219	0.75133	0.90677	0.97180	0.99322	0.99872	0.99981	0.99997
11	0.00002	0.08708	0.42628	0.72687	0.89500	0.96754	0.99207	0.99850	0.99978	0.99997
12	0.00001	0.07012	0.39484	0.70540	0.88494	0.96400	0.99112	0.99830	0.99975	0.99997
13	0.00000	0.05683	0.36762	0.68706	0.87680	0.96129	0.99041	0.99814	0.99972	0.99996
14	0.00000	0.04643	0.34448	0.67209	0.87070	0.95940	0.98990	0.99802	0.99969	0.99996
15	0.00000	0.03836	0.32542	0.66073	0.86665	0.95820	0.98955	0.99794	0.99968	0.99996

续表

$n=20$

R_c	$k=1$	2	3	4	5	6	7	8	9	10
16	0.00000	0.03218	0.31070	0.65328	0.86434	0.95744	0.98935	0.99789	0.99967	0.99996
17	0.00000	0.02761	0.30091	0.64962	0.86299	0.95705	0.98926	0.99788	0.99967	0.99995
18	0.00000	0.02460	0.29700	0.64772	0.86245	0.95694	0.98924	0.99787	0.99967	0.99996
19	0.00000	0.02374	0.29553	0.64728	0.86237	0.95693	0.98924	0.99787	0.99967	0.99996
20	0.00000	0.02374	0.29553	0.64728	0.86237	0.95693	0.98924	0.99787	0.99967	0.99996

$n=25$

R_c	$k=1$	2	3	4	5	6	7	8	9	10
16	0.37541	0.92351	0.98347	0.99721	0.99962	0.99995	0.99999	0.99999	0.99999	0.99999
2	0.14105	0.71703	0.94923	0.98667	0.99707	0.99945	0.99991	0.99998	0.99999	0.99999
3	0.05305	0.55663	0.87036	0.97082	0.99184	0.99804	0.99959	0.99992	0.99998	0.99999
4	0.01997	0.43362	0.78799	0.93971	0.98455	0.99566	0.99894	0.99977	0.99995	0.99998
5	0.00753	0.33853	0.71153	0.90175	0.97218	0.99247	0.99795	0.99951	0.99989	0.99997
6	0.00284	0.26473	0.64263	0.86193	0.95600	0.98766	0.99668	0.99915	0.99981	0.99996
7	0.00107	0.20731	0.58104	0.82269	0.93769	0.98129	0.99492	0.99870	0.99969	0.99993
8	0.00041	0.16259	0.52609	0.78513	0.91849	0.97379	0.99265	0.99813	0.99956	0.99990
9	0.00015	0.12772	0.47706	0.74974	0.89924	0.96565	0.98997	0.99743	0.99941	0.99987
10	0.00006	0.10050	0.43333	0.71669	0.88051	0.95727	0.98702	0.99662	0.99923	0.99984

$n=25$ **续表**

R_c	$k=1$	2	3	4	5	6	7	8	9	10
11	0.00002	0.07925	0.39432	0.68602	0.86265	0.94901	0.98398	0.99574	0.99904	0.99981
12	0.00001	0.06263	0.35956	0.65770	0.84590	0.94111	0.98100	0.99486	0.99884	0.99978
13	0.00000	0.04962	0.32861	0.63172	0.83043	0.93379	0.97822	0.99402	0.99864	0.99974
14	0.00000	0.03944	0.30112	0.60803	0.81638	0.92720	0.97574	0.99327	0.99846	0.99971
15	0.00000	0.03146	0.27676	0.58663	0.80386	0.92146	0.97362	0.99264	0.99831	0.99968
16	0.00000	0.02520	0.25529	0.56753	0.79298	0.91666	0.97191	0.99214	0.99818	0.99965
17	0.00000	0.02029	0.23648	0.55079	0.78382	0.91285	0.97062	0.99176	0.99808	0.99963
18	0.00000	0.01644	0.22019	0.53651	0.77649	0.91001	0.96969	0.99148	0.99800	0.99961
19	0.00000	0.01344	0.20633	0.52484	0.77105	0.90809	0.96907	0.99129	0.99795	0.99960
20	0.00000	0.01110	0.19492	0.51600	0.76745	0.90688	0.96866	0.99117	0.99793	0.99959
21	0.00000	0.00931	0.18611	0.51020	0.76541	0.90613	0.96843	0.99111	0.99791	0.99959
22	0.00000	0.00799	0.18024	0.50736	0.76422	0.90576	0.96834	0.99109	0.99791	0.99959
23	0.00000	0.00712	0.17790	0.50588	0.76374	0.90565	0.96832	0.99109	0.99791	0.99959
24	0.00000	0.00687	0.17702	0.50553	0.76367	0.90564	0.96832	0.99109	0.99791	0.99959
25	0.00000	0.00687	0.17702	0.50553	0.76367	0.90564	0.96832	0.99109	0.99791	0.99959

附表 17 截尾子样，统计量 D_0 的极限分布 $G(z)$ 分位点表

（$G(z)$：累积概率）

累积概率	$F(t_0)$									
	0.10	0.20	0.30	0.40	0.50	0.60	0.70	0.80	0.90	1.00
0.010	0.1587	0.2232	0.2717	0.3115	0.3454	0.3747	0.3999	0.4209	0.4362	0.4410
0.025	0.1761	0.2473	0.3006	0.3441	0.3810	0.4125	0.4394	0.4612	0.4764	0.4806
0.050	0.1938	0.2718	0.3299	0.3771	0.4168	0.4504	0.4786	0.5011	0.5160	0.5196
0.100	0.2182	0.3054	0.3700	0.4219	0.4652	0.5014	0.5311	0.5540	0.5683	0.5712
0.150	0.2376	0.3321	0.4015	0.4571	0.5029	0.5409	0.5716	0.5946	0.6082	0.6106
0.200	0.2550	0.3559	0.4297	0.4883	0.5363	0.5756	0.6069	0.6300	0.6428	0.6448
0.250	0.2716	0.3785	0.4562	0.5176	0.5675	0.6079	0.6398	0.6626	0.6748	0.6764
0.300	0.2878	0.4005	0.4820	0.5460	0.5976	0.6391	0.6713	0.6938	0.7054	0.7067
0.350	0.3041	0.4225	0.5078	0.5743	0.6275	0.6699	0.7023	0.7245	0.7353	0.7365
0.400	0.3207	0.4449	0.5339	0.6029	0.6576	0.7008	0.7333	0.7551	0.7652	0.7662
0.450	0.3379	0.4681	0.5608	0.6322	0.6885	0.7323	0.7649	0.7863	0.7956	0.7964
0.500	0.3559	0.4923	0.5889	0.6627	0.7204	0.7649	0.7975	0.8183	0.8270	0.8276
0.550	0.3750	0.5180	0.6185	0.6949	0.7541	0.7992	0.8316	0.8518	0.8597	0.8602

续表

累积概率	$F(t_0)$									
	0.10	0.20	0.30	0.40	0.50	0.60	0.70	0.80	0.90	1.00
0.600	0.3956	0.5455	0.6503	0.7293	0.7899	0.8356	0.8678	0.8872	0.8944	0.8948
0.650	0.4181	0.5755	0.6849	0.7666	0.8287	0.8748	0.9068	0.9254	0.9318	0.9321
0.700	0.4431	0.6088	0.7231	0.8078	0.8715	0.9180	0.9496	0.9673	0.9729	0.9731
0.750	0.4714	0.6465	0.7663	0.8544	0.9196	0.9666	0.9976	1.0142	1.0190	1.0192
0.800	0.5045	0.6905	0.8168	0.9085	0.9756	1.0229	1.0533	1.0687	1.0727	1.0727
0.850	0.5449	0.7443	0.8784	0.9746	1.0438	1.0914	1.1208	1.1348	1.1379	1.1379
0.900	0.5935	0.8155	0.9597	1.0616	1.1334	1.1813	1.2094	1.2216	1.2238	1.2238
0.950	0.6825	0.9268	1.0868	1.1975	1.2731	1.3211	1.3471	1.3568	1.3581	1.3581
0.975	0.7589	1.0282	1.2024	1.3209	1.3997	1.4476	1.4717	1.4794	1.4802	1.4802
0.990	0.8512	1.1505	1.3419	1.9696	1.5520	1.5996	1.6214	1.6272	1.6276	1.6276
0.995	0.9157	1.2361	1.4394	1.5235	1.6583	1.7056	1.7258	1.7306	1.7308	1.7308
0.999	1.0523	1.4171	1.6456	1.7931	1.8828	1.9292	1.9464	1.9494	1.9495	1.9495

附表 18 双参数威布尔分布符合度检验时 S-统计量分布的百分位数

（S 的分布百分数和 M_i 的期望值）

n	i	M_i	0.75	0.80	0.85	0.90	0.95	0.99
3	1	1.216395						
	2	0.863046						
	3		0.75	0.79	0.84	0.90	0.95	0.99
4	1	1.150727						
	2	0.706698						
	3	0.679596	0.74	0.79	0.85	0.90	0.95	0.99
	4		0.50	0.55	0.60	0.67	0.76	0.89
5	1	1.115718						
	2	0.645384						
	3	0.532445	0.75	0.80	0.85	0.90	0.95	0.99
	4	0.583273	0.50	0.56	0.61	0.68	0.77	0.89
	5		0.67	0.71	0.75	0.79	0.86	0.94
6	1	1.093929						
	2	0.612330						
	3	0.474330	0.75	0.80	0.85	0.90	0.95	0.99
	4	0.442920	0.50	0.55	0.61	0.68	0.76	0.89
	5	0.522759	0.67	0.71	0.75	0.80	0.86	0.93
	6		0.54	0.57	0.61	0.66	0.73	0.84
7	1	1.079055						
	2	0.591587						
	3	0.442789	0.75	0.80	0.85	0.90	0.95	0.99
	4	0.387289	0.50	0.55	0.61	0.68	0.77	0.89
	5	0.387714	0.67	0.71	0.75	0.80	0.86	0.94
	6	0.480648	0.54	0.58	0.62	0.67	0.74	0.85
	7		0.64	0.67	0.70	0.74	0.80	0.88
8	1	1.068252						
	2	0.577339						
	3	0.422889	0.75	0.80	0.85	0.90	0.95	0.99
	4	0.356967	0.50	0.55	0.61	0.68	0.77	0.90
	5	0.334089	0.67	0.71	0.75	0.80	0.86	0.94
	6	0.349907	0.54	0.58	0.62	0.67	0.74	0.85
	7	0.449338	0.64	0.67	0.70	0.74	0.80	0.89
	8		0.55	0.58	0.61	0.65	0.71	0.81

续表

n	i	M_i	0.75	0.80	0.85	0.90	0.95	0.99
9	1	1.060046						
	2	0.566942						
	3	0.409157	0.75	0.80	0.85	0.90	0.95	0.99
	4	0.337763	0.50	0.55	0.61	0.68	0.77	0.89
	5	0.304777	0.67	0.71	0.75	0.80	0.86	0.94
	6	0.297949	0.54	0.58	0.62	0.67	0.75	0.86
	7	0.322189	0.63	0.67	0.70	0.74	0.80	0.89
	8	0.424958	0.55	0.58	0.61	0.66	0.72	0.82
	9		0.62	0.64	0.67	0.71	0.76	0.85
10	1	1.053606						
	2	0.559013						
	3	0.399100	0.75	0.80	0.85	0.90	0.95	0.99
	4	0.324470	0.50	0.55	0.61	0.68	0.77	0.90
	5	0.286163	0.67	0.71	0.75	0.80	0.86	0.94
	6	0.269493	0.54	0.58	0.62	0.68	0.75	0.85
	7	0.271645	0.63	0.67	0.71	0.75	0.81	0.89
	8	0.300869	0.55	0.58	0.62	0.66	0.72	0.81
	9	0.405316	0.62	0.65	0.68	0.71	0.76	0.85
	10		0.55	0.58	0.61	0.64	0.69	0.79
11	1	1.048411						
	2	0.552769						
	3	0.391410	0.75	0.80	0.85	0.90	0.95	0.99
	4	0.314705	0.49	0.55	0.61	0.68	0.77	0.90
	5	0.273245	0.67	0.71	0.75	0.80	0.86	0.94
	6	0.251386	0.54	0.58	0.63	0.68	0.75	0.86
	7	0.243928	0.64	0.67	0.71	0.75	0.81	0.89
	8	0.251548	0.55	0.58	0.62	0.66	0.72	0.82
	9	0.283879	0.62	0.64	0.68	0.71	0.77	0.85
	10	0.389071	0.55	0.58	0.61	0.64	0.70	0.79
	11		0.60	0.63	0.65	0.69	0.74	0.82
12	1	1.044137						
	2	0.547721						
	3	0.385338	0.75	0.79	0.84	0.90	0.95	0.99
	4	0.307221	0.50	0.55	0.61	0.68	0.78	0.89
	5	0.263737	0.67	0.71	0.75	0.80	0.86	0.94
	6	0.238797	0.54	0.58	0.62	0.67	0.74	0.85
	7	0.226264	0.64	0.67	0.70	0.75	0.81	0.89
	8	0.224477	0.55	0.58	0.62	0.66	0.72	0.82
	9	0.235630	0.62	0.64	0.68	0.71	0.77	0.85
	10	0.269966	0.55	0.58	0.61	0.65	0.70	0.79
	11	0.375356	0.60	0.63	0.66	0.69	0.74	0.82
	12		0.55	0.57	0.60	0.63	0.68	0.76

续表

n	i	M_i	0.75	0.80	0.85	0.90	0.95	0.99
13	1	1.040555						
	2	0.543556						
	3	0.380417	0.75	0.80	0.85	0.90	0.95	0.99
	4	0.301300	0.50	0.55	0.61	0.68	0.77	0.89
	5	0.256437	0.67	0.71	0.75	0.80	0.86	0.94
	6	0.229515	0.54	0.58	0.63	0.68	0.75	0.86
	7	0.213966	0.64	0.67	0.71	0.75	0.81	0.90
	8	0.207205	0.55	0.58	0.62	0.66	0.72	0.82
	9	0.209131	0.62	0.65	0.68	0.72	0.77	0.85
	10	0.222667	0.55	0.58	0.61	0.65	0.70	0.79
	11	0.258323	0.60	0.63	0.66	0.69	0.74	0.82
	12	0.363582	0.55	0.57	0.60	0.64	0.68	0.76
	13		0.59	0.61	0.64	0.67	0.72	0.79
14	1	1.037513						
	2	0.540059						
	3	0.376352	0.75	0.79	0.85	0.90	0.95	0.99
	4	0.296496	0.49	0.54	0.61	0.68	0.77	0.90
	5	0.250650	0.67	0.71	0.75	0.80	0.86	0.94
	6	0.222377	0.54	0.58	0.62	0.68	0.74	0.86
	7	0.204885	0.64	0.67	0.71	0.75	0.81	0.89
	8	0.195165	0.55	0.58	0.62	0.66	0.73	0.82
	9	0.192209	0.62	0.65	0.68	0.72	0.77	0.85
	10	0.196679	0.55	0.58	0.61	0.65	0.70	0.79
	11	0.211875	0.60	0.63	0.66	0.69	0.74	0.82
	12	0.248409	0.55	0.57	0.60	0.64	0.68	0.77
	13	0.353334	0.59	0.61	0.64	0.67	0.72	0.79
	14		0.55	0.57	0.59	0.62	0.67	0.75
15	1	1.034894						
	2	0.537085						
	3	0.372934	0.75	0.80	0.84	0.90	0.95	0.99
	4	0.292518	0.51	0.56	0.62	0.69	0.78	0.90
	5	0.245947	0.68	0.71	0.76	0.80	0.86	0.94
	6	0.216712	0.54	0.58	0.62	0.67	0.75	0.86
	7	0.197893	0.64	0.67	0.71	0.75	0.81	0.89
	8	0.186266	0.55	0.58	0.62	0.66	0.72	0.82
	9	0.180402	0.62	0.65	0.68	0.72	0.77	0.85
	10	0.180072	0.55	0.58	0.61	0.65	0.70	0.79
	11	0.186347	0.61	0.63	0.66	0.69	0.74	0.82
	12	0.202727	0.55	0.57	0.60	0.64	0.68	0.77
	13	0.239842	0.59	0.62	0.64	0.67	0.72	0.79
	14	0.344309	0.55	0.57	0.60	0.63	0.67	0.75
	15		0.59	0.61	0.63	0.66	0.70	0.77

续表

n	i	M_i	0.75	0.80	0.85	0.90	0.95	0.99
16	1	1.032617						
	2	0.534521						
	3	0.370021	0.75	0.80	0.85	0.90	0.95	0.99
	4	0.289169	0.51	0.56	0.62	0.69	0.78	0.89
	5	0.242049	0.68	0.72	0.76	0.80	0.86	0.94
	6	0.212103	0.54	0.58	0.63	0.68	0.75	0.86
	7	0.192338	0.64	0.67	0.71	0.75	0.81	0.89
	8	0.179407	0.55	0.58	0.62	0.66	0.72	0.82
	9	0.171667	0.62	0.65	0.68	0.72	0.77	0.85
	10	0.168476	0.55	0.58	0.61	0.65	0.71	0.79
	11	0.170026	0.60	0.63	0.66	0.69	0.74	0.82
	12	0.177619	0.55	0.58	0.60	0.64	0.69	0.77
	13	0.194859	0.60	0.62	0.64	0.68	0.72	0.80
	14	0.232350	0.55	0.57	0.60	0.63	0.67	0.75
	15	0.336283	0.59	0.61	0.63	0.66	0.70	0.77
	16		0.55	0.57	0.59	0.62	0.66	0.73
17	1	1.030618						
	2	0.532290						
	3	0.367507	0.75	0.80	0.85	0.90	0.95	0.99
	4	0.286312	0.50	0.55	0.61	0.69	0.78	0.90
	5	0.238765	0.67	0.71	0.75	0.80	0.87	0.94
	6	0.208278	0.54	0.58	0.62	0.68	0.74	0.85
	7	0.187813	0.64	0.67	0.71	0.75	0.80	0.89
	8	0.173951	0.55	0.58	0.62	0.66	0.72	0.81
	9	0.164928	0.62	0.65	0.68	0.72	0.77	0.85
	10	0.159891	0.55	0.58	0.61	0.65	0.70	0.79
	11	0.158624	0.61	0.63	0.66	0.69	0.74	0.82
	12	0.161559	0.55	0.58	0.61	0.64	0.69	0.77
	13	0.170132	0.59	0.62	0.64	0.67	0.72	0.80
	14	0.188005	0.55	0.57	0.60	0.63	0.68	0.75
	15	0.225729	0.59	0.61	0.63	0.66	0.70	0.77
	16	0.329085	0.55	0.57	0.59	0.62	0.66	0.74
	17		0.58	0.60	0.62	0.65	0.69	0.75
18	1	1.028850						
	2	0.530332						
	3	0.365314	0.75	0.80	0.85	0.90	0.95	0.99
	4	0.283846	0.49	0.55	0.61	0.68	0.77	0.90
	5	0.235958	0.67	0.71	0.75	0.80	0.86	0.94
	6	0.205051	0.54	0.58	0.62	0.67	0.75	0.86
	7	0.184055	0.64	0.67	0.71	0.75	0.81	0.89
	8	0.169504	0.55	0.58	0.62	0.66	0.73	0.82
	9	0.159564	0.62	0.65	0.68	0.72	0.77	0.85
	10	0.153260	0.55	0.58	0.61	0.65	0.71	0.80
	11	0.150176	0.61	0.63	0.66	0.69	0.74	0.82
	12	0.150333	0.55	0.68	0.61	0.64	0.69	0.77
	13	0.154313	0.60	0.62	0.64	0.68	0.72	0.80
	14	0.163630	0.55	0.57	0.60	0.63	0.67	0.76
	15	0.181971	0.59	0.61	0.63	0.66	0.70	0.78
	16	0.219825	0.55	0.57	0.59	0.62	0.66	0.74
	17	0.322580	0.58	0.60	0.62	0.65	0.69	0.76
	18		0.55	0.57	0.59	0.61	0.65	0.72

续表

n	i	M_i	0.75	0.80	0.85	0.90	0.95	0.99
19	1	1.027277						
	2	0.528594						
	3	0.363389	0.75	0.80	0.85	0.90	0.95	0.99
	4	0.281692	0.50	0.55	0.61	0.69	0.78	0.90
	5	0.233535	0.67	0.71	0.76	0.81	0.86	0.94
	6	0.202291	0.54	0.58	0.62	0.68	0.75	0.86
	7	0.180882	0.64	0.67	0.71	0.75	0.81	0.89
	8	0.165807	0.55	0.58	0.62	0.67	0.72	0.82
	9	0.155189	0.62	0.65	0.68	0.72	0.77	0.85
	10	0.147984	0.55	0.58	0.61	0.65	0.71	0.80
	11	0.143650	0.61	0.63	0.66	0.69	0.74	0.82
	12	0.142012	0.55	0.58	0.60	0.64	0.69	0.77
	13	0.143250	0.60	0.62	0.64	0.68	0.72	0.80
	14	0.148031	0.55	0.58	0.60	0.63	0.68	0.76
	15	0.157921	0.59	0.61	0.63	0.66	0.70	0.78
	16	0.176611	0.55	0.57	0.59	0.62	0.66	0.74
	17	0.214520	0.58	0.60	0.62	0.65	0.69	0.76
	18	0.316666	0.55	0.57	0.59	0.61	0.65	0.72
	19		0.57	0.59	0.61	0.64	0.67	0.74
20	1	1.025866						
	2	0.527046						
	3	0.361682	0.75	0.80	0.85	0.90	0.95	0.99
	4	0.279798	0.50	0.55	0.61	0.68	0.78	0.90
	5	0.231417	0.67	0.71	0.75	0.80	0.86	0.94
	6	0.199905	0.54	0.58	0.62	0.67	0.75	0.86
	7	0.178167	0.64	0.67	0.71	0.75	0.81	0.89
	8	0.162684	0.55	0.58	0.62	0.66	0.73	0.82
	9	0.151549	0.62	0.65	0.68	0.72	0.77	0.85
	10	0.143674	0.55	0.58	0.61	0.65	0.71	0.80
	11	0.138448	0.61	0.63	0.66	0.69	0.74	0.83
	12	0.135580	0.55	0.58	0.61	0.64	0.69	0.77
	13	0.135306	0.60	0.62	0.65	0.68	0.72	0.80
	14	0.137120	0.55	0.57	0.60	0.63	0.68	0.76
	15	0.142527	0.59	0.61	0.63	0.66	0.71	0.78
	16	0.152861	0.55	0.57	0.59	0.62	0.67	0.74
	17	0.171810	0.58	0.60	0.62	0.65	0.69	0.76
	18	0.209721	0.55	0.57	0.59	0.62	0.66	0.72
	19	0.311257	0.58	0.59	0.61	0.64	0.68	0.74
	20		0.55	0.56	0.58	0.61	0.65	0.71

续表

n	i	M_i	0.75	0.80	0.85	0.90	0.95	0.99
21	1	1.024594						
	2	0.525657						
	3	0.360159	0.75	0.80	0.85	0.90	0.95	0.99
	4	0.278117	0.50	0.56	0.62	0.69	0.78	0.90
	5	0.229551	0.68	0.71	0.76	0.80	0.86	0.94
	6	0.197821	0.54	0.58	0.62	0.67	0.74	0.85
	7	0.175815	0.64	0.67	0.71	0.75	0.80	0.89
	8	0.160009	0.55	0.58	0.62	0.66	0.73	0.82
	9	0.148471	0.62	0.65	0.68	0.72	0.77	0.85
	10	0.140087	0.55	0.58	0.61	0.65	0.70	0.80
	11	0.134200	0.60	0.63	0.66	0.69	0.74	0.82
	12	0.130451	0.55	0.58	0.60	0.64	0.69	0.77
	13	0.128702	0.59	0.62	0.64	0.68	0.72	0.79
	14	0.129025	0.55	0.57	0.60	0.63	0.67	0.75
	15	0.131756	0.59	0.61	0.63	0.66	0.70	0.78
	16	0.137659	0.55	0.57	0.60	0.63	0.67	0.74
	17	0.148341	0.58	0.60	0.62	0.65	0.69	0.76
	18	0.167481	0.55	0.57	0.59	0.62	0.66	0.73
	19	0.205352	0.58	0.60	0.62	0.64	0.68	0.75
	20	0.306285	0.55	0.56	0.58	0.61	0.65	0.72
	21		0.57	0.59	0.61	0.63	0.67	0.73
22	1	1.023439						
	2	0.524405						
	3	0.358790	0.75	0.80	0.85	0.90	0.95	0.99
	4	0.276618	0.50	0.55	0.61	0.68	0.77	0.90
	5	0.227895	0.67	0.71	0.75	0.80	0.86	0.94
	6	0.195983	0.54	0.58	0.63	0.68	0.75	0.85
	7	0.173760	0.64	0.67	0.71	0.75	0.81	0.89
	8	0.157692	0.55	0.58	0.62	0.66	0.72	0.82
	9	0.145834	0.62	0.65	0.68	0.72	0.77	0.85
	10	0.137052	0.55	0.58	0.61	0.65	0.70	0.80
	11	0.130662	0.61	0.63	0.66	0.69	0.74	0.82
	12	0.126260	0.55	0.58	0.61	0.64	0.69	0.78
	13	0.123640	0.60	0.62	0.65	0.68	0.72	0.80
	14	0.122763	0.55	0.58	0.60	0.63	0.68	0.75
	15	0.123763	0.59	0.61	0.63	0.67	0.71	0.78
	16	0.127019	0.55	0.57	0.60	0.62	0.67	0.74
	17	0.133316	0.58	0.60	0.62	0.65	0.69	0.76
	18	0.144273	0.55	0.57	0.59	0.62	0.66	0.73
	19	0.163552	0.58	0.60	0.62	0.64	0.68	0.75
	20	0.201355	0.55	0.57	0.59	0.61	0.65	0.72
	21	0.301693	0.57	0.59	0.61	0.64	0.67	0.73
	22		0.54	0.56	0.58	0.61	0.64	0.70

续表

n	i	M_i	0.75	0.80	0.85	0.90	0.95	0.99
23	1	1.022389						
	2	0.523269						
	3	0.357557	0.75	0.80	0.85	0.90	0.95	0.99
	4	0.275268	0.50	0.55	0.61	0.68	0.77	0.89
	5	0.226417	0.67	0.71	0.75	0.80	0.86	0.94
	6	0.194351	0.55	0.59	0.63	0.68	0.76	0.86
	7	0.171948	0.64	0.68	0.71	0.76	0.82	0.89
	8	0.155666	0.56	0.59	0.63	0.67	0.73	0.83
	9	0.143549	0.62	0.65	0.68	0.72	0.78	0.86
	10	0.134451	0.56	0.59	0.62	0.66	0.71	0.80
	11	0.127667	0.61	0.63	0.66	0.70	0.75	0.82
	12	0.122768	0.55	0.58	0.61	0.64	0.69	0.78
	13	0.119503	0.60	0.62	0.65	0.68	0.73	0.80
	14	0.117764	0.55	0.57	0.60	0.63	0.68	0.76
	15	0.117577	0.59	0.61	0.63	0.67	0.71	0.78
	16	0.119120	0.55	0.57	0.60	0.63	0.67	0.75
	17	0.122799	0.58	0.60	0.63	0.65	0.69	0.77
	18	0.129416	0.55	0.57	0.59	0.62	0.66	0.73
	19	0.140590	0.58	0.60	0.62	0.64	0.68	0.75
	20	0.159966	0.55	0.57	0.59	0.61	0.65	0.72
	21	0.197679	0.57	0.59	0.61	0.63	0.67	0.73
	22	0.297435	0.55	0.56	0.58	0.60	0.64	0.70
	23		0.57	0.58	0.60	0.63	0.66	0.72
24	1	1.021431						
	2	0.522233						
	3	0.356436	0.75	0.80	0.85	0.90	0.95	0.99
	4	0.274051	0.50	0.56	0.62	0.69	0.78	0.90
	5	0.225086	0.67	0.71	0.76	0.81	0.86	0.94
	6	0.192892	0.54	0.58	0.62	0.68	0.75	0.85
	7	0.170338	0.64	0.67	0.71	0.75	0.81	0.89
	8	0.153877	0.55	0.58	0.62	0.67	0.73	0.83
	9	0.141549	0.62	0.65	0.68	0.72	0.77	0.86
	10	0.132195	0.56	0.58	0.61	0.66	0.71	0.80
	11	0.125099	0.61	0.63	0.66	0.70	0.75	0.83
	12	0.119811	0.55	0.58	0.61	0.64	0.70	0.78
	13	0.116054	0.60	0.62	0.65	0.68	0.73	0.80
	14	0.113677	0.55	0.58	0.60	0.64	0.68	0.76
	15	0.112638	0.59	0.61	0.64	0.67	0.71	0.78
	16	0.113007	0.55	0.57	0.60	0.63	0.67	0.74
	17	0.114990	0.58	0.60	0.62	0.65	0.69	0.76
	18	0.119014	0.55	0.57	0.59	0.62	0.66	0.73
	19	0.125889	0.58	0.60	0.62	0.64	0.68	0.75
	20	0.137235	0.55	0.57	0.59	0.61	0.65	0.72
	21	0.156679	0.57	0.59	0.61	0.64	0.67	0.73
	22	0.194285	0.55	0.56	0.58	0.61	0.64	0.71
	23	0.293473	0.57	0.59	0.60	0.63	0.66	0.72
	24		0.54	0.56	0.58	0.60	0.64	0.69

续表

n	i	M_i	0.75	0.80	0.85	0.90	0.95	0.99
25	1	1.020551						
	2	0.521285						
	3	0.355415	0.75	0.80	0.85	0.90	0.95	0.99
	4	0.272945	0.50	0.56	0.61	0.69	0.78	0.91
	5	0.223885	0.67	0.71	0.76	0.81	0.87	0.94
	6	0.191578	0.54	0.58	0.62	0.68	0.75	0.86
	7	0.168899	0.64	0.67	0.71	0.75	0.81	0.89
	8	0.152286	0.55	0.58	0.62	0.66	0.72	0.82
	9	0.139783	0.62	0.65	0.68	0.72	0.77	0.85
	10	0.130219	0.56	0.58	0.61	0.65	0.70	0.80
	11	0.122871	0.61	0.63	0.66	0.70	0.75	0.82
	12	0.117274	0.55	0.58	0.61	0.64	0.69	0.78
	13	0.113132	0.60	0.62	0.65	0.68	0.73	0.81
	14	0.110268	0.55	0.58	0.60	0.63	0.68	0.76
	15	0.108598	0.59	0.61	0.64	0.66	0.71	0.78
	16	0.108124	0.55	0.67	0.60	0.63	0.67	0.74
	17	0.108944	0.58	0.60	0.62	0.65	0.69	0.76
	18	0.111289	0.55	0.57	0.59	0.62	0.66	0.73
	19	0.115596	0.58	0.60	0.62	0.64	0.68	0.75
	20	0.122683	0.55	0.57	0.59	0.61	0.65	0.72
	21	0.134165	0.57	0.59	0.61	0.63	0.67	0.74
	22	0.153650	0.55	0.56	0.58	0.61	0.64	0.71
	23	0.191137	0.57	0.58	0.60	0.63	0.66	0.72
	24	0.289773	0.54	0.56	0.58	0.60	0.63	0.70
	25		0.56	0.58	0.60	0.62	0.65	0.71

附表 19　等样本容量 n 的两样本 Smirnow 检验统计量的分位数

单侧检验：	$p=0.90$	0.95	0.975	0.99	0.995	单侧检验：	$p=0.90$	0.95	0.975	0.99	0.995
双侧检验：	$p=0.80$	0.90	0.95	0.98	0.99	双侧检验：	$p=0.80$	0.90	0.95	0.98	0.99
$n=3$	2/3	2/3				$n=22$	7/22	8/22	8/22	10/22	10/22
4	3/4	3/4	3/4			23	7/23	8/23	9/23	10/23	10/23
5	3/5	3/5	4/5	4/5	4/5	24	7/24	8/24	9/24	10/24	11/24
6	3/6	4/6	4/6	5/6	5/6	25	7/25	8/25	9/25	10/25	11/25
7	4/7	4/7	5/7	5/7	5/7	26	7/26	8/26	9/26	10/26	11/26
8	4/8	4/8	5/8	5/8	6/8	27	7/27	8/27	9/27	11/27	11/27
9	4/9	5/9	5/9	6/9	6/9	28	8/28	9/28	10/28	11/28	12/28
10	4/10	5/10	6/10	6/10	7/10	29	8/29	9/29	10/29	11/29	12/29
11	5/11	5/11	6/11	7/11	7/11	30	8/30	9/30	10/30	11/30	12/30
12	5/12	5/12	6/12	7/12	7/12	31	8/31	9/31	10/31	11/31	12/31
13	5/13	6/13	6/13	7/13	8/13	32	8/32	9/32	10/32	12/32	12/32
14	5/14	6/14	7/14	7/14	8/14	33	8/33	9/33	11/33	12/33	13/33
15	5/15	6/15	7/15	8/15	8/15	34	8/34	10/34	11/34	12/34	13/34
16	6/16	6/16	7/16	8/16	9/16	35	8/35	10/35	11/35	12/35	13/35
17	6/17	7/17	7/17	8/17	9/17	36	9/36	10/36	11/36	12/36	13/36
18	6/18	7/18	8/18	9/18	9/18	37	9/37	10/37	11/37	13/37	13/37
19	6/19	7/19	8/19	9/19	9/19	38	9/38	10/38	11/38	13/38	14/38
20	6/20	7/20	8/20	9/20	10/20	39	9/39	10/39	11/39	13/39	14/39
21	6/21	7/21	8/21	9/21	10/21	40	9/40	10/40	12/40	13/40	14/40
					$n>40$ 的近似值		$\frac{1.52}{\sqrt{n}}$	$\frac{1.73}{\sqrt{n}}$	$\frac{1.92}{\sqrt{n}}$	$\frac{2.15}{\sqrt{n}}$	$\frac{2.30}{\sqrt{n}}$

附表 20　不等样本容量 n,m 的两样本 Smirnov 检验统计量的分位数

单侧检验 双侧检验	p=0.90 p=0.80	0.95 0.90	0.975 0.95	0.99 0.99	0.995 0.99
$N_1=1$　$N_2=9$	17/18				
10	9/10				
$N_1=2$　$N_2=3$	5/6				
4	3/4				
5	4/5	4/5			
6	5/6	5/6			
7	5/7	6/7			
8	3/4	7/8	7/8		
9	7/9	8/9	8/9		
10	7/10	4/5	9/10		
$N_1=3$　$N_2=4$	3/4	3/4			
5	2/3	4/5	4/5		
6	2/3	2/3	5/6		
7	2/3	5/7	6/7	6/7	
8	5/8	3/4	3/4	7/8	
9	2/3	2/3	7/9	8/9	8/9
10	3/5	7/10	4/5	9/10	9/10
12	7/12	2/3	3/4	5/6	11/12
$N_1=4$　$N_2=5$	3/5	3/4	4/5	4/5	
6	7/12	2/3	3/4	5/6	5/6
7	17/28	5/7	3/4	6/7	6/7
8	5/8	5/8	3/4	7/8	7/8
9	5/9	2/3	3/4	7/9	8/9
10	11/20	13/20	7/10	4/5	4/5
12	7/12	2/3	2/3	3/4	5/6
16	9/16	5/8	11/16	3/4	13/16

续表

单侧检验 双侧检验	$p=0.90$ $p=0.80$	0.95 0.90	0.975 0.95	0.99 0.99	0.995 0.99
$N_1=5$ $N_2=6$	3/5	2/3	2/3	5/6	5/6
7	4/7	23/35	5/7	29/35	6/7
8	11/20	5/8	27/40	4/5	4/5
9	5/9	3/5	31/45	7/9	4/5
10	1/2	3/5	7/10	7/10	4/5
15	8/15	3/5	2/3	11/15	11/15
20	1/2	11/20	3/5	7/10	3/4
$N_1=6$ $N_2=7$	23/42	4/7	29/42	5/7	5/6
8	1/2	7/12	2/3	3/4	3/4
9	1/2	5/9	2/3	13/18	7/9
10	1/2	17/30	19/30	7/10	11/15
12	1/2	7/12	7/12	2/3	3/4
18	4/9	5/9	11/18	2/3	13/18
24	11/14	1/2	7/12	5/8	2/3
$N_1=7$ $N_2=8$	27/56	33/56	5/8	41/56	3/4
9	31/63	5/9	40/63	5/7	47/63
10	33/70	39/70	43/70	7/10	5/7
14	3/7	1/2	4/7	9/14	5/7
28	3/7	13/28	15/28	17/29	9/14
$N_1=8$ $N_2=9$	4/9	13/24	5/8	2/3	3/4
10	19/40	21/40	23/40	27/40	7/10
12	11/24	1/2	7/12	5/8	2/3
16	7/16	1/2	9/16	5/8	5/8
32	13/32	7/16	1/2	9/16	19/32
$N_1=9$ $N_2=10$	7/15	1/2	26/45	2/3	31/45
12	4/9	1/2	5/9	11/18	2/3
15	19/45	22/45	8/15	3/5	29/45
18	7/18	4/9	1/2	5/9	11/18
36	13/36	5/12	17/36	19/36	5/9

续表

单侧检验	$p=0.90$	0.95	0.975	0.99	0.995
双侧检验	$p=0.80$	0.90	0.95	0.99	0.99
$N_1=10$　$N_2=15$	2/5	7/15	1/2	17/30	19/30
20	2/5	9/20	1/2	11/20	3/5
40	7/20	2/5	9/20	1/2	—
$N_1=12$　$N_1=15$	23/60	9/20	1/2	11/20	7/12
16	3/8	7/16	23/48	13/24	7/12
18	13/36	5/12	17/36	19/36	5/9
20	11/30	5/12	7/15	31/60	17/30
$N_1=15$　$N_2=20$	7/20	2/5	13/30	29/60	31/60
$N_1=16$　$N_2=20$	27/80	31/80	17/40	19/40	41/80
大样本近似	$1.07\sqrt{\frac{m+n}{mn}}$	$1.22\sqrt{\frac{m+n}{mn}}$	$1.36\sqrt{\frac{m+n}{mn}}$	$1.52\sqrt{\frac{m+n}{mn}}$	$1.63\sqrt{\frac{m+n}{mn}}$

参 考 文 献

[1] 楚耶夫 Ю В,等. 军事技术运筹学基础. 冷拓,等译. 北京:国防工业出版社,1976.

[2] GJB3752. 9—1999. 地地战略导弹武器系统作战使用要求论证方法－可靠性和维修性.

[3] 戴树森,等. 可靠性试验及其统计分析. 北京:国防工业出版社,1983.

[4] 顾瑛. 可靠性工程数学. 北京:电子工业出版社,2004.

[5] 陈家鼎. 生存分析与可靠性. 北京大学出版社,2005.

[6] 周源泉,等. 可靠性评定. 北京:科学出版社,1990.

[7] 唐雪梅,等. 武器装备小子样试验分析与评估. 北京:国防工业出版社,2001.

[8] 蔡洪,等. Bayes 试验分析与评估. 长沙:国防科技大学出版社,2004.

[9] 卡帕 K C,等. 工程设计中的可靠性. 张智铁,译. 北京:机械工业出版社,1984.

[10] 金碧辉. 系统可靠性工程. 北京:国防工业出版社,2004.

[11] Lawless J F. 寿命数据中的统计模型与方法. 茆诗松,等译. 北京:中国统计出版社,1998.

[12] 徐灏. 机械强度的可靠性设计. 北京:机械工业出版社,1984.

[13] 茆诗松,等. 可靠性统计. 上海:华东师范大学出版社,1984.

[14] 胡昌寿,等. 可靠性工程——设计、试验、分析、管理. 北京:宇航出版社,1988.

[15] 郭波,等. 系统可靠性分析. 长沙:国防科技大学出版社,2002.

[16] 范伟民,等. 定总数据指数串联系统的可靠度置信下限//徐福荣. 系统可靠性评定方法论文集. 杭州:浙江大学出版社,1998.

[17] Lee E T. 生存数据分析的统计方法. 陈家鼎,等译. 北京:中国统计出版社,1998.

[18] 《数学手册》编写组. 数学手册. 北京:高等教育出版社,1977.

[19] Conover W J. 实用非参数统计. 崔恒建，译. 北京：人民邮电出版社，2006.
[20] 金星，等. 可靠性数据计算及应用. 北京：国防工业出版社，2003.
[21] 费鹤良，等. 产品寿命分析方法. 北京：国防工业出版社，1988.
[22] 郑忠国. 关于可靠性评估中的数据转换问题. 质量与可靠性，1995(1)：23-25.
[23] 中国电子技术标准化研究所. 可靠性试验用表. 北京：国防工业出版社，1987.
[24] 费史 M. 概率论及数理统计. 王福保，译. 上海科学技术出版社，1978.
[25] 复旦大学编. 概率篇. 北京：人民教育出版社，1979.
[26] 陈希孺. 数理统计引论. 北京：科学出版社，1981.
[27] 盐见弘. 可靠性工程基础. 彭乃学，等译. 北京：科学出版社，1983.
[28] 坤内和夫. 可靠性设计. 汪一麟，等译. 北京：机械工业出版社，1983.
[29] 李光钧，等. 控制・检测・可靠性. 北京：宇航出版社，1996.
[30] 费鹤良，等. 两参数 Weibull 分布可靠度和可靠寿命的精确致信限//徐福荣. 系统可靠性评定方法论文集. 杭州：浙江大学出版社，1998.
[31] 盛骤. 成败型串联系统可靠性置信下限的近似解//徐福荣. 系统可靠性评定方法论文集. 杭州：浙江大学出版社，1998.
[32] 陈家鼎. 生存分析与可靠性引论. 合肥：安徽教育出版社，1993.
[33] 陆祖建. 常见数据类型的装备可靠性评估. 科技研究，1993(6)：15-19.
[34] 陆祖建. 系统可靠性评估. 科技研究，1994(2)：14-21.
[35] 陆祖建. 战标评定方法中的两个问题. 科技研究，1997(6)：1-3.
[36] 陆祖建. 验前信息的的验证与利用. 中国运筹学会可靠性分会第六届学术会议，1999.
[37] 陈家鼎，等. 概率统计讲义：3 版. 北京：高等教育出版社，2004.
[38] 刘春和，等. 武器系统可靠性指标的模糊计算与分配. 质量与可靠性，2004(4)：18-21.
[39] 陆祖建，等. 威布尔型产品可靠性评估中需要注意的几个问题. 质量与可靠性，2006(1)：18-19.
[40] 吴和成. 系统可靠性评定方法研究. 科学出版社，2006.
[41] 茆诗松，等. 高等数理统计：2 版. 北京：高等教育出版社，2006.
[42] 陆祖建，等. 导弹武器可靠性维修性指标的选择确定与验证. 科技研究，2006(8)：28-29.
[43] 陆祖建，等. 关于威布尔分布的若干问题. 质量与可靠性，2007(6)：14-16.

[44] 郑忠国，金华.串联系统可靠性的两层数据虚拟系统法置信下限.北京大学学报：自然科学版，1993，29(1)：26-34.

[45] Lloyd D K, Lipow M. Reliability：Management Methods and Mathematics. NewYork：Prentice-Hall，1962.